T0073996

Birkhäuser

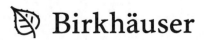

Dietmar A. Salamon

Funktionentheorie

Birkhäuser

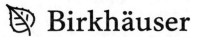

Dietmar A. Salamon
Departement Mathematik
ETHZ, HG G 62.1
Rämistrasse 101
8092 Zürich
dietmar.salamon@math.ethz.ch

ISBN 978-3-0348-0168-3 e-ISBN 978-3-0348-0169-0
DOI 10.1007/978-3-0348-0169-0

Die Deutsche Bibliothek verzeichnet diese Publikation in der Deutschen Nationalbibliografie; detaillierte bibliografische Daten sind im Internet über http://dnb.ddb.de abrufbar.

Mathematics Subject Classification (2010): 30-01

Einbandentwurf: deblik, Berlin

Gedruckt auf säurefreiem Papier

Springer Basel ist Teil der Fachverlagsgruppe Springer Science+Business Media

www.birkhauser-science.com

Inhaltsverzeichnis

Anhang

Präambel

Das vorliegende Manuskript basiert auf einer an der ETH Zürich gehaltenen Vorlesung im Herbstsemester 2009, welcher wiederum das Buch *"Complex Analysis"* von Lars Ahlfors zugrundeliegt. Es ist kaum möglich, ein besseres Buch zu diesem Thema zu schreiben, oder dem Meisterwerk von Ahlfors überhaupt nahe zu kommen. Das ist auch keinesfalls meine Absicht. Auch ist dieses Vorlesungsmanuskript nicht als Übersetzung des Buches von Ahlfors gedacht, sondern als ein auf Studentinnen und Studenten der ETH Zürich zugeschnittener Text, der auf den Vorlesungen *"Analysis I & II"* sowie *"Lineare Algebra I & II"* des ersten Studienjahres aufbaut. Ein Teil des Materials in [1], zum Beispiel über topologische und metrische Räume, wird in der Analysis-Vorlesung an der ETH thematisiert und daher hier nicht in der gleichen Ausführlichkeit wie in [1] behandelt. Andererseits beschränkt sich dieses Manuskript auf Themen, die sich in einer einsemestrigen Vorlesung (drei Wochenstunden in 14 Wochen) behandeln lassen, und deren Auswahl natürlich stark den Geschmack und die Präferenzen des Autors widerspiegelt. Es schneidet aus diesem Grunde eine Reihe wichtiger Themen in [1] nicht an, die aber zur weiteren Vertiefung des Studiums wärmstens empfohlen werden.

In der Vorlesung an der ETH wurden die Kapitel 1–5 behandelt (mit einigen noch zu erwähnenden Ausnahmen), nicht aber die im Anhang aufgeführten Kapitel über harmonische Funktionen (Anhang A), zusammenhängende Räume (Anhang B) und den Kompaktheitsbegriff (Anhang C). Dieses Material wurde jedoch in der Vorlesung ohne Beweis verwendet und steht auch teilweise aus der Analysis-Vorlesung zur Verfügung (B und C.1). In den Teilen des Anhangs, bei denen es sich um Erinnerungen an Themen aus der Analysis-Vorlesung handelt, habe ich den Text entsprechend knapp gehalten und auf ausführliche Erläuterungen verzichtet. Im übrigen hält sich der vorliegende Text in den Kapiteln 1–5 weitgehend an die in der Vorlesung verwendete Reihenfolge.

Im Vergleich zur Vorlesung habe ich den Text noch um einige Abschnitte ergänzt, für die in der Vorlesung keine Zeit blieb, und die ihren Weg in dieses Manuskript gefunden haben als Anregung für das weitere Studium des so reichhaltigen und spannenden Gebietes der Funktionentheorie. Dazu gehören die Diskussion der Steinerkreise in Abschnitt 2.3, die Diskussion unendlicher Produkte, der Gamma-Funktion und der Riemannschen Zeta-Funktion in Abschnitt 4.6, die Diskussion elliptischer Integrale und der Weierstrass'schen $\wp$-Funktion in Abschnitt 5.6, sowie die Charakterisierung der Biholomorphieklassen mehrfach zusammenhängender Gebiete in den Abschnitten 5.7 und 5.8. In diesem Zusammenhang ist ebenso der Anhang A über harmonische Funktionen zu erwähnen, der in der Vorlesung zwar nur für den Beweis des Schwarzschen Spiegelungsprinzips verwendet wurde, der sich aber andererseits in natürlicher Weise in diesen Text eingliedert, da sich die grundlegenden Eigenschaften harmonischer Funktionen von zwei Variablen elegant aus der Funktionentheorie herleiten lassen.

Als Anmerkung zur Literatur sei hinzugefügt, dass es neben dem Buch von Ahlfors natürlich eine grosse Vielzahl hervorragender Lehrbücher auf dem Gebiet der Funktionentheorie gibt, der ich in dieser Einleitung nicht auch nur annähernd gerecht werden könnte. Eher zufällig herausgegriffen seien die Bücher von Remmert und Schumacher [4, 5], deren zweiter Band unter anderem einen Beweis der Bieberbach-Vermutung enthält, und das Buch von Fischer und Lieb [2], das andere Schwerpunkte setzt als der vorliegende Text und unter anderem für ein tieferes Verständnis der elementaren Funktionen sehr hilfreich ist. Diese Bücher enthalten darüber hinaus auch viele Hinweise zur weiterführenden Literatur.

Ich bin insbesondere Paul Biran zu Dank verpflichtet für seine vielen erleuchtenden Hinweise und Vorschläge zum Aufbau dieser Vorlesung. Mein Dank gilt auch Maria Petkova für ihren hervorragenden Einsatz bei der Betreuung der Übungen sowie ihre Hilfe beim Korrekturlesen.

4. Mai 2010 *Dietmar A. Salamon*

Kapitel 1

Die komplexen Zahlen

In der Funktionentheorie vereinigen sich Algebra, Analysis und Geometrie zu einem Ganzen. Dies spiegelt sich unter anderem darin wider, dass man die komplexen Zahlen als einen Körper, einen metrischen Raum und einen Vektorraum betrachten kann, und diese verschiedenen Aspekte nicht voneinander zu trennen sind.

1.1 Der komplexe Zahlenkörper

Im reellen Zahlenkörper ist jedes Quadrat nichtnegativ und insbesondere hat die Gleichung $x^2 = -1$ keine reelle Lösung. Die Grundidee für die Einführung der komplexen Zahlen ist es, hier Abhilfe zu schaffen indem man eine zusätzliche Zahl $\mathbf{i}$ einführt welche der Gleichung

$$\mathbf{i}^2 = -1$$

genügt. Eine **komplexe Zahl** ist per Definition ein Ausdruck der Form

$$z = x + \mathbf{i}y$$

mit $x, y \in \mathbb{R}$. Dies ist zunächst als *formale Summe* zu verstehen, also als ein Ausdruck der mit einer Summenoperation gar nichts zu tun hat. Die reelle Zahl x heisst **Realteil von** z und y heisst **Imaginärteil von** z. Ist $x = 0$, so schreiben wir $z = 0 + \mathbf{i}y = \mathbf{i}y$ und nennen diese Zahl **rein imaginär**. Ist $y = 0$, so identifizieren wir die komplexe Zahl $z = x + \mathbf{i}0$ mit der reellen Zahl x, so dass jede reelle Zahl auch gleichzeitig eine komplexe Zahl ist. Damit ist 0 die einzige komplexe Zahl die sowohl reell als auch rein imaginär ist. Die Menge der komplexen Zahlen bezeichnen wir mit

$$\mathbb{C} := \{z = x + \mathbf{i}y \,|\, x, y \in \mathbb{R}\}.$$

Auf dieser Menge sind zwei Operationen definiert. Die **Summe** und das **Produkt** zweier komplexer Zahlen

$$z = x + \mathbf{i}y, \qquad w = u + \mathbf{i}v$$

D.A. Salamon, *Funktionentheorie*, Grundstudium Mathematik, DOI 10.1007/978-3-0348-0169-0_1,

mit $x, y, u, v \in \mathbb{R}$ sind definiert durch

$$z + w := (x + u) + \mathbf{i}(y + v), \qquad zw := (xu - yv) + \mathbf{i}(xv + yu).$$

Diese Operationen erfüllen die gleichen Körperaxiome wie die reellen Zahlen. Das heisst erstens, sie sind kommutativ, assoziativ und distributiv. Zweitens sind die Zahlen $0_{\mathbb{C}} := 0 + \mathbf{i}0 = 0$ und $1_{\mathbb{C}} := 1 + \mathbf{i}0 = 1$ die neutralen Elemente bezüglich Addition und Multiplikation. Drittens besitzt jede komplexe Zahl $z = x + \mathbf{i}y \in \mathbb{C}$ ein inverses Element $-z = (-x) + \mathbf{i}(-y)$ bezüglich der Addition und, wenn sie von Null verschieden ist, auch ein inverses Element $z^{-1} \in \mathbb{C}$ bezüglich der Multiplikation. Diese letztere Tatsache ist nicht so offensichtlich. Ist eine komplexe Zahl $z = x + \mathbf{i}y \in \mathbb{C} \setminus \{0\}$ gegeben, so suchen wir eine Zahl $w = z^{-1} = 1/z \in \mathbb{C}$ welche die Gleichung

$$zw = 1$$

erfüllt. Schreiben wir $w = u + \mathbf{i}v$ mit $u, v \in \mathbb{R}$, so ist diese Gleichung äquivalent zu dem linearen Gleichungssystem

$$xu - vy = 1, \qquad yu + xv = 0.$$

Multiplizieren wir die erste Gleichung mit x und die zweite mit y und bilden die Summe (bzw. die erste Gleichung mit y und die zweite mit x und bilden die Differenz), so ergibt sich

$$(x^2 + y^2)u = x, \qquad (x^2 + y^2)v = -y.$$

Damit ist die komplexe Zahl

$$z^{-1} = \frac{1}{z} := \frac{x - \mathbf{i}y}{x^2 + y^2} \tag{1.1}$$

die einzige Lösung der Gleichung $zz^{-1} = 1$. Wir können nun den Quotienten $w/z = wz^{-1}$ zweier komplexer Zahlen $w, z \in \mathbb{C}$ bilden solange der *Nenner* z von Null verschieden ist. Mit $w = u + \mathbf{i}v$ und $z = x + \mathbf{i}y$ und $u, v, x, y \in \mathbb{R}$ erhalten wir die Formel

$$\frac{w}{z} = \frac{(ux + vy) + \mathbf{i}(vx - uy)}{x^2 + y^2}. \tag{1.2}$$

Genau wie im Körper der reellen Zahlen können wir nicht durch Null teilen.

Übung 1.1. Berechnen Sie die komplexen Zahlen

$$(1 + 2\mathbf{i})^2, \qquad \frac{5}{-3 + 4\mathbf{i}}, \qquad \left(\frac{2 + \mathbf{i}}{3 - 2\mathbf{i}}\right)^2, \qquad (1 + \mathbf{i})^n + (1 - \mathbf{i})^n.$$

Für $z = x + \mathbf{i}y \in \mathbb{C}$ mit $x, y \in \mathbb{R}$ bestimmen Sie die Real- und Imaginärteile der komplexen Zahlen z^4, $1/z^2$, $(z - 1)/(z + 1)$. Beweisen Sie die Gleichungen

$$\left(\frac{-1 \pm \mathbf{i}\sqrt{3}}{2}\right)^3 = 1, \qquad \left(\frac{\pm 1 \pm \mathbf{i}\sqrt{3}}{2}\right)^6 = 1.$$

Die Quadratwurzel

Wir zeigen: *Für jede komplexe Zahl w gibt es eine komplexe Zahl z, so dass*

$$z^2 = w. \tag{1.3}$$

Wir nehmen an, dass $w \neq 0$ ist, denn andernfalls ist $z = 0$ offensichtlich die einzige Lösung von (1.3). Schreiben wir $w = u + \mathbf{i}v$ mit $u, v \in \mathbb{R}$ und $z = x + \mathbf{i}y$ mit $x, y \in \mathbb{R}$, so ist die Gleichung (1.3) äquivalent zu

$$x^2 - y^2 = u, \qquad 2xy = v. \tag{1.4}$$

Gesucht sind also zwei reelle Zahlen $x, y \in \mathbb{R}$ die das quadratische Gleichungssystem (1.4) lösen. Jede solche Lösung muss folgende Bedingung erfüllen:

$$\left(x^2 + y^2\right)^2 = \left(x^2 - y^2\right)^2 + 4x^2y^2 = u^2 + v^2$$

Hieraus ergibt sich

$$x^2 + y^2 = \sqrt{u^2 + v^2}, \qquad x^2 - y^2 = u$$

und damit

$$x^2 = \frac{\sqrt{u^2 + v^2} + u}{2}, \qquad y^2 = \frac{\sqrt{u^2 + v^2} - u}{2}. \tag{1.5}$$

Ist $v \neq 0$, so gibt es vier Lösungen $(x, y) \in \mathbb{R}^2$ von (1.5) und jede dieser Lösungen erfüllt die Gleichung $|2xy| = |v|$. Genau zwei dieser vier Lösungen erfüllen die Gleichung (1.4) und damit auch (1.3). Im Fall $v = 0$ hat die Gleichung (1.5) genau zwei Lösungen, die beide auch (1.3) erfüllen. Wir haben also gezeigt, dass die Gleichung (1.3) für jedes $w \in \mathbb{C} \setminus \{0\}$ genau zwei Lösungen hat. Diese Lösungen sind genau dann reell, wenn w eine nichtnegative reelle Zahl ist, und sind genau dann rein imaginär, wenn w eine nichtpositive reelle Zahl ist.

Eine Lösung von (1.3) wird oft auch mit $z = \sqrt{w}$ bezeichnet und **Quadratwurzel** von w genannt. Es ist jedoch darauf zu achten, dass diese Lösung (ausser im Fall $w = 0$) nicht eindeutig ist, denn mit z ist auch $-z$ eine weitere Lösung. Ist $w \in \mathbb{C} \setminus (-\infty, 0]$, so gibt es genau eine Lösung $z = \sqrt{w} \in \mathbb{C}$ von (1.3), deren Realteil positiv ist, und diese Lösung wird oft **Hauptzweig der Quadratwurzel** genannt.

Übung 1.2. Bestimmen Sie die Quadratwurzeln

$$\sqrt{\mathbf{i}}, \qquad \sqrt{-\mathbf{i}}, \qquad \sqrt{1 + \mathbf{i}}, \qquad \sqrt{\frac{1 - \mathbf{i}\sqrt{3}}{2}}.$$

Bestimmen Sie die vierten Wurzeln

$$\sqrt[4]{-1}, \qquad \sqrt[4]{\mathbf{i}}, \qquad \sqrt[4]{-\mathbf{i}}.$$

Lösen Sie die Gleichung

$$z^2 + (a + \mathbf{i}b)z + (c + \mathbf{i}d) = 0.$$

Die komplexen Zahlen als Vektorraum

Da eine komplexe Zahl $z = x + \mathbf{i}y$ mit $x, y \in \mathbb{R}$ durch ihren Realteil x und Imaginärteil y eindeutig bestimmt ist, können wir den Körper der komplexen Zahlen mit dem 2-dimensionalen reellen Vektorraum

$$\mathbb{R}^2 = \mathbb{R} \times \mathbb{R}$$

aller Paare von reellen Zahlen identifizieren. In dieser Schreibweise sind Summe und Produkt zweier Vektoren $z = (x, y)$ und $w = (u, v)$ definiert durch

$$(x, y) + (u, v) := (x + u, y + v), \qquad (x, y) \cdot (u, v) := (xu - yv, xv + yu).$$

Die neutralen Elemente sind die Vektoren $\mathbf{0} := (0, 0)$ und $\mathbf{1} := (1, 0)$. Das Interessante aus dieser Perspektive ist, dass auf dem $\mathbb{R}^2$ überhaupt ein Produkt existiert, durch welches dieser Vektorraum zu einem Körper wird. Gleichzeitig rechtfertigt sich mit

$$\mathbf{i} := (0, 1)$$

die oben eingeführte Schreibweise.

Übung 1.3. Zeigen Sie, dass die Menge der reellen 2×2-Matrizen der Form

$$A = \begin{pmatrix} x & -y \\ y & x \end{pmatrix}$$

mit Matrix-Addition und Matrix-Multiplikation zum Körper der komplexen Zahlen isomorph ist.

Übung 1.4. Sei $\mathbb{R}[t]$ der Ring der Polynome mit reellen Koeffizienten in einer Variablen t und $\langle 1 + t^2 \rangle$ die Teilmenge aller Polynome $p \in \mathbb{R}[t]$ die sich in der Form $p(t) = (1 + t^2)q(t)$ für ein Polynom $q \in \mathbb{R}[t]$ schreiben lassen. Dies ist ein Ideal: Jedes Produkt eines Elements von $\langle 1 + t^2 \rangle$ mit einem beliebigen Polynom ist wieder ein Element von $\langle 1 + t^2 \rangle$. Zeigen Sie, dass der Quotient $\mathbb{R}[t]/\langle 1 + t^2 \rangle$ zum Körper der komplexen Zahlen isomorph ist.

1.2 Konjugation und Absolutbetrag

Sei $z = x + \mathbf{i}y$ eine komplexe Zahl mit $x, y \in \mathbb{R}$. Wir bezeichnen den Real- und Imaginärteil von z mit

$$\operatorname{Re} z := x, \qquad \operatorname{Im} z := y.$$

Die **komplex Konjugierte** von z ergibt sich durch Umkehrung des Vorzeichens des Imaginärteils und wird mit

$$\bar{z} := x - \mathbf{i}y$$

bezeichnet. Eine komplexe Zahl z ist also genau dann reell, wenn $z = \bar{z}$ ist, und genau dann rein imaginär, wenn $z + \bar{z} = 0$ ist. Mit anderen Worten, die Abbildung

$\mathbb{C} \to \mathbb{C} : z \mapsto \bar{z}$ ist eine Involution (das heisst, führt man sie zwei Mal hintereinander aus, so erhält man die Identität) und ihre Fixpunktmenge ist die reelle Achse. Die komplexe Konjugation erfüllt folgende Rechenregeln die sich durch einfaches Nachrechnen beweisen lassen.

Lemma 1.5. *Für alle $z, w \in \mathbb{C}$ gilt*

$$\operatorname{Re} z := \frac{z + \bar{z}}{2}, \qquad \operatorname{Im} z := \frac{z - \bar{z}}{2\mathbf{i}}, \qquad \bar{\bar{z}} = z \tag{1.6}$$

und

$$\overline{z + w} = \bar{z} + \bar{w}, \qquad \overline{zw} = \bar{z}\bar{w}. \tag{1.7}$$

Die gleichen Rechenregeln gelten natürlich für Differenz und Quotient. Ebenso folgt aus Lemma 1.5 durch vollständige Induktion, dass

$$\overline{a_0 z^n + a_1 z^{n-1} + \cdots + a_{n-1} z + a_n} = \bar{a}_0 \bar{z}^n + a_1 \bar{z}^{n-1} + \cdots + \bar{a}_{n-1} \bar{z} + \bar{a}_n$$

für alle $a_0, a_1, \ldots, a_n, z \in \mathbb{C}$. Insbesondere ist die Menge der Nullstellen eines Polynoms mit reellen Koeffizienten invariant unter komplexer Konjugation.

Der **Betrag** einer komplexen Zahl $z = x + \mathbf{i}y$ mit $x, y \in \mathbb{R}$ ist definiert als die Euklidische Norm des Vektors $(x, y) \in \mathbb{R}^2$. Er wird mit

$$|z| := \sqrt{x^2 + y^2}$$

bezeichnet.

Lemma 1.6. *Für alle $z, w \in \mathbb{C}$ gilt $|z|^2 = z\bar{z} = |\bar{z}|^2$ und*

$$|zw| = |z|\,|w|\,. \tag{1.8}$$

Beweis. Schreiben wir $z = x + \mathbf{i}y$ mit $x, y \in \mathbb{R}$, so gilt

$$z\bar{z} = (x + \mathbf{i}y)(x - \mathbf{i}y) = x^2 + y^2 = |z|^2$$

und daher, nach Lemma 1.5,

$$|zw|^2 = zw\overline{zw} = z\bar{z}w\bar{w} = |z|^2\,|w|^2\,.$$

Damit ist das Lemma bewiesen. □

Aus Lemma 1.6 folgt, dass $|w/z| = |w|\,/\,|z|$ für alle $z, w \in \mathbb{C}$ mit $z \neq 0$. Es folgt auch durch vollständige Induktion, dass $|z_1 \cdots z_n| = |z_1| \cdots |z_n|$ für alle $z_1, \ldots, z_n \in \mathbb{C}$.

Lemma 1.7. *Für jedes $z \in \mathbb{C}$ gelten die Ungleichungen*

$$-|z| \leq \operatorname{Re} z \leq |z|\,, \qquad -|z| \leq \operatorname{Im} z \leq |z|\,. \tag{1.9}$$

Für alle $z, w \in \mathbb{C}$ *gilt die* **Parallelogrammidentität**

$$|z+w|^2 + |z-w|^2 = 2|z|^2 + 2|w|^2 \tag{1.10}$$

und die **Dreiecksungleichung**

$$|z+w| \le |z| + |w|. \tag{1.11}$$

Beweis. Die Ungleichungen (1.9) folgen sofort aus den Definitionen. Ausserdem folgt aus Lemma 1.5 und Lemma 1.6, dass

$$\begin{aligned} |z+w|^2 &= (z+w)(\bar{z}+\bar{w}) \\ &= z\bar{z} + w\bar{z} + z\bar{w} + w\bar{w} \\ &= |z|^2 + 2\mathrm{Re}(z\bar{w}) + |w|^2. \end{aligned} \tag{1.12}$$

Ersetzen wir nun w durch $-w$, so ergibt sich

$$|z-w|^2 = |z|^2 - 2\mathrm{Re}(z\bar{w}) + |w|^2$$

und (1.10) ist die Summe dieser beiden Gleichungen. Die Dreiecksungleichung folgt nun aus (1.12) und (1.9):

$$|z+w|^2 = |z|^2 + 2\mathrm{Re}(z\bar{w}) + |w|^2 \le |z|^2 + 2|z\bar{w}| + |w|^2 = (|z|+|w|)^2.$$

Bei der letzten Gleichung haben wir Lemma 1.6 verwendet. □

Die Dreiecksungleichung zeigt, dass die komplexen Zahlen einen normierten Vektorraum bilden. Dies ist natürlich aus der Analysis-Vorlesung [6] bekannt, da es sich ja um die Euklidische Norm auf dem $\mathbb{R}^2$ handelt. Insbesondere bilden also die komplexen Zahlen einen metrischen Raum, so dass alle topologischen Begriffe wie offene, abgeschlossene und kompakte Teilmengen des Raumes der komplexen Zahlen einen Sinn ergeben. Zudem rührt die Euklidische Norm von einem inneren Produkt auf $\mathbb{C}$ her, das durch die Formel

$$\langle z, w \rangle := \mathrm{Re}(\bar{z}w) = xu + yv$$

für $z = x + \mathbf{i}y$ und $w = u + \mathbf{i}v$ mit $x, y, u, v \in \mathbb{R}$ gegeben ist. Die Existenz eines solchen inneren Produktes ist äquivalent zur Parallelogrammidentität.

Bemerkung 1.8. Eine normierte Algebra ist ein Hilbertraum V mit einer bilineare Abbildung $V \times V \to V : (u, v) \mapsto uv$, so dass $|uv| = |u|\,|v|$ ist für alle $u, v \in V$. Eine solche Struktur existiert nur in den Dimensionen 0, 1 (reelle Zahlen), 2 (komplexe Zahlen), 4 (Quaternionen) und 8 (Oktonionen).

Lemma 1.9 (Cauchy–Schwarz). *Für alle* $a_1, \ldots, a_n, b_1, \ldots, b_n \in \mathbb{C}$ *gilt*

$$\left| \sum_{i=1}^n a_i b_i \right|^2 \le \left(\sum_{i=1}^n |a_i|^2 \right) \left(\sum_{j=1}^n |b_j|^2 \right).$$

Beweis. Wir definieren die Zahlen $A, B \in \mathbb{R}$ und $z \in \mathbb{C}$ durch

$$A := \sum_{i=1}^{n} |a_i|^2, \qquad B := \sum_{j=1}^{n} |b_j|^2, \qquad z := \sum_{i=1}^{n} a_i b_i$$

und nehmen ohne Beschränkung der Allgemeinheit an, dass $B \neq 0$ ist. Dann gilt für jedes $\lambda \in \mathbb{C}$, dass

$$\begin{aligned} 0 &\leq \sum_{i=1}^{n} \left| a_i - \lambda \bar{b}_i \right|^2 \\ &= \sum_{i=1}^{n} \left(a_i - \lambda \bar{b}_i \right) \left(\bar{a}_i - \bar{\lambda} b_i \right) \\ &= A + |\lambda|^2 B - 2\mathrm{Re}(\bar{\lambda} z). \end{aligned}$$

Hier haben wir Lemma 1.5 und Lemma 1.6 verwendet. Mit $\lambda := z/B$ ergibt sich $0 \leq A - |z|^2 / B$, und daraus folgt sofort die Behauptung. □

Übung 1.10. Beweisen Sie die **Identität von Lagrange**

$$\left| \sum_{i=1}^{n} a_i b_i \right|^2 - \left(\sum_{i=1}^{n} |a_i|^2 \right) \left(\sum_{j=1}^{n} |b_j|^2 \right) = \sum_{i<j} \left| a_i \bar{b}_j - a_j \bar{b}_i \right|^2.$$

für alle $a_i, b_i \in \mathbb{C}$.

Übung 1.11. Seien $a, b, c \in \mathbb{C}$ und betrachten Sie die lineare Gleichung

$$az + b\bar{z} + c = 0 \tag{1.13}$$

für $z \in \mathbb{C}$. Wann hat diese Gleichung genau eine Lösung?

Übung 1.12. Zeigen Sie, dass für alle $z_1, \ldots, z_n \in \mathbb{C}$ die Ungleichung

$$|z_1 + \cdots + z_n| \leq |z_1| + \cdots + |z_n|$$

mit Gleichheit genau dann gilt, wenn z_i/z_j eine positive reelle Zahl ist für alle i, j mit $z_i \neq 0$ und $z_j \neq 0$.

Übung 1.13. Zeigen Sie, dass alle $z, w \in \mathbb{C}$ die Ungleichung

$$||z| - |w|| \leq |z - w| \tag{1.14}$$

erfüllen.

Übung 1.14. Zeigen Sie, dass jede komplexe Zahl z die Ungleichung

$$|z| \leq |\mathrm{Re}\, z| + |\mathrm{Im}\, z| \tag{1.15}$$

erfüllt.

Übung 1.15. Zeigen Sie, dass drei verschiedene komplexe Zahlen z_1, z_2, z_3 genau dann die Ecken eines gleichseitigen Dreiecks bilden, wenn sie die Gleichung

$$z_1^2 + z_2^2 + z_3^2 = z_1 z_2 + z_2 z_3 + z_3 z_1$$

erfüllen

Übung 1.16. Seien $z, w \in \mathbb{C}$. Zeigen Sie

$$|z| < 1 \text{ und } |w| < 1 \quad \Longrightarrow \quad \left| \frac{z - w}{1 - \bar{z}w} \right| < 1$$

und

$$|z| = 1 \text{ oder } |w| = 1 \quad \Longrightarrow \quad \left| \frac{z - w}{1 - \bar{z}w} \right| = 1.$$

Welche Ausnahmen müssen im zweiten Fall gemacht werden?

1.3 Polarkoordinaten

Geometrisch können wir eine von Null verschiedene komplexe Zahl $z = x + \mathbf{i}y$ mit $x, y \in \mathbb{R}$ durch ihren Betrag $r = |z|$ und den Winkel θ zwischen der reellen Achse und der Geraden durch den Ursprung und z darstellen:

$$z = re^{\mathbf{i}\theta} = r\big(\cos(\theta) + \mathbf{i}\sin(\theta)\big). \tag{1.16}$$

Dies ist die **Polarkoordinatendarstellung** von z (siehe Abbildung 1.1). Algebraisch ist sie bestimmt durch die Gleichungen

$$r = \sqrt{x^2 + y^2}, \qquad \cos(\theta) = \frac{x}{\sqrt{x^2 + y^2}}, \qquad \sin(\theta) = \frac{y}{\sqrt{x^2 + y^2}}. \tag{1.17}$$

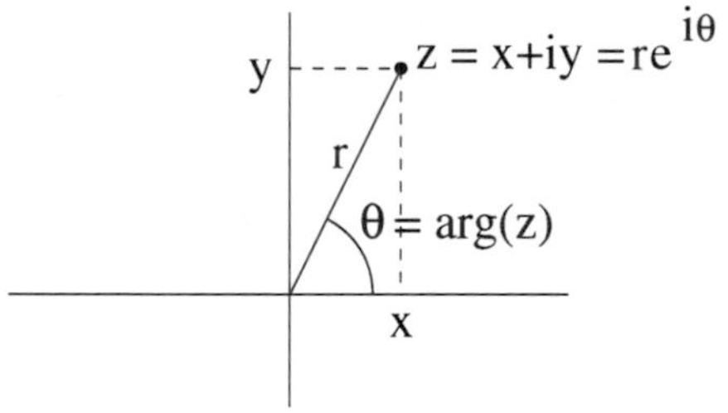

Abbildung 1.1: Polarkoordinaten

Als reelle Zahl ist θ durch z nur bis auf Addition eines ganzzahligen Vielfachen von 2π bestimmt. Die Zahl θ wird auch das **Argument** von z genannt und mit

$\arg(z) := \theta$ bezeichnet, wobei hier stets die genannte Nichteindeutigkeit zu beachten ist. Für eine genauere Formulierung ist es nützlich, auf $\mathbb{R}$ eine Äquivalenzrelation einzuführen. Zwei reelle Zahlen θ und θ' heissen äquivalent, wenn ihre Differenz $\theta' - \theta$ ein ganzzahliges Vielfaches von 2π ist. Wir verwenden dafür die Bezeichnung

$$\theta \sim \theta' \qquad \Longleftrightarrow \qquad \theta' - \theta \in 2\pi\mathbb{Z}.$$

Den Quotienten (das heisst, die Menge der Äquivalenzklassen) bezeichnen wir mit $\mathbb{R}/2\pi\mathbb{Z} := \{\theta + 2\pi\mathbb{Z} \,|\, \theta \in \mathbb{R}\}$. Das Argument ist dann als Abbildung

$$\arg : \mathbb{C} \setminus \{0\} \to \mathbb{R}/2\pi\mathbb{Z}$$

zu verstehen. Genau genommen ist also $\arg(z)$ nicht ein Element von $\mathbb{R}$, sondern eine Teilmenge von $\mathbb{R}$. In der Praxis werden wir uns jedoch nicht immer an diese Regelung halten und die Bezeichnung $\arg(z)$ auch für ein geeignetes Element der zugehörigen Äquivalenzklasse verwenden. Insbesondere besitzt jede komplexe Zahl $z \in \mathbb{C} \setminus (-\infty, 0]$ im Komplement der negativen reellen Achse ein eindeutiges Argument im Intervall $-\pi < \arg(z) < \pi$. Dieser Repräsentant wird häufig der **Hauptzweig des Arguments** genannt. Wir werden noch sehen, dass die Mehrdeutigkeit des Arguments von durchaus grundlegender Bedeutung für das gesamte Gebiet der Funktionentheorie ist.

Die Exponentialabbildung

Zur mathematischen Rechtfertigung der Polarkoordinatendarstellung ist es hilfreich, wenn wir uns fünf Fakten aus der Analysis [6] in Erinnerung rufen. Erstens konvergiert die Potenzreihe

$$\exp(w) := e^w := \sum_{k=0}^{\infty} \frac{w^k}{k!} \tag{1.18}$$

absolut für jede komplexe Zahl w. Zweitens erfüllt die resultierende Exponentialfunktion $\mathbb{C} \to \mathbb{C} : w \mapsto e^w$ die Bedingungen

$$e^{w_1+w_2} = e^{w_1}e^{w_2}, \qquad \lim_{w\to 0} \frac{e^w - 1}{w} = 1 \tag{1.19}$$

für alle $w_1, w_2 \in \mathbb{C}$ (und wird in der Tat durch diese Bedingungen charakterisiert). Drittens gilt

$$|e^w| = e^{\mathrm{Re}\, w} \tag{1.20}$$

für jedes $w \in \mathbb{C}$ und insbesondere $|e^{\mathbf{i}\theta}| = 1$ für $\theta \in \mathbb{R}$. (Übung: Leiten Sie (1.20) aus (1.19) und Lemma 1.6 her.) Viertens gilt für jedes $w \in \mathbb{C}$

$$e^w = 1 \qquad \Longleftrightarrow \qquad w \in 2\pi\mathbf{i}\mathbb{Z}. \tag{1.21}$$

Fünftens gibt es für jede von Null verschiedene komplexe Zahl $z \in \mathbb{C}$ ein $w \in \mathbb{C}$, so dass $e^w = z$ ist.

Aus diesem fünften Fakt und (1.20) folgt insbesondere, dass sich jede komplexe Zahl $\lambda \in \mathbb{C}$ vom Betrag $|\lambda| = 1$ in der Form $\lambda = e^{\mathbf{i}\theta}$ für ein $\theta \in \mathbb{R}$ schreiben lässt. Aus (1.21) folgt, dass θ nur bis auf Addition eines ganzzahligen Vielfachen von 2π bestimmt ist. Dies rechtfertigt die erste Gleichung in (1.16). Die zweite Gleichung ist dann lediglich eine Tautologie. Man definiert einfach Cosinus und Sinus als Real- und Imaginärteile der Funktion $\theta \mapsto e^{\mathbf{i}\theta}$. Da $\overline{e^{\mathbf{i}\theta}} = e^{-\mathbf{i}\theta}$ ist, heisst das nach (1.6), dass

$$\cos(\theta) = \frac{e^{\mathbf{i}\theta} + e^{-\mathbf{i}\theta}}{2}, \qquad \sin(\theta) = \frac{e^{\mathbf{i}\theta} - e^{-\mathbf{i}\theta}}{2\mathbf{i}} \tag{1.22}$$

für jedes $\theta \in \mathbb{R}$.

Der Logarithmus

Es folgt aus den genannten Eigenschaften der Exponentialfunktion, dass die Abbildung

$$\exp : \Omega := \{w \in \mathbb{C} \mid -\pi < \operatorname{Im} w < \pi\} \to \mathbb{C} \setminus (-\infty, 0]$$

bijektiv ist. Die Umkehrabbildung wird oft **Hauptzweig des Logarithmus** genannt und mit $\log : \mathbb{C} \setminus (-\infty, 0] \to \mathbb{C}$ bezeichnet. Sie ist durch

$$\log(z) = \log|z| + \mathbf{i} \arg(z) \tag{1.23}$$

gegeben und es gilt

$$\begin{aligned} \log(z_1 z_2) &= \log(z_1) + \log(z_2) \pm 2\pi\mathbf{i}, \\ \arg(z_1 z_2) &= \arg(z_1) + \arg(z_2) \pm 2\pi \end{aligned} \tag{1.24}$$

für $z_1, z_2 \in \mathbb{C}$, so dass keine der drei Zahlen z_1, z_2 und $z_1 z_2$ auf der negativen reellen Achse liegt. Hieraus ergibt sich eine besonders anschauliche geometrische Darstellung des Produkts in der komplexen Zahlenebene. Sind zwei komplexe Zahlen z_1, z_2 in Polarkoordinaten gegeben, das heisst,

$$z_1 = r_1 e^{\mathbf{i}\theta_1}, \qquad z_2 = r_2 e^{\mathbf{i}\theta_2},$$

so erhält man die Polarkoordinatendarstellung des Produkts $z_1 z_2 = r e^{\mathbf{i}\theta}$, indem man die Beträge multipliziert und die Argumente addiert, das heisst,

$$r = r_1 r_2, \qquad \theta = \theta_1 + \theta_2.$$

(Siehe Abbildung 1.2.)

Übung 1.17. Zeigen Sie, dass der (Hauptzweig des) Logarithmus folgende Gleichung erfüllt (siehe Gleichung (1.19)):

$$\lim_{z \to 1} \frac{\log(z)}{z} = 1. \tag{1.25}$$

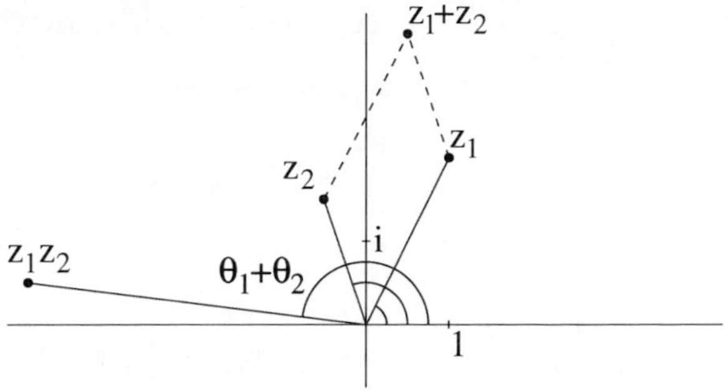

Abbildung 1.2: Summe und Produkt geometrisch

Die n-te Wurzel

Sei a eine von Null verschiedene komplexe Zahl. Wir suchen die Lösungen der Gleichung

$$z^n = a. \tag{1.26}$$

Es ist zunächst durchaus nicht offensichtlich, dass eine solche Lösung überhaupt existiert. Mit Hilfe der Polarkoordinatendarstellung lassen sich jedoch alle Lösungen dieser Gleichung leicht bestimmen. Ist

$$a = \rho e^{\mathbf{i}\phi}$$

in Polarkoordinaten gegeben mit $\rho > 0$ und $\phi \in \mathbb{R}$ und suchen wir eine Lösung $z = re^{\mathbf{i}\theta}$ ebenfalls in Polarkoordinaten mit $r > 0$ und $\theta \in \mathbb{R}$, so gilt

$$z^n = a \quad \iff \quad r^n e^{\mathbf{i}n\theta} = \rho e^{\mathbf{i}\phi} \quad \iff \quad r^n = \rho, \quad n\theta - \phi \in 2\pi\mathbb{Z}.$$

Damit haben die Lösungen von (1.26) die Form

$$z = re^{\mathbf{i}\theta}, \qquad r := \rho^{1/n}, \qquad \theta := \frac{\phi}{n} + \frac{2\pi k}{n}, \qquad k = 0, \ldots, n-1. \tag{1.27}$$

Es gibt also genau n solche Lösungen. Ein besonders wichtiger Spezialfall ist $a = 1$. Die Lösungen der Gleichung $z^n = 1$ heissen **n-te Einheitswurzeln** und sind gegeben durch

$$\omega^k, \qquad k = 0, 1, \ldots, n-1, \qquad \omega := \exp\left(\frac{2\pi\mathbf{i}}{n}\right). \tag{1.28}$$

(Siehe Abbildung 1.3.)

Übung 1.18. Sei ω wie in (1.28). Ist $N \in \mathbb{N}$ nicht durch n teilbar, so gilt

$$\sum_{k=0}^{n-1} \omega^{kN} = 0.$$

Bestimmen Sie Real- und Imaginärteil von ω, ω^2, ω^3, ω^4 im Fall $n = 5$.

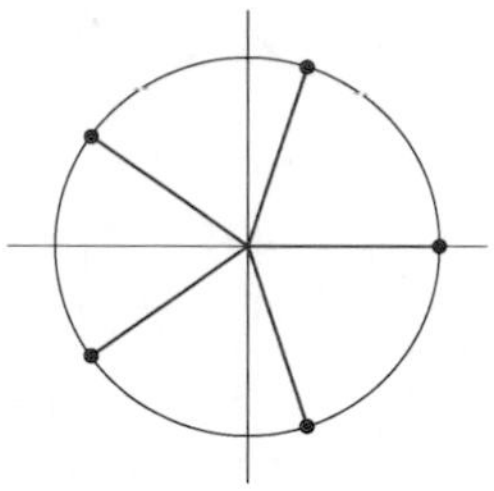

Abbildung 1.3: Die fünften Einheitswurzeln

1.4 Die Riemannsche Zahlenkugel

Die Topologie der komplexen Ebene

Wir beginnen mit einigen Fakten aus der Analysis-Vorlesung [6]. Die Standardmetrik auf der komplexen Ebene ist durch die Formel

$$d(z, w) := |z - w|$$

für $z, w \in \mathbb{C}$ gegeben. (Siehe Anhang B für den Begriff eines metrischen Raumes.) Die offenen Bälle in dieser Metrik bezeichnen wir mit

$$B_r(z_0) := \{z \in \mathbb{C} \mid |z - z_0| < r\}$$

für $z_0 \in \mathbb{C}$ und $r > 0$. Eine Teilmenge $\Omega \subset \mathbb{C}$ heisst **offen**, wenn es für jeden Punkt $z_0 \in \Omega$ ein $\varepsilon > 0$ gibt, so dass $B_\varepsilon(z_0) \subset \Omega$. In etwas anschaulicher Sprechweise heisst dies, dass die *Randpunkte* von Ω nicht selbst zu Ω gehören (siehe Abbildung 1.4).

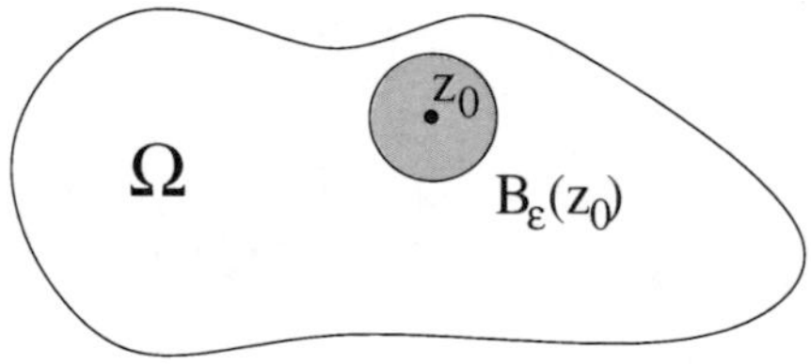

Abbildung 1.4: Offene Mengen

Die Gesamtheit der offenen Teilmengen von $\mathbb{C}$ bildet eine *Topologie*. Das heisst, die Mengen $\Omega = \emptyset$ und $\Omega = \mathbb{C}$ sind offen, jeder endliche Durchschnitt offener Mengen ist wieder offen und jede beliebige (auch unendliche) Vereinigung offener Mengen ist wieder offen. Eine Teilmenge $A \subset \mathbb{C}$ heisst **abgeschlossen**, wenn ihr Komplement $\mathbb{C} \setminus A$ offen ist oder, äquivalenterweise, wenn der Grenzwert einer jeden konvergenten Folge in A auch selbst wieder in A liegt (siehe Anhang B.1).

Eine Teilmenge $K \subset \mathbb{C}$ heisst **kompakt**, wenn jede Folge in K eine Teilfolge besitzt, die gegen ein Element von K konvergiert. Nach Satz C.1 im Anhang C ist dies äquivalent zu der Bedingung, dass jede offene Überdeckung von K eine endliche Teilüberdeckung besitzt. Nach Heine–Borel ist eine Teilmenge $K \subset \mathbb{C}$ genau dann kompakt, wenn sie abgeschlossen und beschränkt ist. Insbesondere ist also der gesamte Raum $\mathbb{C}$ nicht kompakt.

Die Riemannsche Zahlenkugel

Es ist manchmal nützlich, den Punkt ∞ zur komplexen Ebene hinzuzufügen. Die resultierende Menge heisst **Riemannsche Zahlenkugel**, und wir bezeichnen sie mit

$$\overline{\mathbb{C}} := \mathbb{C} \cup \{\infty\}.$$

Auf dieser Menge lässt sich eine Topologie wie folgt definieren.

Definition 1.19 (Die Topologie von $\overline{\mathbb{C}}$). *Eine Teilmenge $U \subset \overline{\mathbb{C}}$ heisst* **offen**, *wenn sie eine der folgenden Bedingungen erfüllt.*

(i) $\infty \notin U$ *und* U *ist eine offene Teilmenge von* $\mathbb{C}$.
(ii) $\infty \in U$ *und* $K := \overline{\mathbb{C}} \setminus U$ *ist eine kompakte Teilmenge von* $\mathbb{C}$.

Man prüft leicht nach, dass die hier definierten offenen Mengen tatsächlich eine Topologie auf $\overline{\mathbb{C}}$ definieren. Nach Definition sind die abgeschlossenen Teilmengen eines topologischen Raumes gerade die Komplemente der offenen Mengen. Untersucht man dies im Fall von $\overline{\mathbb{C}}$, so ergibt sich die folgende Charakterisierung der abgeschlossenen Mengen.

Lemma 1.20. *Eine Teilmenge $A \subset \overline{\mathbb{C}}$ ist genau dann abgeschlossen, wenn sie eine der folgenden Bedingungen erfüllt.*

(i) $\infty \in A$ *und* $A \cap \mathbb{C}$ *ist eine abgeschlossene Teilmenge von* $\mathbb{C}$.
(ii) $\infty \notin A$ *und* A *ist eine kompakte Teilmenge von* $\mathbb{C}$.

Beweis. Übung. □

In der Topologie von Definition 1.19 enthält jede offene Umgebung von ∞ das Komplement eines hinreichend grossen Balles. Daraus folgt, dass der topologische Raum $\overline{\mathbb{C}}$ kompakt ist (im Sinne der Überdeckungseigenschaft von Satz C.1). Man kann auch direkt zeigen, dass $\overline{\mathbb{C}}$ folgenkompakt ist. Hierzu verwendet man, dass eine Folge $z_n \in \mathbb{C}$ genau dann gegen ∞ konvergiert (bezüglich der Topologie aus Definition 1.19), wenn es für jede Konstante $c > 0$ ein $n_0 \in \mathbb{N}$ gibt, so dass für jedes $n \in \mathbb{N}$ gilt

$$n \geq n_0 \qquad \Longrightarrow \qquad |z_n| \geq c.$$

Damit konvergiert eine Folge $z_n \in \mathbb{C}$ genau dann gegen ∞, wenn sie keine beschränkte Teilfolge hat. Hat sie aber eine beschränkte Teilfolge, so hat sie auch eine in $\mathbb{C}$ konvergente Teilfolge, nach Heine–Borel.

Bemerkung 1.21. Man kann aus jedem topologischen Raum X durch Hinzunahme eines Punktes einen kompakten Raum machen, dessen Topologie wie in 1.19 definiert ist. Diesen Raum nennt man dann die **Einpunktkompaktifizierung** von X. Im Fall $X = \mathbb{C}$ führt dieses Verfahren zur Riemannschen Zahlenkugel.

Wir bezeichnen die Einheitssphäre im 3-dimensionalen Raum mit

$$S^2 := \left\{(x_1, x_2, x_3) \in \mathbb{R}^3 \,|\, x_1^2 + x_2^2 + x_3^2 = 1\right\}.$$

Es gibt eine natürliche bijektive Abbildung $\phi : S^2 \to \overline{\mathbb{C}}$, die sich geometrisch wie folgt beschreiben lässt. Der *Nordpol* $(0, 0, 1)$ wird nach ∞ abgebildet. Jedem anderen Punkt auf S^2 wird der Schnittpunkt der Geraden durch diesen Punkt und den Nordpol mit der Ebene $x_3 = 0$ zugeordnet. Eine explizite Formel für diese Abbildung ist

$$\phi(x_1, x_2, x_3) = \frac{x_1 + \mathbf{i}x_2}{1 - x_3}, \quad \phi^{-1}(z) = \left(\frac{2\mathrm{Re}\, z}{|z|^2 + 1}, \frac{2\mathrm{Im}\, z}{|z|^2 + 1}, \frac{|z|^2 - 1}{|z|^2 + 1}\right) \tag{1.29}$$

für $(x_1, x_2, x_3) \in S^2 \setminus \{(0, 0, 1)\}$ und $z \in \mathbb{C}$ (siehe Abbildung 1.5). Die stereographische Projektion ist ein Homöomorphismus bezüglich der Standardtopologie auf S^2 und der Topologie aus Definition 1.19 auf $\overline{\mathbb{C}}$. Insbesondere gibt es auf $\overline{\mathbb{C}}$ eine Abstandsfunktion, die diese Topologie induziert.

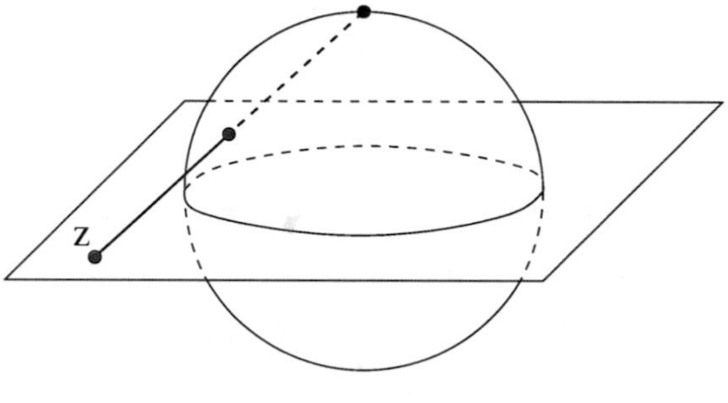

Abbildung 1.5: Die stereographische Projektion

Übung 1.22. Die in Definition 1.19 definierten offenen Teilmengen von $\overline{\mathbb{C}}$ erfüllen die Axiome einer Topologie, und die stereographische Projektion ist ein Homöomorphismus. Die Formel

$$d(z, w) := \cos^{-1}\left(\frac{(|z|^2 - 1)(|w|^2 - 1) + 4\mathrm{Re}\,(\bar{z}w)}{(|z|^2 + 1)(|w|^2 + 1)}\right)$$

für $z, w \in \mathbb{C}$ ergibt eine Abstandsfunktion $d : \overline{\mathbb{C}} \times \overline{\mathbb{C}} \to [0, \pi]$, die die Topologie aus Definition 1.19 induziert. Welches sind die Abstände $d(z, \infty)$?

Möbiustransformationen

Sei

$$A = \begin{pmatrix} a & b \\ c & d \end{pmatrix}$$

eine komplexe 2×2-Matrix mit von Null verschiedener Determinante

$$\det(A) = ad - bc \neq 0.$$

Jede solche Matrix induziert eine Abbildung $\phi = \phi_A : \overline{\mathbb{C}} \to \overline{\mathbb{C}}$, genannt **Möbiustransformation**, die durch

$$\phi(z) := \frac{az + b}{cz + d} \tag{1.30}$$

für $z \in \overline{\mathbb{C}}$ definiert ist. Insbesondere können Zähler und Nenner nicht gleichzeitig verschwinden, und wir verwenden die Konvention $\lambda/0 := \infty$ für $\lambda \neq 0$. Ausserdem ist $\phi(\infty) = a/c$, und dies macht wiederum Sinn, da a und c nicht beide gleich Null sein können. Wir überlassen es dem Leser als Übung, nachzuprüfen, dass jede Möbiustransformation stetig ist. Ohnehin sind die einzigen Punkte, an denen etwas zu zeigen ist, $z_0 = -d/c$ und $z_0 = \infty$; diese Punkte stimmen überein, wenn $c = 0$ ist.

Die folgende Übung zeigt, dass jede Möbiustransformation bijektiv ist (was man natürlich auch leicht direkt sehen kann), und dass die Möbiustransformationen eine Gruppe bilden, die isomorph ist zu

$$\mathrm{PSL}(2, \mathbb{C}) := \mathrm{SL}(2, \mathbb{C})/\{\pm 1\} \cong \mathrm{GL}(2, \mathbb{C})/\mathbb{C}^*.$$

Hier bezeichnet $\mathrm{GL}(2, \mathbb{C})$ die Gruppe der invertierbaren komplexen 2×2-Matrizen und $\mathrm{SL}(2, \mathbb{C})$ die Untergruppe der Matrizen mit Determinante eins:

$$\mathrm{SL}(2, \mathbb{C}) := \left\{ A \in \mathbb{C}^{2 \times 2} \mid \det(A) = 1 \right\}.$$

Die Gruppe

$$\mathbb{C}^* := \mathbb{C} \setminus \{0\}$$

der von Null verschiedenen komplexen Zahlen ist als Untergruppe der Diagonalmatrizen in $\mathrm{GL}(2, \mathbb{C})$ zu verstehen.

Übung 1.23. Für alle $A, B \in \mathrm{GL}(2, \mathbb{C})$ gilt

$$\phi_{AB} = \phi_A \circ \phi_B.$$

Ausserdem gilt $\phi_A = \mathrm{id}$ genau dann, wenn $A = \lambda \mathbb{1}$ ist für ein $\lambda \in \mathbb{C}^*$.

Übung 1.24. Wir bezeichnen die offene Einheitskreisscheibe und die offene obere Halbebene mit

$$\mathbb{D} := \{ z \in \mathbb{C} \mid |z| < 1 \}, \qquad \mathbb{H} := \{ \zeta \in \mathbb{C} \mid \mathrm{Im}\, \zeta > 0 \}. \tag{1.31}$$

Sei $f : \overline{\mathbb{C}} \to \overline{\mathbb{C}}$ die Möbiustransformation

$$f(z) := \mathbf{i}\frac{1+z}{1-z}.$$

Zeigen Sie, dass f die Einheitskreisscheibe bijektiv auf die obere Halbebene abbildet. Finden Sie eine Formel für die Umkehrabbildung $f^{-1} : \mathbb{H} \to \mathbb{D}$. Bestimmen Sie die Bildmenge $f^{-1}(\mathbb{R})$.

Übung 1.25. Jede Möbiustransformation bildet die reelle Achse auf eine Gerade oder einen Kreis ab. **Hinweis:** Seien $a, b, c, d \in \mathbb{C}$ so gewählt, dass

$$\phi^{-1}(w) = \frac{aw+b}{cw+d}.$$

Die Menge $\phi(\mathbb{R})$ ist eine Gerade, falls $a\bar{c} = \bar{a}c$. Andernfalls ist $\phi(\mathbb{R} \cup \{\infty\})$ der Kreis

$$\left| w - \frac{\bar{a}d - \bar{c}b}{\bar{a}c - \bar{c}a} \right| = \left| \frac{ad - bc}{\bar{a}c - \bar{c}a} \right|.$$

Übung 1.26 (Doppelverhältnis). Seien $z_0, z_1, z_2 \in \overline{\mathbb{C}}$ drei verschiedene Punkte auf der Riemannschen Zahlenkugel. Dann gibt es genau eine Möbiustransformation $\phi : \overline{\mathbb{C}} \to \overline{\mathbb{C}}$, so dass

$$\phi(z_0) = 0, \qquad \phi(z_1) = 1, \qquad \phi(z_2) = \infty.$$

Für $z_3 \in \overline{\mathbb{C}}$ nennen wir die Zahl $\phi(z_3) \in \overline{\mathbb{C}}$ das **Doppelverhältnis** der vier Punkte z_0, z_1, z_2, z_3. Es ist durch die Formel

$$w(z_0, z_1, z_2, z_3) = \frac{(z_1 - z_2)(z_3 - z_0)}{(z_0 - z_1)(z_2 - z_3)} \tag{1.32}$$

gegeben. Dieser Ausdruck ist wohldefiniert, solange unter den z_i nicht drei gleiche Punkte sind.

Übung 1.27. Ist $\psi : \overline{\mathbb{C}} \to \overline{\mathbb{C}}$ eine Möbiustransformation, so gilt

$$w(\psi(z_0), \psi(z_1), \psi(z_2), \psi(z_3)) = w(z_0, z_1, z_2, z_3)$$

für alle $z_0, z_1, z_2, z_3 \in \overline{\mathbb{C}}$, von denen jeweils höchstens zwei übereinstimmen.

Übung 1.28. Vier verschiedene Punkte $z_0, z_1, z_2, z_3 \in \overline{\mathbb{C}}$ liegen genau dann auf einer Gerade oder einem Kreis, wenn ihr Doppelverhältnis reell ist. **Hinweis:** Übungen 1.25 und 1.26.

Übung 1.29. Jede Möbiustransformation bildet Geraden oder Kreise auf Geraden oder Kreise ab. **Hinweis:** Übungen 1.27 und 1.28.

Übung 1.30. Jede Möbiustransformation lässt sich als Komposition von Abbildungen der Form

$$I(z) := \frac{1}{z}, \qquad T_c(z) = z + c, \qquad S_a(z) = az$$

mit $a, c \in \mathbb{C}$ und $a \neq 0$ schreiben. Verwenden Sie diese Beobachtung für einen alternativen Zugang zu Übung 1.29. **Hinweis:** Sei ϕ wie in (1.30), und betrachten Sie die Differenz $\phi(z) - c/a$.

Übung 1.31.

(a) Sei $\psi : \overline{\mathbb{C}} \to \overline{\mathbb{C}}$ eine Abbildung der Form $\psi(z) = \phi(\bar{z})$ für eine Möbiustransformation ϕ, so dass

$$\psi \circ \psi = \mathrm{id}$$

ist. Eine solche Abbildung heisst **anti-holomorphe Involution**. Jede anti-holomorphe Involution der Riemannschen Zahlenkugel hat die Form

$$\psi(z) = \frac{a\bar{z} + b}{c\bar{z} - \bar{a}}, \qquad a \in \mathbb{C}, \qquad b, c \in \mathbb{R}, \tag{1.33}$$

mit $|a|^2 + bc \neq 0$.

(b) Sei ψ wie in (1.33) mit der Fixpunktmenge

$$C := \mathrm{Fix}(\psi) = \left\{ z \in \overline{\mathbb{C}} \,|\, \psi(z) = z \right\}.$$

Ist $c = 0$, so ist C eine Gerade. Ist $c \neq 0$ und $|a|^2 + bc > 0$, so ist C ein Kreis. Ist $|a|^2 + bc < 0$, so ist $C = \emptyset$.

(c) Ist $C \subset \bar{\mathbb{C}}$ ein Kreis oder eine Gerade, so gibt es genau eine anti-holomorphe Involution $\psi : \overline{\mathbb{C}} \to \overline{\mathbb{C}}$ mit $\mathrm{Fix}(\psi) = C$. Diese Abbildung heisst **Reflektion an** C. Welches ist die Reflektion an der reelle Achse, beziehungsweise am Einheitskreis?

Kapitel 2

Holomorphe Funktionen

Wir beginnen damit, den Begriff der Differenzierbarkeit ins Komplexe zu übertragen, indem wir Funktionen in einer reellen Variablen durch Funktionen in einer komplexen Variablen ersetzen. Da die komplexen Zahlen ebenfalls einen normierten Körper bilden, lässt sich der gewohnte Begriff der Ableitung als Grenzwert des Differenzenquotienten direkt komplexifizieren.

2.1 Komplexe Differenzierbarkeit

Definition 2.1. *Sei $\Omega \subset \mathbb{C}$ eine offene Menge und $z_0 \in \Omega$. Eine Funktion $f : \Omega \to \mathbb{C}$ heisst* **komplex differenzierbar an der Stelle** z_0, *wenn der Grenzwert*

$$a := \lim_{h \to 0} \frac{f(z_0 + h) - f(z_0)}{h}$$

existiert; als logische Formel heisst das: $\exists a \in \mathbb{C}\ \forall \varepsilon > 0\ \exists \delta > 0\ \forall h \in \mathbb{C}$

$$0 < |h| < \delta \qquad \Longrightarrow \qquad z_0 + h \in \Omega \ \text{ und } \left| a - \frac{f(z_0 + h) - f(z_0)}{h} \right| < \varepsilon.$$

Die Zahl a, wenn sie existiert, ist eindeutig durch diese Bedingung bestimmt; wir nennen sie die **Ableitung von** f **an der Stelle** z_0 *und bezeichnen sie mit $f'(z_0) := a$.*

Beispiel 2.2. Eine konstante Funktion $f(z) = c$ ist offensichtlich überall komplex differenzierbar und hat die Ableitung $f'(z) = 0$.

Beispiel 2.3. Die Identitätsabbildung $f(z) = z$ ist überall komplex differenzierbar und hat die Ableitung $f'(z) = 1$.

Beispiel 2.4. Für jede natürliche Zahl $n \in \mathbb{N}$ ist die Funktion $f(z) = z^n$ überall komplex differenzierbar und hat die Ableitung

$$f'(z) = \lim_{h \to 0} \frac{(z + h)^n - z^n}{h} = \lim_{h \to 0} \sum_{k=1}^{n} \binom{n}{k} h^{k-1} z^{n-k} = n z^{n-1}.$$

D.A. Salamon, *Funktionentheorie*, Grundstudium Mathematik, DOI 10.1007/978-3-0348-0169-0_2,

Beispiel 2.5. Seien $a, b, c, d \in \mathbb{C}$ gegeben mit $ad - bc \neq 0$ und $c \neq 0$. Dann ist die Möbiustransformation

$$\phi(z) := \frac{az + b}{cz + d}$$

in $\Omega := \mathbb{C} \setminus \{-d/c\}$ komplex differenzierbar und hat die Ableitung

$$\begin{aligned}\phi'(z) &= \lim_{h \to 0} \frac{1}{h} \left(\frac{az + ah + b}{cz + ch + d} - \frac{az + b}{cz + d} \right) \\ &= \lim_{h \to 0} \frac{ad - bc}{(cz + ch + d)(cz + d)} \\ &= \frac{ad - bc}{(cz + d)^2}.\end{aligned}$$

Beispiel 2.6. Die Exponentialfunktion $\exp : \mathbb{C} \to \mathbb{C}$ ist überall komplex differenzierbar und stimmt mit ihrer Ableitung überein:

$$\exp'(z) = \lim_{h \to 0} \frac{\exp(z + h) - \exp(z)}{h} = \exp(z) \lim_{h \to 0} \frac{\exp(h) - 1}{h} = \exp(z).$$

Hier haben wir die aus der Analysis bekannte Gleichung (1.19) verwendet.

Übung 2.7. Die Funktion $\log : \mathbb{C} \setminus (-\infty, 0] \to \mathbb{C}$ in (1.23) ist überall komplex differenzierbar und $\log'(z) = 1/z$. **Hinweis:** (1.24) und (1.25).

Übung 2.8. Die Funktion $f(z) = \bar{z}$ ist nirgendwo komplex differenzierbar. Die Funktion $f(z) = |z|^2$ ist nur an der Stelle $z_0 = 0$ komplex differenzierbar.

Um den Begriff der komplexen Differenzierbarkeit über diese elementaren Beispiele hinaus besser zu verstehen, vergleichen wir ihn mit dem der reellen Differenzierbarkeit in der Dimension zwei. Hierzu identifizieren wir, wie im Abschnitt 1.1, den komplexen Zahlenkörper mit dem Vektorraum $\mathbb{R}^2$ mittels der Abbildung

$$\mathbb{R}^2 \to \mathbb{C} : (x, y) \mapsto x + \mathbf{i}y.$$

Unter leichtem Missbrauch der Schreibweise ist es manchmal nützlich, sowohl den Vektor $(x, y) \in \mathbb{R}^2$ als auch die komplexe Zahl $x + \mathbf{i}y$ mit dem Buchstaben z zu bezeichnen, obwohl diese beiden Objekte genau genommen etwas Unterschiedliches bedeuten. Genau um diesen Unterschied soll es an dieser Stelle gehen.

Wir betrachten zunächst lineare Abbildungen. Jede reelle 2×2-Matrix

$$A = \begin{pmatrix} \alpha & \beta \\ \gamma & \delta \end{pmatrix} \in \mathbb{R}^{2 \times 2} \tag{2.1}$$

definiert eine lineare Abbildung

$$\mathbb{R}^2 \to \mathbb{R}^2 : \zeta = \begin{pmatrix} \xi \\ \eta \end{pmatrix} \mapsto \begin{pmatrix} \alpha\xi + \beta\eta \\ \gamma\xi + \delta\eta \end{pmatrix} = A\zeta.$$

Die Identitätsabbildung wird durch die Einheitsmatrix $\mathbb{1}$ induziert. Ein anderes wichtiges Beispiel ist die Multiplikation mit $\mathbf{i}$ als Abbildung von $\mathbb{C}$ auf sich selbst. Unter unserer Identifikation von $\mathbb{C}$ mit $\mathbb{R}^2$ wird hieraus die lineare Abbildung $(\xi,\eta) \cong \xi + \mathbf{i}\eta \mapsto \mathbf{i}(\xi + \mathbf{i}\eta) = -\eta + \mathbf{i}\xi \cong (-\eta,\xi)$. Die dazugehörige Matrix ist

$$\mathbf{I} := \begin{pmatrix} 0 & -1 \\ 1 & 0 \end{pmatrix}. \tag{2.2}$$

Lemma 2.9. *Für jede Matrix* (2.1) *gilt*

$$A\mathbf{I} = \mathbf{I}A \qquad \Longleftrightarrow \qquad \alpha = \delta, \quad \beta = -\gamma$$

Ist dies erfüllt, so ist die Abbildung $\mathbb{C} \cong \mathbb{R}^2 \xrightarrow{A} \mathbb{R}^2 \cong \mathbb{C}$ *durch Multiplikation mit der komplexen Zahl* $a := \alpha + \mathbf{i}\gamma$ *gegeben.*

Beweis. Die erste Aussage folgt aus der Formel

$$A\mathbf{I} - \mathbf{I}A = \begin{pmatrix} \beta + \gamma & -\alpha + \delta \\ \delta - \alpha & -\gamma - \beta \end{pmatrix}.$$

Die zweite folgt aus der Tatsache, dass die Komposition $\mathbb{C} \cong \mathbb{R}^2 \xrightarrow{A} \mathbb{R}^2 \cong \mathbb{C}$ durch $\zeta \mapsto \alpha\xi + \beta\eta + \mathbf{i}(\gamma\xi + \delta\eta)$ für $\zeta = \xi + \mathbf{i}\eta \in \mathbb{C}$ gegeben ist. Dieser Ausdruck stimmt mit $a\zeta$ überein, wenn $\delta = \alpha$, $\beta = -\gamma$ und $a = \alpha + \mathbf{i}\gamma$ ist. □

Definition 2.10. *Eine Matrix* $A \in \mathbb{R}^{2\times 2}$ *heisst* **komplex linear**, *wenn sie mit* $\mathbf{I}$ *kommutiert (das heisst,* $A\mathbf{I} = \mathbf{I}A$*) und* **komplex anti-linear**, *wenn sie mit* $\mathbf{I}$ *antikommutiert (das heisst,* $A\mathbf{I} = -\mathbf{I}A$*).*

Übung 2.11. Jede Matrix $A \in \mathbb{R}^{2\times 2}$ lässt sich auf eindeutige Weise als Summe $A = A' + A''$ einer komplex linearen Matrix A' und einer komplex anti-linearen Matrix A'' darstellen.

Übung 2.12. Sei $f : \mathbb{C} \to \mathbb{C}$ die $\mathbb{R}$-lineare Abbildung, die durch die Matrix (2.1) induziert ist. Dann gibt es zwei komplexe Zahlen $a, b \in \mathbb{C}$, so dass für jedes $z \in \mathbb{C}$ gilt: $f(z) = az + b\bar{z}$.

Der Differenzierbarkeitsbegriff in der reellen Analysis

Ist $\Omega \subset \mathbb{C}$ eine offene Teilmenge und $f : \Omega \to \mathbb{C}$ eine komplexwertige Funktion, so können wir durch unsere Identifikation $\mathbb{C} \cong \mathbb{R}^2$ die Menge Ω auch als offene Teilmenge von $\mathbb{R}^2$ betrachten und f als Abbildung von Ω nach $\mathbb{R}^2$. In der reellen Analysis [7] wird Differenzierbarkeit wie folgt definiert.

Eine Abbildung $f : \Omega \to \mathbb{R}^2$ *heisst* **(reell) differenzierbar an der Stelle** $z_0 = (x_0, y_0) \in \Omega$ *wenn es eine Matrix* $A \in \mathbb{R}^{2\times 2}$ *gibt so dass*

$$\lim_{\mathbb{R}^2 \ni h \to 0} \frac{|f(z_0 + h) - f(z_0) - Ah|}{|h|} = 0;$$

Als mathematische Formel heisst das $\exists A \in \mathbb{R}^{2\times 2}\ \forall \varepsilon > 0\ \exists \delta > 0\ \forall h \in \mathbb{R}^2$

$$0 < |h| < \delta \quad \Longrightarrow \quad z_0 + h \in \Omega \text{ und } |f(z_0+h) - f(z_0) - Ah| < \varepsilon\,|h|\,.$$

Wenn dies gilt, ist die Matrix A *durch diese Bedingung eindeutig bestimmt; wir nennen sie die* **Ableitung von** f **an der Stelle** z_0 *und bezeichnen sie mit* $df(z_0) := A \in \mathbb{R}^{2\times 2}$. *Die Abbildung* f *heisst* **partiell differenzierbar** *an der Stelle* z_0 *wenn die Grenzwerte*

$$\frac{\partial f}{\partial x}(z_0) := \lim_{x\to x_0} \frac{f(x,y_0) - f(x_0,y_0)}{x - x_0}, \qquad \frac{\partial f}{\partial y}(z_0) := \lim_{y\to y_0} \frac{f(x_0,y) - f(x_0,y_0)}{y - y_0}$$

existieren. Diese Grenzwerte heissen **partielle Ableitungen** *von* f *an der Stelle* z_0.

Die Funktion f ist also partiell differenzierbar an der Stelle z_0 wenn die Funktion $x \mapsto f(x,y_0)$ von einer reellen Variablen an der Stelle $x = x_0$ differenzierbar ist, und die Funktion $y \mapsto f(x_0,y)$ an der Stelle $y = y_0$. Ist f an der Stelle z_0 differenzierbar so ist f an der Stelle z_0 auch partiell differenzierbar und die beiden partiellen Ableitungen of f sind die Spalten der Matrix $df(z_0)$. Das heisst, im Falle der Differenzierbarkeit lässt sich die Ableitung von f in der Form

$$df(z_0) = \begin{pmatrix} \frac{\partial f}{\partial x}(x_0,y_0) & \frac{\partial f}{\partial y}(x_0,y_0) \end{pmatrix}$$

schreiben. Dies ist die *Matrix der partiellen Ableitungen* und wird auch die **Jacobi-Matrix** von f an der Stelle z_0 genannt. Die Umkehrung gilt jedoch nicht. Zum Beispiel existieren die partiellen Ableitungen der Funktion $f(z) := z^2/\bar{z}$ an der Stelle $z_0 = 0$, jedoch ist diese Funktion im Nullpunkt nicht differenzierbar.

Die Cauchy–Riemann-Gleichungen

Satz 2.13. *Sei* $\Omega \subset \mathbb{C}$ *eine offene Teilmenge,* $f : \Omega \to \mathbb{C}$ *eine komplexwertige Funktion und* $z_0 = x_0 + \mathbf{i}y_0 \in \Omega$. *Dann sind folgende Aussagen äquivalent.*

(i) f *ist komplex differenzierbar an der Stelle* z_0.

(ii) f *ist reell differenzierbar an der Stelle* z_0 *und die Matrix* $df(z_0) \in \mathbb{R}^{2\times 2}$ *ist komplex linear.*

(iii) *Die Funktionen* $u := \mathrm{Re}\, f : \Omega \to \mathbb{R}$ *und* $v := \mathrm{Im}\, f : \Omega \to \mathbb{R}$ *sind differenzierbar an der Stelle* z_0, *und es gilt*

$$\frac{\partial u}{\partial x}(z_0) = \frac{\partial v}{\partial y}(z_0), \qquad \frac{\partial u}{\partial y}(z_0) = -\frac{\partial v}{\partial x}(z_0). \tag{2.3}$$

Dies sind die **Cauchy–Riemann-Gleichungen**.

(iv) f *ist reell differenzierbar an der Stelle* z_0 *und*

$$\frac{\partial f}{\partial x}(z_0) + \mathbf{i}\frac{\partial f}{\partial y}(z_0) = 0. \tag{2.4}$$

Sind diese vier äquivalenten Bedingungen erfüllt, so ist die komplexe Ableitung von f an der Stelle z_0 durch

$$f'(z_0) = \frac{\partial f}{\partial x}(z_0) = \frac{\partial u}{\partial x}(z_0) + \mathbf{i}\frac{\partial v}{\partial x}(z_0) \tag{2.5}$$

gegeben, und die lineare Abbildung $df(z_0) : \mathbb{R}^2 \to \mathbb{R}^2$ ist unter unserer Identifikation $\mathbb{R}^2 \cong \mathbb{C}$ durch Multiplikation mit $f'(z_0)$ gegeben.

Beweis. Die Äquivalenz von (iii) und (iv) folgt aus der Tatsache, dass

$$\frac{\partial f}{\partial x}(z_0) = \frac{\partial u}{\partial x}(z_0) + \mathbf{i}\frac{\partial v}{\partial x}(z_0), \qquad \mathbf{i}\frac{\partial f}{\partial y}(z_0) = -\frac{\partial v}{\partial y}(z_0) + \mathbf{i}\frac{\partial u}{\partial y}(z_0).$$

Die Äquivalenz von (ii) und (iii) folgt sofort aus Lemma 2.9 und der Tatsache, dass die reelle Ableitung $df(z_0) \in \mathbb{R}^{2\times 2}$ durch die Jacobi-Matrix

$$df(z_0) = \begin{pmatrix} \partial u/\partial x(z_0) & \partial u/\partial y(z_0) \\ \partial v/\partial x(z_0) & \partial v/\partial y(z_0) \end{pmatrix}$$

gegeben ist. Nach Lemma 2.9 ist diese Matrix nämlich genau dann komplex linear, wenn u und v die Cauchy–Riemann-Gleichungen (2.3) erfüllen.

Wir zeigen, dass (i) äquivalent zu (ii) ist. Dazu wählen wir zwei reelle Zahlen $\alpha, \gamma \in \mathbb{R}$ und definieren $a \in \mathbb{C}$ und $A \in \mathbb{R}^{2\times 2}$ durch

$$a := \alpha + \mathbf{i}\gamma, \qquad A := \begin{pmatrix} \alpha & -\gamma \\ \gamma & \alpha \end{pmatrix}.$$

Nach Lemma 2.9 ist die Matrix A komplex linear und die Abbildung

$$\mathbb{C} \cong \mathbb{R}^2 \xrightarrow{A} \mathbb{R}^2 \to \mathbb{C}$$

ist durch Multiplikation mit a gegeben. Also gilt

$$\left| \frac{f(z_0 + h) - f(z_0)}{h} - a \right|_{\mathbb{C}} = \frac{|f(z_0 + h) - f(z_0) - Ah|_{\mathbb{R}^2}}{|h|_{\mathbb{R}^2}} \tag{2.6}$$

für jedes $h \in \mathbb{C} \cong \mathbb{R}^2$ mit $z_0 + h \in \Omega$. Hier betrachten wir die Terme auf der linken Seite als komplexe Zahlen und die auf der rechten Seite als Vektoren in $\mathbb{R}^2$. Insbesondere wird die komplexe Zahl $ah \in \mathbb{C}$ unter dieser Identifikation in den Vektor $Ah \in \mathbb{R}^2$ überführt.

Ist (i) erfüllt und $a := f'(z_0)$, so konvergiert die linke Seite in (2.6) gegen Null für $|h| \to 0$. Daraus folgt dann, dass f an der Stelle z_0 reell differenzierbar ist mit $A = df(z_0)$. Ist umgekehrt (ii) erfüllt und $A := df(z_0)$, so ist A komplex linear, und wir können a wie oben als erste Spalte von A wählen. Nach Voraussetzung konvergiert nun die rechte Seite in (2.6) gegen Null für $|h| \to 0$. Daraus folgt dann, dass f an der Stelle z_0 komplex differenzierbar ist mit $f'(z_0) = a = \partial f/\partial x(z_0)$. Damit haben wir sowohl die Äquivalenz von (i) und (ii) als auch die restlichen Aussagen des Satzes bewiesen. □

Korollar 2.14. *Ist* $\Omega \subset \mathbb{C}$ *eine offene Teilmenge und* $f : \Omega \to \mathbb{C}$ *an der Stelle* $z_0 \in \Omega$ *komplex differenzierbar, so ist* f *an der Stelle* z_0 *stetig; als mathematische Formel heisst das* $\forall \varepsilon > 0\ \exists \delta > 0\ \forall z \in \mathbb{C}$

$$|z - z_0| < \delta \qquad \Longrightarrow \qquad z \in \Omega \text{ und } |f(z) - f(z_0)| < \varepsilon.$$

Beweis. Dies folgt aus Satz 2.13 und einem bekannten Satz aus der Analysis [7], der sagt, dass die Stetigkeit bereits aus der reellen Differenzierbarkeit folgt. Alternativ kann man die Behauptung auch direkt beweisen mit dem gleichen Argument wie für Funktionen einer reellen Variablen [6]. □

Die gleichen Rechenregeln wie im Reellen gelten auch für komplexe Ableitungen. Insbesondere ist die Ableitung der Summe gleich der Summe der Ableitungen, es gilt die Leibnitz-Regel für das Differenzieren von Produkten, und es gilt die Kettenregel für Kompositionen. Das ist der Inhalt des folgenden Satzes.

Satz 2.15.

(i) *Sei* $\Omega \subset \mathbb{C}$ *eine offene Teilmenge,* $z_0 \in \Omega$*, und* $f, g : \Omega \to \mathbb{C}$ *komplex differenzierbar an der Stelle* z_0*. Dann ist* $f + g : \Omega \to \mathbb{C}$ *an der Stelle* z_0 *komplex differenzierbar und es gilt*

$$(f + g)'(z_0) = f'(z_0) + g'(z_0). \tag{2.7}$$

(ii) *Seien* f, g *und* z_0 *wie in* (i)*. Dann ist* $fg : \Omega \to \mathbb{C}$ *an der Stelle* z_0 *komplex differenzierbar und es gilt*

$$(fg)'(z_0) = f'(z_0)g(z_0) + f(z_0)g'(z_0). \tag{2.8}$$

(iii) *Seien* f, g *und* z_0 *wie in* (i)*, und sei* $g(z) \neq 0$ *für alle* $z \in \Omega$*. Dann ist* $f/g : \Omega \to \mathbb{C}$ *an der Stelle* z_0 *komplex differenzierbar und es gilt*

$$\left(\frac{f}{g}\right)'(z_0) = \frac{f'(z_0)g(z_0) - f(z_0)g'(z_0)}{g(z_0)^2}. \tag{2.9}$$

(iv) *Seien* $U, V \subset \mathbb{C}$ *offene Teilmengen und* $z_0 \in U$*. Sei* $f : U \to \mathbb{C}$ *komplex differenzierbar an der Stelle* z_0*, so dass* $f(U) \subset V$*, und sei* $g : V \to \mathbb{C}$ *komplex differenzierbar an der Stelle* $w_0 := f(z_0)$*. Dann ist die Komposition* $g \circ f : U \to \mathbb{C}$ *an der Stelle* z_0 *komplex differenzierbar, und es gilt*

$$(g \circ f)'(z_0) = g'(f(z_0))f'(z_0). \tag{2.10}$$

Beweis. Es gibt hier zwei Möglichkeiten des Beweises. Entweder kann man die Beweise der entsprechenden Aussagen über Funktionen in einer reellen Variablen [6] direkt und Wort für Wort aufs Komplexe übertragen, oder man kann Satz 2.13 und bekannte Sätze über reelle Differentiation in mehreren Variablen verwenden. Wir überlassen dem Leser die ersten Methode als Übung und konzentrieren uns hier auf die zweite Methode. Die Aussagen (i) und (iv) folgen unmittelbar aus Satz 2.13 und den entsprechenden Aussagen über die Ableitungen von reellen Funktionen in mehreren Variablen.

Zum Beweis von (ii) schreiben wir $f = f_1 + \mathbf{i}f_2$ und $g = g_1 + \mathbf{i}g_2$ mit $f_1, f_2, g_1, g_2 : \Omega \to \mathbb{R}$. Diese vier Funktionen sind alle an der Stelle z_0 reell differenzierbar, und daher gilt das auch für die Real- und Imaginärteile der Funktion $fg = (f_1g_1 - f_2g_2) + \mathbf{i}(f_1g_2 + f_2g_1)$. Ausserdem folgt aus der Leibnitz-Regel für Funktionen einer reellen Variablen, dass

$$\frac{\partial(fg)}{\partial x} = \frac{\partial f}{\partial x}g + f\frac{\partial g}{\partial x}, \qquad \frac{\partial(fg)}{\partial y} = \frac{\partial f}{\partial y}g + f\frac{\partial g}{\partial y}.$$

Diese Ableitungen sind alle an der Stelle z_0 zu verstehen und die Produkte in $\mathbb{C}$. Nach Satz 2.13 erfüllen f und g beide die Gleichung (2.4) an der Stelle z_0, und daraus folgt

$$\frac{\partial(fg)}{\partial x}(z_0) + \mathbf{i}\frac{\partial(fg)}{\partial y}(z_0) = 0.$$

Also ist fg nach Satz 2.13 an der Stelle z_0 komplex differenzierbar, und die Leibnitz-Regel folgt aus der Gleichung $(fg)'(z_0) = \partial(fg)/\partial x(z_0)$.

Zum Beweis von (iii) bemerken wir, dass die Funktion

$$h := \frac{f}{g} = \frac{f\bar{g}}{|g|^2}$$

wiederum nach Satz 2.13 und einem Satz aus der reellen Analysis [7] an der Stelle z_0 reell differenzierbar ist. Aus der Gleichung $f = gh$ und der Leibnitzregel für reelle Ableitungen folgt, dass für jedes $\zeta \in \mathbb{C} \cong \mathbb{R}^2$ gilt:

$$df(z_0)\zeta = (dg(z_0)\zeta)\, h(z_0) + g(z_0)\,(dh(z_0)\zeta)\,,$$

und daher

$$dh(z_0)\zeta = \frac{1}{g(z_0)}df(z_0)\zeta - \frac{h(z_0)}{g(z_0)}dg(z_0)\zeta = \frac{f'(z_0)g(z_0) - f(z_0)g'(z_0)}{g(z_0)^2}\,\zeta.$$

Daher ist $dh(z_0) \in \mathbb{R}^{2\times 2}$ komplex linear und gegeben durch Multiplikation mit der komplexen Zahl $g(z_0)^{-2}\,(f'(z_0)g(z_0) - f(z_0)g'(z_0))$. Damit ist der Satz bewiesen. □

Definition 2.16. *Sei $\Omega \subset \mathbb{C}$ eine offene Menge. Eine Funktion $f : \Omega \to \mathbb{C}$ heisst* **holomorph**, *wenn sie an jeder Stelle $z_0 \in \Omega$ komplex differenzierbar ist und die Ableitung $f' : \Omega \to \mathbb{C}$ stetig ist.*

Beispiel 2.17 (Polynome). Es folgt sofort aus den Definitionen, dass jede konstante Funktion und die Funktion $f(z) = z$ holomorph sind. Mit Hilfe von Satz 2.15 (i) und (ii) folgt hieraus, dass jedes Polynom

$$f(z) = a_0 + a_1 z + a_2 z^2 + \cdots + a_n z^n$$

mit komplexen Koeffizienten $a_k \in \mathbb{C}$ auf ganz $\mathbb{C}$ holomorph ist.

Beispiel 2.18 (Rationale Funktionen). Seien $p, q : \mathbb{C} \to \mathbb{C}$ Polynome mit komplexen Koeffizienten, so dass q nicht identisch verschwindet, und sei

$$\Omega := \{z \in \mathbb{C} \,|\, q(z) \neq 0\}.$$

Nach Satz 2.15 (iii) ist die Funktion

$$f := \frac{p}{q} : \Omega \to \mathbb{C}$$

holomorph. Jede solche Funktion heisst **rational**. Insbesondere ist jede Möbiustransformation holomorph (siehe auch Beispiel 2.5).

Beispiel 2.19. Es folgt aus Beispiel (2.6), dass die Exponentialabbildung auf ganz $\mathbb{C}$ holomorph ist.

Beispiel 2.20. Die Funktionen **Cosinus** und **Sinus** lassen sich auf die gesamte komplexe Ebene erweitern und sind dort durch

$$\cos(z) := \frac{e^{\mathrm{i}z} + e^{-\mathrm{i}z}}{2}, \qquad \sin(z) := \frac{e^{\mathrm{i}z} - e^{-\mathrm{i}z}}{2\mathrm{i}}$$

definiert (siehe Gleichung (1.22) für $z = \theta \in \mathbb{R}$). Nach Satz 2.15 sind diese Funktionen holomorph und erfüllen die Gleichungen

$$\sin' = \cos, \qquad \cos' = -\sin, \qquad \cos^2 + \sin^2 = 1.$$

Beispiel 2.21. Der **hyperbolische Cosinus** und der **hyperbolische Sinus** sind die durch

$$\cosh(z) := \frac{e^z + e^{-z}}{2}, \qquad \sinh(z) := \frac{e^z - e^{-z}}{2}$$

definierten Funktionen auf der komplexen Ebene. Sie sind holomorph und erfüllen die Gleichungen

$$\sinh' = \cosh, \qquad \cosh' = \sinh, \qquad \cosh^2 - \sinh^2 = 1.$$

2.2 Biholomorphe Abbildungen

Seien $\Omega, \Omega' \subset \mathbb{C}$ zwei offene Mengen. Eine bijektive Abbildung $f : \Omega \to \Omega'$ heisst **biholomorph** oder **holomorpher Diffeomorphismus**, wenn f und f^{-1} holomorph sind. Nach Satz 2.15 (iv) mit $g = f^{-1} : \Omega' \to \Omega$ ist die Ableitung einer biholomorphen Abbildung überall ungleich Null, und die Ableitung der Umkehrabbildung ist durch die Formel

$$(f^{-1})'(w) = \frac{1}{f'(f^{-1}(w))} \tag{2.11}$$

für $w \in \Omega'$ gegeben. Eine biholomorphe Abbildung von Ω auf sich selbst nennen wir auch einen **(holomorphen) Automorphismus** von Ω.

Beispiel 2.22. Seien $\mathbb{H}$ und $\mathbb{D}$ die offene obere Halbebene und die offene Einheitskreisscheibe wie in (1.31). Nach Übung 1.24 ist die Abbildung

$$f : \mathbb{D} \to \mathbb{H}, \qquad f(z) := \mathbf{i}\frac{1+z}{1-z},$$

biholomorph. Ihre Umkehrabbildung hat die Form

$$f^{-1}(w) = \frac{w - \mathbf{i}}{w + \mathbf{i}}.$$

Beispiel 2.23. Jede Möbiustransformation der Form

$$f(z) := e^{\mathbf{i}\theta}\frac{z - z_0}{1 - \bar{z}_0 z}, \qquad z_0 \in \mathbb{D}, \qquad \theta \in \mathbb{R},$$

ist ein holomorpher Automorphismus der offenen Einheitskreisscheibe $\mathbb{D}$ (Übung 1.16).

Beispiel 2.24. Jede Möbiustransformation der Form

$$f(z) := \frac{az+b}{cz+d}, \qquad a, b, c, d \in \mathbb{R}, \qquad ad - bc > 0$$

ist ein holomorpher Automorphismus der offenen oberen Halbebene $\mathbb{H}$.

Beispiel 2.25. Jedes Polynom der Form

$$f(z) = az + b, \qquad a, b \in \mathbb{C}, \qquad a \neq 0,$$

ist ein holomorpher Automorphismus von $\mathbb{C}$.

Satz 2.26. *Sei $\Omega \subset \mathbb{C}$ offen und $z_0 \in \Omega$. Sei $f : \Omega \to \mathbb{C}$ eine holomorphe Funktion, so dass $f'(z_0) \neq 0$ ist. Dann gibt es eine offene Umgebung $U \subset \Omega$ von z_0, so dass die Menge $V := f(U)$ offen ist und die Einschränkung $f|_U$ eine biholomorphe Abbildung von U nach V ist.*

Beweis. Schreiben wir $f = u + \mathbf{i}v$ mit $u, v : \Omega \to \mathbb{R}$, so ist die reelle Ableitung von f die Matrix

$$df(z) = \begin{pmatrix} \partial u/\partial x(z) & \partial u/\partial y(z) \\ \partial v/\partial x(z) & \partial v/\partial y(z) \end{pmatrix} = \begin{pmatrix} \partial u/\partial x(z) & -\partial v/\partial x(z) \\ \partial v/\partial x(z) & \partial u/\partial x(z) \end{pmatrix}.$$

Hier folgt die zweite Identität aus den Cauchy–Riemann-Gleichungen (2.3). Nach (2.5) ist die Determinante dieser Matrix

$$\det(df(z)) = \left|\frac{\partial u}{\partial x}(z)\right|^2 + \left|\frac{\partial v}{\partial x}(z)\right|^2 = |f'(z)|^2.$$

Also ist $\det(df(z_0)) \neq 0$. Daher gibt es, nach dem Satz über inverse Funktionen in [7], offene Umgebungen $U \subset \Omega$ von z_0 und $V \subset \mathbb{C}$ von w_0, so dass die Einschränkung $f|_U : U \to V$ ein C^1-Diffeomorphismus ist. Ausserdem folgt aus der reellen Kettenregel, dass die Ableitung der Umkehrabbildung $g := (f|_U)^{-1} : V \to U$ die Gleichung

$$dg(f(z))df(z) = \mathbb{1}$$

für $z \in U$ erfüllt. Daher ist die Matrix $df(z)$ für jedes $z \in U$ invertierbar, und es gilt $dg(f(z)) = df(z)^{-1}$ für jedes $z \in U$. Diese Matrix ist komplex linear, und daher ist g holomorph, nach Satz 2.13. □

Beispiel 2.27. Wir betrachten die Exponentialabbildung

$$\exp : \Omega := \{z \in \mathbb{C} \mid -\pi < \operatorname{Im} z < \pi\} \to \Omega' := \mathbb{C} \setminus (-\infty, 0].$$

Diese Abbildung ist bijektiv, und ihre Ableitung $\exp' = \exp$ ist überall ungleich Null. Daher ist ihre Umkehrabbildung $\log := \exp^{-1} : \Omega' \to \Omega$ holomorph, nach Satz 2.26, und hat die Ableitung

$$\log'(w) = \frac{1}{\exp'(\log(w))} = \frac{1}{w}$$

für $w \in \Omega'$. Diese Abbildung ist der Hauptzweig des Logarithmus. (Siehe auch Übung 2.7.)

Beispiel 2.28. Die Abbildung

$$\Omega := \{z \in \mathbb{C} \mid \operatorname{Re} z > 0\} \xrightarrow{f} \Omega' := \mathbb{C} \setminus (-\infty, 0] : z \mapsto f(z) := z^2$$

ist bijektiv (siehe (1.5) in Abschnitt 1.1), und ihre Ableitung $f'(z) = 2z$ ist überall ungleich Null. Ihre Umkehrabbildung $g := f^{-1} : \Omega' \to \Omega$ ist der Hauptzweig der Quadratwurzel:

$$g(w) = \sqrt{w} = \sqrt{|w|}e^{\mathbf{i}\arg(w)/2}.$$

Nach Satz 2.26 ist diese Umkehrabbildung holomorph und hat die Ableitung

$$g'(w) = \frac{1}{f'(g(w))} = \frac{1}{2\sqrt{w}}$$

für $w \in \Omega'$. Auch hier kann man die Formel für g' direkt aus (1.5) herleiten. Jedoch ist diese Herleitung recht mühsam.

Beispiel 2.29. Die Abbildung $f(z) = z^n$ ist eine Bijektion von der offenen Menge

$$\Omega := \left\{ re^{\mathbf{i}\theta} \,\middle|\, -\frac{\pi}{n} < \theta < \frac{\pi}{n} \right\}$$

auf $\Omega' := \mathbb{C} \setminus (-\infty, 0]$. Ihre Ableitung ist wieder überall ungleich Null, und daher ist ihre Umkehrabbildung $\Omega' \to \Omega : w \mapsto \sqrt[n]{w}$ holomorph. Sie heisst Hauptzweig der n-ten Wurzel.

Beispiel 2.30. Die Tangensfunktion

$$f(z) = \tan(z) = \frac{\sin(z)}{\cos(z)}$$

bildet die offene Menge

$$\Omega := \{z \in \mathbb{C} \mid -\pi/2 < \operatorname{Re} z < \pi/2\}$$

bijektiv auf die Menge

$$\Omega' := \mathbb{C} \setminus \{\mathbf{i}y \mid |y| \geq 1\}$$

ab (Übung). Nach Satz 2.15 ist die Ableitung des Tangens

$$\begin{aligned} \tan'(z) &= \frac{\sin'(z)\cos(z) - \sin(z)\cos'(z)}{\cos^2(z)} \\ &= \frac{1}{\cos^2(z)} \\ &= 1 + \tan^2(z). \end{aligned}$$

Nach Satz 2.26 ist die Umkehrfunktion $\arctan := \tan^{-1} : \Omega' \to \Omega$ holomorph und hat die Ableitung

$$\arctan'(w) = \frac{1}{\tan'(\arctan(w))} = \frac{1}{1 + w^2}.$$

Satz 2.31. *Sei $\Omega \subset \mathbb{C}$ offen, $f : \Omega \to \mathbb{C}$ holomorph und $z_0 \in \Omega$, so dass $f(z_0) \neq 0$. Sei $n \in \mathbb{N}$. Dann gibt es eine offene Umgebung $U \subset \Omega$ von z_0 und holomorphe Funktionen $g, h : U \to \mathbb{C}$, so dass für alle $z \in U$ gilt:*

$$e^{g(z)} = f(z), \qquad h(z)^n = f(z).$$

Beweis. Da $f(z_0) \neq 0$ ist, gibt es eine von Null verschiedene komplexe Zahl $w_0 \in \mathbb{C}$, so dass

$$\exp(w_0) = f(z_0).$$

Da $\exp'(w_0) = \exp(w_0) \neq 0$ ist, existieren nach Satz 2.26 offene Umgebungen $W \subset \mathbb{C}$ von w_0 und $V \subset \mathbb{C}$ von $\exp(w_0)$, so dass $\phi := \exp|_W : W \to V$ ein holomorpher Diffeomorphismus ist. Definiere

$$U := \{z \in \Omega \mid f(z) \in V\}, \qquad g := \phi^{-1} \circ f : U \to \mathbb{C}.$$

Dann ist $z_0 \in U$ (da $f(z_0) = \exp(w_0) \in V$ ist), die Funktion g ist holomorph und

$$e^{g(z)} = \phi(g(z)) = f(z)$$

für jedes $z \in U$. Damit haben die Funktionen g und $h(z) := e^{g(z)/n}$ die gewünschten Eigenschaften. □

2.3 Konforme Abbildungen

Sei $\Omega \subset \mathbb{C}$ eine offene Teilmenge und $f : \Omega \to \mathbb{C}$ eine holomorphe Abbildung. Dann erhält f die Winkel zwischen sich schneidenden Kurven und infinitesimal die Länge von Vektoren bis auf einen von der Richtung unabhängigen Faktor. Um diese Eigenschaften etwas genauer zu formulieren betrachten wir eine Kurve in Ω und ihre Bildkurve unter f. Seien also a, b reelle Zahlen mit $a < b$ und

$$[a, b] \to \Omega : t \mapsto z(t) = x(t) + \mathbf{i}y(t)$$

ene C^1-Kurve. Wir betrachten die Bildkurve

$$[a, b] \to \mathbb{C} : t \mapsto w(t) := f(z(t)).$$

Aus der Kettenregel für reelle Ableitungen folgt, dass dies auch eine C^1-Kurve ist und ihre Ableitung durch

$$\dot{w}(t) = \frac{\partial f}{\partial x}(z(t))\dot{x}(t) + \frac{\partial f}{\partial y}(z(t))\dot{y}(t) = f'(z(t))\dot{z}(t) \tag{2.12}$$

gegeben ist. Hieraus folgt, für $t_0 \in [a, b]$ und $z_0 := z(t_0)$, dass

(a) $\arg(\dot{w}(t_0)) = \arg(f'(z_0)) + \arg(\dot{z}(t_0))$,

(b) $|\dot{w}(t_0)| = |f'(z_0)| \cdot |\dot{z}(t_0)|$.

Das heisst, dass (**a**) die Winkel $\arg(\dot{w}(t_0))$ und $\arg(\dot{z}(t_0))$ sich durch einen konstanten Summanden unterscheiden und (**b**) die Beträge $|\dot{w}(t_0)|$ und $|\dot{z}(t_0)|$ sich durch einen konstanten Faktor unterscheiden. Dies sind Bedingungen an die Ableitungen einer C^1-Abbildung, und der Faktor bzw. Summand hängt nicht von der Kurve (wohl aber vom Punkt z_0) ab. Abbildungen mit diesen Eigenschaften heissen **konform**. Die folgenden Übungen zeigen, dass in der Dimension 2 konforme Abbildungen holomorph sind.

Übung 2.32. Für jede Matrix $A \in \mathbb{R}^{2\times 2}$ sind folgende Aussagen äquivalent.

(i) Die Differenz $\arg(A\zeta) - \arg(\zeta)$ ist unabhängig von $\zeta \in \mathbb{R}^2 \setminus \{0\}$.

(ii) A ist komplex linear.

Übung 2.33. Für jede Matrix $A \in \mathbb{R}^{2\times 2}$ sind folgende Aussagen äquivalent.

(i) Der Quotient $|A\zeta| \,/\, |\zeta|$ ist unabhängig von $\zeta \in \mathbb{R}^2 \setminus \{0\}$.

(ii) A ist entweder komplex linear oder komplex anti-linear.

Beispiel 2.34. Wir betrachten den konformen Diffeomorphismus

$$\phi : \Omega := \{z \in \mathbb{C} \,|\, \mathrm{Re}\, z > 0\} \to \mathbb{D}, \qquad \phi(z) := \frac{z-1}{z+1}.$$

Die Menge Ω besitzt ein Gitter, das aus Halbgeraden durch den Ursprung und aus konzentrischen Halbkreisen mit Mittelpunkt im Ursprung besteht. Die Halbgeraden werden auf Kreisbögen durch ± 1 abgebildet und die Halbkreise auf Kreisbögen, die auf diesen senkrecht stehen (siehe Abbildung 2.1).

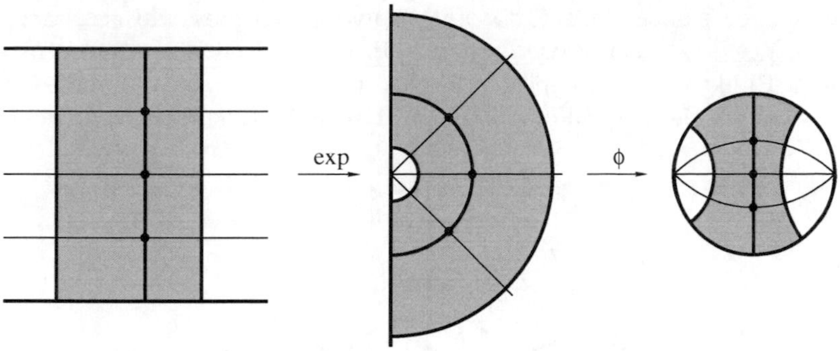

Abbildung 2.1: Konforme Abbildungen

Beispiel 2.35. Sei Ω wie in Beispiel 2.34 und

$$S := \left\{ \zeta \in \mathbb{C} \,\middle|\, -\frac{\pi}{2} < \operatorname{Im} \zeta < \frac{\pi}{2} \right\}.$$

Die auf S eingeschränkte Exponentialabbildung ist ein konformer Diffeomorphismus $\exp : S \to \Omega$, der die horizontalen Geraden auf die Halbgeraden abbildet und die vertikalen Intervalle auf die Halbkreise.

Beispiel 2.36. Die Komposition der Abbildungen aus den Beispielen 2.34 und 2.35 (siehe Abbildung 2.1) ist der konforme Diffeomorphismus

$$\psi := \phi \circ \exp : S \to \mathbb{D}, \qquad \psi(\zeta) = \frac{e^\zeta - 1}{e^\zeta + 1}.$$

Beispiel 2.37. Nach Beispiel 2.30 ist der Tangens ein konformer Diffeomorphismus

$$\tan : \left\{ z \in \mathbb{C} \,\middle|\, -\frac{\pi}{2} < \operatorname{Re} z < \frac{\pi}{2} \right\} \to \mathbb{C} \setminus \mathbf{i}\big((-\infty, -1] \cup [1, \infty)\big).$$

Übung: Bestimmen Sie das Bild der Geraden $\{\operatorname{Re} z = x_0\}$ und des Intervalls $\{\operatorname{Im} z = y_0\}$.

Steinerkreise

Die folgende Diskussion ist dem Buch von Ahlfors [1, Seite 84ff] entnommen. Sie wird im weiteren Manuskript keine Rolle spielen und kann übersprungen werden.

Seien $a, b \in \mathbb{C}$ zwei verschiedene Punkte. Diese Punkte bestimmen zwei Familien von Kreisen die aufeinander senkrecht stehen. Man kann diese Kreise als Koordinatensystem auf der Riemannschen Zahlenkugel betrachten, und sie sind nützlich für die geometrische Beschreibung von Möbiustransformationen. Die **Kreise des Apollonius** werden durch die Gleichung

$$\left| \frac{z - a}{z - b} \right| = \rho \tag{2.13}$$

mit $0 < \rho < \infty$ beschrieben; für $\rho \to 0$ konvergieren diese Kreise gegen a und für $\rho \to \infty$ gegen b. Geometrisch erhält man einen Kreis des Apollonius als die Menge aller Punkte in der komplexen Ebene, deren Abstände zu a und b ein festes Verhältnis haben (siehe Abbildung 2.2). Der Kreis (2.13) ist das Urbild des Kreises

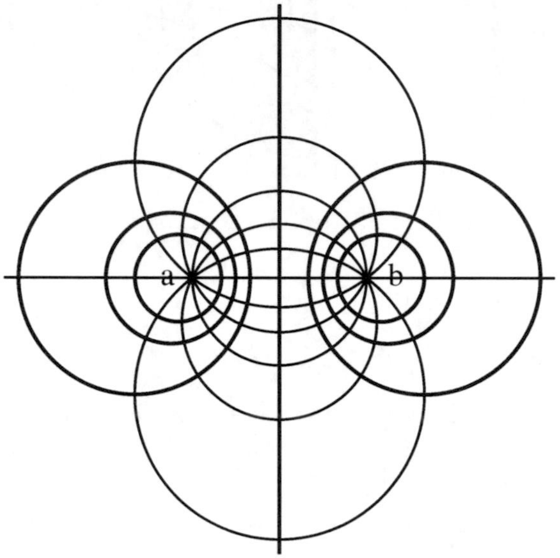

Abbildung 2.2: Steinerkreise

$|\zeta| = \rho$ (mit Mittelpunkt Null und Radius ρ) unter der Möbiustransformation

$$z \mapsto \zeta = \frac{z-a}{z-b}.$$

Die Kreise durch a und b sind die Urbilder der Geraden durch den Ursprung unter dieser Abbildung. Nennen wir A die Schar der Apolloniuskreise und B die Schar der Kreise durch a und b. Dies sind die durch a und b bestimmten **Steinerkreise**, und sie haben eine Vielzahl interessanter Eigenschaften, darunter die folgenden.

(a) Jeder Punkt auf der Riemannschen Zahlenkugel, mit Ausnahme von a und b, liegt auf je genau einem der Kreis der Schar A und der Schar B.

(b) Die Kreise der Scharen A und B schneiden sich im rechten Winkel.

(c) Die Reflektion an einem Kreis der Schar A (siehe Übung 1.31) bildet jeden Kreis der Schar B auf sich selbst ab und jeden Kreis der Schar A auf einen anderen Kreis der Schar A. Das gleiche gilt, wenn man A und B vertauscht.

(d) Die Grenzpunkte a, b werden durch die Reflektion an jedem Kreis der Schar A ineinander überführt, aber nicht durch eine Reflektion an irgendeinem anderen Kreis.

Im Fall $a = 0$ und $b = \infty$ sind die konzentrischen Kreise mit Mittelpunkt Null die Apolloniuskreise, und die Geraden durch den Ursprung sind die Kreise der Schar B. Ist ϕ eine Möbiustransformation, so bildet ϕ die durch a, b bestimmten Steinerkreise auf die durch $a' := \phi(a)$ und $b' := \phi(b)$ bestimmten Steinerkreise ab. Das lässt sich zum Beispiel daran ablesen, dass

$$w = \phi(z) \qquad \iff \qquad \frac{w - a'}{w - b'} = k \cdot \frac{z - a}{z - b}$$

für eine geeignete von Null verschiedene Konstante $k \in \mathbb{C}$. Diese Situation ist offensichtlich besonders interessant, wenn a und b Fixpunkte von ϕ sind, denn dann bildet ϕ jeden Apolloniuskreis auf einen Apolloniuskreis und jeden Kreis durch a, b auf einen Kreis durch a, b ab.

Übung 2.38. Sei ϕ eine Möbiustransformation der Form

$$\phi(z) = \frac{\alpha z + \beta}{\gamma z + \delta}, \qquad \alpha, \beta, \gamma, \delta \in \mathbb{C}, \tag{2.14}$$

und

$$\lambda := \frac{(\alpha + \delta)^2}{\alpha\delta - \beta\gamma}. \tag{2.15}$$

Wir bezeichnen mit $\mathrm{Fix}(\phi) := \{z \in \overline{\mathbb{C}} \,|\, \phi(z) = z\}$ die Menge der Fixpunkte von ϕ in der Riemannschen Zahlenkugel $\overline{\mathbb{C}}$. Ist ϕ nicht die Identität, so gilt

$$\#\mathrm{Fix}(\phi) = 1 \qquad \iff \qquad (\alpha - \delta)^2 + 4\beta\gamma = 0 \qquad \iff \qquad \lambda = 4.$$

Andernfalls hat ϕ genau zwei Fixpunkte.

Definition 2.39. *Seien ϕ und λ wie in* (2.14) *und* (2.15). *Ist $\phi \neq \mathrm{id}$, so heisst ϕ* **elliptisch**, *wenn $0 \leq \lambda < 4$,* **parabolisch**, *wenn $\lambda = 4$,* **hyperbolisch**, *wenn $\lambda > 4$, und* **loxodromisch**, *wenn $\lambda \in \mathbb{C} \setminus [0, \infty)$ ist.*

Nach Übung 2.38 ist eine Möbiustransformation ϕ genau dann parabolisch, wenn sie genau einen Fixpunkt hat. Hat ϕ genau zwei Fixpunkte a und b, so gibt es eine von Null verschiedene Konstante $k \in \mathbb{C}$, so dass

$$w = \phi(z) \qquad \iff \qquad \frac{w - a}{w - b} = k \cdot \frac{z - a}{z - b}. \tag{2.16}$$

Bringt man ϕ nun in die Form (2.14) und berechnet die Konstante λ in (2.15), so ergibt sich

$$\lambda = k + \frac{1}{k} + 2.$$

Daher ist ϕ die Identität für $k = 1$, elliptisch für $k \in S^1 \setminus \{1\}$, hyperbolisch für $k > 0$ und $k \neq 1$ und loxodromisch für $k \notin [0, \infty) \cup S^1$. Hier bezeichnen wir mit S^1 den Einheitskreis in $\mathbb{C}$:

$$S^1 := \{z \in \mathbb{C} \,|\, |z| = 1\}.$$

Ist ϕ elliptisch, so bildet ϕ jeden Apolloniuskreis auf sich selbst ab und rotiert die Kreise durch die Fixpunkte a, b. Ist ϕ hyperbolisch, so bildet ϕ jeden Kreis durch die beiden Fixpunkte a, b auf sich selbst ab. Für $k > 1$ verkleinert sich unter ϕ das Verhältnis des Abstandes zu b zum Abstand zu a, so dass die Apolloniuskreise unter Iteration von ϕ gegen b konvergieren; für $0 < k < 1$ konvergieren sie gegen a.

Übung 2.40. Welche der Möbiustransformationen

$$w = \frac{z}{2z-1}, \qquad w = \frac{2z}{3z-1}, \qquad w = \frac{3z-4}{z-1}, \qquad w = \frac{z}{2-z}$$

ist elliptisch, hyperbolisch oder parabolisch?

Übung 2.41. Sei $\phi : \overline{\mathbb{C}} \to \overline{\mathbb{C}}$ eine Möbiustransformation mit genau zwei Fixpunkten a, b.

(i) ϕ ist genau dann hyperbolisch, wenn es einen Kreis $C \subset \overline{\mathbb{C}}$ gibt, der die Punkte a, b enthält, so dass jedes der beiden Intervalle auf C, die a und b verbinden, durch ϕ auf sich selbst abgebildet wird.

(ii) ϕ ist genau dann elliptisch, wenn es einen Kreis $C \subset \overline{\mathbb{C}}$ gibt, der die Punkte a, b nicht enthält und invariant unter ϕ ist.

Übung 2.42. Ist $\phi \neq \mathrm{id}$ eine Möbiustransformation, deren n-te Iterierte $\phi^n = \phi \circ \phi \circ \cdots \circ \phi$ die Identität ist, so ist ϕ elliptisch.

Übung 2.43. Ist ϕ eine hyperbolische oder loxodromische Möbiustransformation, so konvergiert $\phi^n(z)$ gegen einen der Fixpunkte, solange z nicht der andere Fixpunkt ist.

Übung 2.44. Wie verhalten sich die Steinerkreise im Limes $b \to a$? Dies führt zu einer Diskussion von Kreisen, die für die Beschreibung parabolischer Möbiustransformationen nützlich sind (siehe Ahlfors [1, Seite 87/88]).

Übung 2.45. Jede loxodromische Möbiustransformation lässt sich als Komposition einer elliptischen und einer hyperbolischen darstellen.

2.4 Harmonische Funktionen

Der **Laplace-Operator** auf dem $\mathbb{R}^2$ ist der Differentialoperator

$$\Delta := \frac{\partial^2}{\partial x^2} + \frac{\partial^2}{\partial y^2}.$$

Eine C^2-Funktion $u : \Omega \to \mathbb{R}$ auf einer offenen Teilmenge $\Omega \subset \mathbb{R}^2$ heisst **harmonisch**, wenn sie die Laplace-Gleichung $\Delta u = 0$ erfüllt.

Sei nun $F : \Omega \to \mathbb{C}$ eine holomorphe Funktion auf einer offenen Menge $\Omega \subset \mathbb{C}$. Wir betrachten Ω wieder als Teilmenge des $\mathbb{R}^2$ und bezeichnen Real- und Imaginärteil von F mit

$$u := \operatorname{Re} F, \qquad v := \operatorname{Im} F.$$

Dies sind reellwertige C^1-Funktionen auf Ω, die nach Satz 2.13 die Cauchy–Riemann-Gleichungen erfüllen:

$$\frac{\partial u}{\partial x} = \frac{\partial v}{\partial y}, \qquad \frac{\partial v}{\partial x} = -\frac{\partial u}{\partial y}. \tag{2.17}$$

Sind die Funktionen $u, v : \Omega \to \mathbb{R}$ zweimal stetig differenzierbar (wie wir später sehen werden ist diese Bedingung immer erfüllt), so gilt

$$\Delta u = \frac{\partial}{\partial x}\frac{\partial u}{\partial x} + \frac{\partial}{\partial y}\frac{\partial u}{\partial y} = \frac{\partial}{\partial x}\frac{\partial v}{\partial y} - \frac{\partial}{\partial y}\frac{\partial v}{\partial x} = 0.$$

Hier folgt die zweite Gleichung aus (2.17) und die dritte aus der Tatsache, dass die zweiten Ableitungen kommutieren [7]. Ebenso gilt $\Delta v = 0$. Also sind u und v harmonische Funktionen. Erfüllen zwei harmonische Funktionen die Cauchy–Riemann-Gleichungen (2.17), so nennen wir v **zu** u **konjugiert**. Die nächste Übung zeigt, dass es lokal für jede harmonische Funktion u eine dazu konjugierte Funktion v gibt. Mit anderen Worten, jede harmonische Funktion ist lokal der Realteil einer holomorphen Funktion.

Übung 2.46. Sei $\Omega \subset \mathbb{C}$ eine offene Menge und $u : \Omega \to \mathbb{R}$ eine harmonische Funktion. Wir nehmen an, dass Ω bezüglich einem Punkt $z_0 \in \Omega$ **sternförmig** ist, das heisst, wenn $z \in \Omega$ ist, so ist auch $z_0 + t(z - z_0) \in \Omega$ für $0 \le t \le 1$. Sei $v : \Omega \to \mathbb{R}$ definiert durch

$$v(z_0 + \zeta) := \int_0^1 \left(\frac{\partial u}{\partial x}(z_0 + t\zeta)\eta - \frac{\partial u}{\partial y}(z_0 + t\zeta)\xi \right) dt$$

für $\zeta = \xi + \mathbf{i}\eta \in \mathbb{C}$ mit $z_0 + \zeta \in \Omega$. Dann ist v harmonisch und zu u konjugiert. Also ist u der Realteil der holomorphen Funktion $F := u + \mathbf{i}v : \Omega \to \mathbb{C}$.

Übung 2.47. Sei $\Omega \subset \mathbb{C}$ eine offene Menge und $u : \Omega \to \mathbb{R}$ zweimal stetig differenzierbar. Zeigen Sie, dass u genau dann harmonisch ist, wenn die Funktion

$$f := \frac{\partial u}{\partial x} - \mathbf{i}\frac{\partial u}{\partial y} : \Omega \to \mathbb{C}$$

holomorph ist.

Übung 2.48. Sei $F : \Omega \to \mathbb{C}$ eine holomorphe Funktion auf einer offenen Teilmenge $\Omega \subset \mathbb{C}$.

(a) Ist $F(\Omega) \subset \mathbb{R}$, so ist F lokal konstant.
(b) Ist $F(\Omega) \subset S^1 := \{\lambda \in \mathbb{C} \mid |\lambda| = 1\}$, so ist F lokal konstant.

Kapitel 3

Die Integralformel von Cauchy

Bisher haben wir den Begriff der komplexen Differenzierbarkeit in Anlehnung an die reelle Analysis eingeführt und einige grundlegende Eigenschaften in Analogie zur reellen Analysis hergeleitet. Es gibt jedoch dramatische analytische Unterschiede zwischen reell und komplex differenzierbaren Funktionen. Unter anderem ist die Ableitung einer überall komplex differenzierbaren Funktion notwendigerweise stetig und sogar selbst wieder holomorph, jede holomorphe Funktion ist beliebig oft differenzierbar, die Taylorreihe einer holomorphen Funktion konvergiert immer und stellt die gegebene Funktion dar, und es folgt bereits aus der gleichmässigen Konvergenz holomorpher Funktionen, dass der Grenzwert wieder holomorph ist. Diese und viele andere wichtige Eigenschaften holomorpher Funktionen lassen sich auf elegante Weise aus der Integralformel von Cauchy herleiten.

3.1 Kurvenintegrale

Der Zusammenhangsbegriff

Sei $\Omega \subset \mathbb{C}$ eine offene Teilmenge. Dann sind folgende Aussagen äquivalent.

(a) Ω ist **zusammenhängend**: Sind $U, V \subset \Omega$ offene Teilmengen, so dass $\Omega = U \cup V$ ist und $U \cap V = \emptyset$, dann ist $U = \emptyset$ oder $V = \emptyset$.

(b) Ω ist **weg-zusammenhängend**: Für je zwei Punkte $z_0, z_1 \in \Omega$ gibt es eine stetige Abbildung $\gamma : [0,1] \to \Omega$ mit $\gamma(0) = z_0$ und $\gamma(1) = z_1$.

(c) Für je zwei Punkte $z_0, z_1 \in \Omega$ gibt es eine glatte (das heisst, C^∞) Abbildung $\gamma : [0,1] \to \Omega$ mit $\gamma(0) = z_0$ und $\gamma(1) = z_1$.

Die Äquivalenz von (a) und (b) wird in Anhang B bewiesen und die Äquivalenz von (b) und (c) folgt aus dem Approximationssatz von Weierstrass [6]. Es ist darauf zu achten, dass die Äquivalenz dieser Aussagen nur für offene Mengen gilt. Man kann leicht Beispiele nicht-offener zusammenhängender Teilmengen von $\mathbb{C}$ konstruieren, die nicht weg-zusammenhängend sind. Zudem ist die Definition des Zusammenhangsbegriffs in (a) auf offene Teilmengen Ω zugeschnitten. Ist Ω

D.A. Salamon, *Funktionentheorie*, Grundstudium Mathematik, DOI 10.1007/978-3-0348-0169-0_3,

nicht offen, so sind die offenen Mengen U, V durch relativ offene Teilmengen von Ω zu ersetzen.

Übung 3.1. Ist $\Omega \subset \mathbb{C}$ eine zusammenhängende offene Menge und $a \in \Omega$, dann ist auch $\Omega \setminus \{a\}$ zusammenhängend.

Definition 3.2. *Sei $\Omega \subset \mathbb{C}$ offen. Eine* **glatte Kurve** *in Ω ist eine C^∞-Abbildung $\gamma : [0,1] \to \Omega$. Zwei glatte Kurven $\gamma_0, \gamma_1 : [0,1] \to \Omega$ mit*

$$\gamma_0(0) = \gamma_1(0) =: z_0, \qquad \gamma_0(1) = \gamma_1(1) =: z_1$$

heissen **homotop (mit festen Endpunkten)**, *wenn es eine C^∞-Abbildung $u : [0,1] \times [0,1] \to \Omega$ gibt, so dass für alle $\lambda, t \in [0,1]$ folgendes gilt:*

$$u(\lambda, 0) = z_0, \qquad u(\lambda, 1) = z_1, \qquad u(0,t) = \gamma_0(t), \qquad u(1,t) = \gamma_1(t).$$

Wir schreiben auch $\gamma_\lambda(t) := u(\lambda, t)$ und nennen u, beziehungsweise die Kurvenschar $\{\gamma_\lambda\}_{0 \le \lambda \le 1}$, eine **(glatte) Homotopie von γ_0 nach γ_1**.

Eine glatte Kurve $\gamma : [0,1] \to \Omega$ heisst **geschlossen**, *wenn $\gamma(0) = \gamma(1)$ ist. Eine glatte geschlossene Kurve in Ω heisst* **zusammenziehbar**, *wenn sie homotop (mit festen Endpunkten) zur konstanten Kurve ist.*

Bemerkung 3.3.

(i) Es ist manchmal nützlich, als Definitionsbereich einer glatten Kurve ein beliebiges abgeschossenes Intervall $[a,b] \subset \mathbb{R}$ mit $a < b$ zuzulassen anstelle des Einheitsintervalls.

(ii) Man kann die gleichen Begriffe für stetige Kurven mit stetigen Homotopien einführen. Es folgt in dem Fall aus dem Approximationssatz von Weierstrass, dass zwei glatte Kurven mit denselben Endpunkten genau dann in Ω stetig homotop sind, wenn sie in Ω glatt homotop sind.

(iii) In der Topologie nennt man einen Raum *einfach zusammenhängend*, wenn jede geschlossene Kurve in diesem Raum zusammenziehbar ist. In Anlehnung an Ahlfors [1] werden wir jedoch diese Definition nicht verwenden, sondern durch eine andere ersetzen, die speziell auf offene Teilmengen der komplexen Ebene zugeschnitten ist. Es wird sich erst im Kapitel 5 herausstellen, dass der hier verwendete Begriff zur üblichen Definition äquivalent ist. Dieser Zugang hat den Vorteil, dass sich für eine Reihe interessanter Beispiele von offenen Mengen der Beweis, dass sie einfach zusammenhängend sind, dramatisch vereinfacht.

Beispiel 3.4. Ist $\Omega \subset \mathbb{C}$ eine konvexe offene Teilmenge, so sind je zwei glatte Kurven $\gamma_0, \gamma_1 : [0,1] \to \Omega$ mit denselben Endpunkten homotop. Eine explizite Formel für eine glatte Homotopie ist

$$\gamma_\lambda(t) := (1 - \lambda)\gamma_0(t) + \lambda\gamma_1(t). \tag{3.1}$$

Insbesondere ist jede glatte geschlossene Kurve in Ω zusammenziehbar.

Explizite Beispiele konvexer offener Teilmengen sind die obere Halbebene $\mathbb{H}$ und die Einheitskreisscheibe $\mathbb{D}$. Es wird sich in Kapitel 5 herausstellen, dass jede zusammenhängende offene Teilmenge $\Omega \subset \mathbb{C}$ (bis auf die leere Menge und ganz $\mathbb{C}$), die in unserem noch zu definierenden Sinne einfach zusammenhängend ist, zur Einheitskreisscheibe $\mathbb{D}$ biholomorph ist (dies ist der Riemannsche Abbildungssatz), und deswegen, nach Beispiel 3.4, auch im üblichen Sinne einfach zusammenhängend ist. Explizite Beispiele solcher biholomorpher Abbildungen haben wir bereits kennengelernt (siehe die Beispiele 2.22, 2.27, 2.28, 2.29, 2.34, 2.36 und deren Kompositionen).

Anmerkungen zur Homotopie

Es sei hier eine kurze Diskussion des Homotopie-Begriffs aus der Topologie eingefügt. Diese Betrachtungen werden nicht weiter verwendet und können übersprungen werden.

Sei $\Omega \subset \mathbb{C}$ eine zusammenhängende offene Teilmenge und z_0, $z_1 \in \Omega$. Wir bezeichnen mit

$$\mathscr{P}_\Omega(z_0, z_1) := \{\gamma : [0,1] \to \Omega \,|\, \gamma \text{ ist glatt}, \ \gamma(0) = z_0, \ \gamma(1) = z_1\}$$

die Menge der glatten Kurven in Ω mit Endpunkten z_0 und z_1. Glatte Homotopie definiert eine Relation auf $\mathscr{P}_\Omega(z_0, z_1)$. Die folgende Bezeichnung ist üblich:

$$\gamma_0 \sim \gamma_1 \ :\Longleftrightarrow \ \gamma_0 \text{ ist in } \Omega \text{ glatt homotop zu } \gamma_1 \text{ mit festen Endpunkten.}$$

Diese Relation ist in der Tat eine Äquivalenzrelation. Es gibt zwei Möglichkeiten, dies zu zeigen. Zum einen kann man die Homotopie $\{\gamma_\lambda\}_{0\le\lambda\le1}$ so wählen, dass γ_λ für $0 \le \lambda \le \varepsilon$ und ε hinreichend klein unabhängig von λ ist, und ebenso für $1 - \varepsilon \le \lambda \le 1$. Man kann dann die Transitivität der Relation zeigen, indem man zwei solche Homotopien von γ_0 nach γ_1 und von γ_1 nach γ_2 einfach zusammensetzt. Die Details dieser Konstruktion bleiben dem Leser überlassen. Ein zweiter Beweis ergibt sich aus der Tatsache, dass die Existenz einer stetigen Homotopie von γ_0 nach γ_2 äquivalent ist zur Existenz einer glatten Homotopie.

Eine weitere grundlegende Beobachtung ist die folgende:

Sind je zwei Kurven in $\mathscr{P}_\Omega(z_0, z_1)$ homotop mit festen Endpunkten, so gilt dies auch für $\mathscr{P}_\Omega(z_0', z_1')$ für alle $z_0', z_1' \in \Omega$.

Hier ist eine Beweisskizze. Wir nehmen zunächst an, dass $z_1' = z_1$ ist. Da Ω zusammenhängend ist, gibt es eine glatte Kurve $\alpha : [0,1] \to \Omega$ mit Endpunkten $\alpha(0) = z_0$ und $\alpha(1) = z_0'$. Seien $\beta, \gamma \in \mathscr{P}_\Omega(z_0', z_1)$ gegeben, und definiere $\alpha\#\beta : [0,1] \to \Omega$ durch

$$\alpha\#\beta(t) := \begin{cases} \alpha(2t), & \text{für } 0 \le t \le 1/2, \\ \beta(2t-1), & \text{für } 1/2 \le t \le 1. \end{cases}$$

Dann sind $\alpha\#\beta$ und $\alpha\#\gamma$ stetige Kurven in Ω mit Endpunkten z_0 und z_1. Diese sind durch ein Approximationsargument stetig homotop zu glatten Kurven und deshalb, nach Voraussetzung, stetig homotop zueinander. Sei nun $\alpha^{-1} : [0,1] \to \Omega$ die glatte Kurve, die durch $\alpha^{-1}(t) := \alpha(1-t)$ definiert ist. Dann ist β stetig homotop zu $\alpha^{-1}\#(\alpha\#\beta)$, diese Kurve ist stetig homotop zu $\alpha^{-1}\#(\alpha\#\gamma)$ und diese wiederum zu γ. Da stetige Homotopie eine Äquivalenzrelation ist, sind also β und γ stetig homotop und damit auch glatt homotop. Damit ist die Behauptung für $z_1' = z_1$ gezeigt. Das Argument für $z_0' = z_0$ ist genauso, und damit folgt die Behauptung im Allgemeinen. Insbesondere ist also jede glatte geschlossene Kurve in Ω (mit einem festen Endpunkt) genau dann zusammenziehbar, wenn für alle $z_0, z_1 \in \Omega$ je zwei Kurven in $\mathscr{P}_\Omega(z_0, z_1)$ glatt homotop sind.

Kurvenintegrale

Definition 3.5. *Sei $\Omega \subset \mathbb{C}$ eine offene Teilmenge, $f : \Omega \to \mathbb{C}$ eine stetige Funktion und $\gamma : [a,b] \to \Omega$ eine C^1-Kurve auf einem abgeschlossenen Intervall $[a,b] \subset \mathbb{R}$. Das* **Integral von f über γ** *ist definiert durch*

$$\int_\gamma f(z)\,dz := \int_a^b f(\gamma(t))\dot{\gamma}(t)\,dt. \tag{3.2}$$

Die rechte Seite der Gleichung (3.2) ist zu verstehen als das Riemann-Integral einer stetigen komplexwertigen Funktion über dem Intervall $[a,b]$. Der Wert des Integrals ist eine komplexe Zahl, deren Realteil das Integral der reellwertigen Funktion $t \mapsto \operatorname{Re}\big(f(\gamma(t))\dot{\gamma}(t)\big)$ und deren Imaginärteil das Integral der Funktion $t \mapsto \operatorname{Im}\big(f(\gamma(t))\dot{\gamma}(t)\big)$ ist. Das nächste Lemma zeigt, dass das Integral nicht von der Parametrisierung der Kurve γ abhängt.

Lemma 3.6. *Seien f und γ wie in Definition 3.5. Ist $\phi : [\alpha,\beta] \to [a,b]$ eine C^1-Abbildung mit*

$$\phi(\alpha) = a, \qquad \phi(\beta) = b,$$

so gilt

$$\int_{\gamma\circ\phi} f(z)\,dz = \int_\gamma f(z)\,dz.$$

Beweis. Definiere $h : [a,b] \to \mathbb{C}$ und $H : [a,b] \to \mathbb{C}$ durch

$$h(t) := f(\gamma(t))\dot{\gamma}(t), \qquad H(t) := \int_a^t h(s)\,ds$$

für $a \le t \le b$. Dann ist H stetig differenzierbar und $dH/dt = h$, nach dem Fundamentalsatz der Differential- und Integralrechnung [6]. Daraus folgt

$$\begin{aligned}\int_\gamma f(z)\,dz &= \int_a^b h(t)\,dt \\ &= H(b) - H(a)\end{aligned}$$

$$
\begin{aligned}
&= H(\phi(\beta)) - H(\phi(\alpha)) \\
&= \int_\alpha^\beta \frac{d}{ds} H(\phi(s))\, ds \\
&= \int_\alpha^\beta h(\phi(s))\dot\phi(s)\, ds \\
&= \int_\alpha^\beta f(\gamma(\phi(s)))\dot\gamma(\phi(s))\dot\phi(s)\, ds \\
&= \int_\alpha^\beta f(\gamma \circ \phi(s)) \frac{d}{ds}(\gamma \circ \phi)(s)\, ds \\
&= \int_{\gamma \circ \phi} f(z)\, dz.
\end{aligned}
$$

Damit ist das Lemma bewiesen. □

Übung 3.7. Seien f und γ wie in Definition 3.5. Ist $\phi : [\alpha, \beta] \to [a, b]$ eine C^1-Abbildung mit

$$\phi(\alpha) = b, \qquad \phi(\beta) = a,$$

so gilt

$$\int_{\gamma \circ \phi} f(z)\, dz = -\int_\gamma f(z)\, dz.$$

Beispiel 3.8. Für jede glatte geschlossene Kurve $\gamma : [0, 1] \to \mathbb{C}$ gilt

$$\int_\gamma z\, dz = \int_0^1 \gamma(t)\dot\gamma(t)\, dt = \int_0^1 \frac{d}{dt}\frac{\gamma(t)^2}{2}\, dt = \frac{\gamma(1)^2}{2} - \frac{\gamma(0)^2}{2} = 0.$$

Hier folgt die zweite Gleichung aus (2.12) und die letzte Gleichung aus der Tatsache, dass γ eine geschlossene Kurve ist.

Beispiel 3.9. Sei $\gamma : [0, 1] \to \mathbb{C}$ die geschlossene Kurve $\gamma(t) := e^{2\pi \mathbf{i} t}$, die den Einheitskreis einmal durchläuft. Dann ist $\dot\gamma(t) = 2\pi \mathbf{i} e^{2\pi \mathbf{i} t}$ und daher

$$\int_\gamma \bar z\, dz = \int_0^1 \overline{e^{2\pi \mathbf{i} t}} 2\pi \mathbf{i} e^{2\pi \mathbf{i} t}\, dt = 2\pi \mathbf{i}.$$

Wie wir sehen werden hat das Nichtverschwinden des Integrals etwas damit zu tun, dass die Funktion $z \mapsto \bar z$ nicht holomorph ist.

Homotopie-Invarianz

Wir zeigen als nächstes, dass das Kurvenintegral einer holomorphen Funktion über γ unter Homotopie invariant ist. Dazu benötigen wir folgendes Lemma aus der reellen Analysis, welches besagt, dass man im Fall stetiger Differenzierbarkeit Integral und Ableitung vertauschen kann.

Lemma 3.10. *Sei* $u : [0,1] \times [a,b] \to \mathbb{C}$ *eine stetige Funktion, so dass die partielle Ableitung nach der ersten Variablen (die wir mit* λ *bezeichnen) überall existiert und stetig ist. Wir definieren* $U, V : [0,1] \to \mathbb{C}$ *durch*

$$U(\lambda) := \int_a^b u(\lambda, t)\, dt, \qquad V(\lambda) := \int_a^b \frac{\partial u}{\partial \lambda}(\lambda, t)\, dt.$$

Dann ist U *stetig differenzierbar, und es gilt* $U'(\lambda) = V(\lambda)$ *für* $0 \le \lambda \le 1$.

Ein entscheidendes Hilfsmittel zum Beweis ist die Ungleichung

$$\left| \int_a^b h(t)\, dt \right| \le \int_a^b |h(t)|\, dt, \tag{3.3}$$

die für jede stetige Funktion $h : [a,b] \to \mathbb{C}$ gilt (nach einem Satz aus [6]) und die wir wiederholt verwenden werden.

Übung 3.11. Für jede stetige Funktion $f : \Omega \to \mathbb{C}$ auf einer offenen Teilmenge $\Omega \subset \mathbb{C}$ und jede C^1-Kurve $\gamma : [a,b] \to \Omega$ gilt

$$\left| \int_\gamma f(z)\, dz \right| \le L(\gamma) \sup_{a \le t \le b} |f(\gamma(t))|, \qquad L(\gamma) := \int_a^b |\dot{\gamma}(t)|\, dt. \tag{3.4}$$

Die Zahl $L(\gamma)$ heisst **Länge der Kurve** γ.

Beweis von Lemma 3.10. Sei $\varepsilon > 0$ gegeben. Es ist zu zeigen, dass ein $\delta > 0$ existiert, so dass für alle $\lambda, h \in \mathbb{R}$ mit $0 < |h| < \delta$, $0 \le \lambda \le 1$ und $0 \le \lambda + h \le 1$ die folgenden Ungleichungen gelten:

$$|V(\lambda + h) - V(\lambda)| < \varepsilon, \qquad \left| \frac{U(\lambda + h) - U(\lambda)}{h} - V(\lambda) \right| < \varepsilon. \tag{3.5}$$

Wir wissen aus der reellen Analysis [6], dass jede stetige Funktion auf einem kompakten metrischen Raum gleichmässig stetig ist. Daher gibt es eine Konstante $\delta > 0$, so dass für alle $(\lambda, t), (\lambda', t') \in [0,1] \times [a,b]$ gilt

$$|\lambda' - \lambda| + |t' - t| < \delta \quad \Longrightarrow \quad \left| \frac{\partial u}{\partial \lambda}(\lambda', t') - \frac{\partial u}{\partial \lambda}(\lambda, t) \right| < \frac{\varepsilon}{b - a}. \tag{3.6}$$

Wir zeigen, dass die Behauptung mit diesem δ gilt. Zunächst folgt aus der Definition von V, dass

$$\begin{aligned} |V(\lambda + h) - V(\lambda)| &= \left| \int_a^b \left(\frac{\partial u}{\partial \lambda}(\lambda + h, t) - \frac{\partial u}{\partial \lambda}(\lambda, t) \right) dt \right| \\ &\le \int_a^b \left| \frac{\partial u}{\partial \lambda}(\lambda + h, t) - \frac{\partial u}{\partial \lambda}(\lambda, t) \right| dt \\ &< \varepsilon. \end{aligned}$$

Hier folgt die zweite Ungleichung aus (3.3) und die letzte aus (3.6) (und der Tatsache, dass der Integrand stetig ist und daher sein Maximum an einer Stelle annimmt). Damit haben wir die erste Ungleichung in (3.5) bewiesen. Für die zweite wählen wir zunächst $0 < h < \delta$, so dass $0 \leq \lambda < \lambda + h \leq 1$. Dann gilt

$$\frac{u(\lambda+h,t)-u(\lambda,t)}{h} - \frac{\partial u}{\partial \lambda}(\lambda,t) = \frac{1}{h}\int_{\lambda}^{\lambda+h}\left(\frac{\partial u}{\partial \lambda}(\lambda',t) - \frac{\partial u}{\partial \lambda}(\lambda,t)\right) d\lambda'$$

und daher folgt aus (3.3), dass

$$\begin{aligned}\left|\frac{u(\lambda+h,t)-u(\lambda,t)}{h} - \frac{\partial u}{\partial \lambda}(\lambda,t)\right| &\leq \frac{1}{h}\int_{\lambda}^{\lambda+h}\left|\frac{\partial u}{\partial \lambda}(\lambda',t) - \frac{\partial u}{\partial \lambda}(\lambda,t)\right| d\lambda' \\ &< \frac{\varepsilon}{b-a}.\end{aligned}$$

Hieraus wiederum folgt nach Definition von U und V, unter nochmaliger Benutzung von (3.3), dass

$$\left|\frac{U(\lambda+h)-U(\lambda)}{h} - V(\lambda)\right| \leq \int_a^b \left|\frac{u(\lambda+h,t)-u(\lambda,t)}{h} - \frac{\partial u}{\partial \lambda}(\lambda,t)\right| dt < \varepsilon.$$

Damit haben wir auch die zweite Ungleichung in (3.5) für $h > 0$ bewiesen. Der Beweis für $h < 0$ ist ähnlich. □

Lemma 3.12. *Sei $\Omega \subset \mathbb{C}$ eine offene Teilmenge und $f : \Omega \to \mathbb{C}$ eine holomorphe Funktion. Seien $\gamma_0, \gamma_1 : [0,1] \to \Omega$ zwei glatte Kurven mit*

$$\gamma_0(0) = \gamma_1(0) =: z_0, \qquad \gamma_0(1) = \gamma_1(1) =: z_1.$$

Sind γ_0 und γ_1 homotop in Ω mit festen Endpunkten, so gilt

$$\int_{\gamma_0} f(z)\,dz = \int_{\gamma_1} f(z)\,dz.$$

Beweis. Wir wählen eine glatte Homotopie

$$[0,1] \times [0,1] \to \Omega : (\lambda, t) \mapsto \gamma(\lambda,t) = \gamma_\lambda(t)$$

von γ_0 nach γ_1 mit

$$\gamma_\lambda(0) = z_0, \qquad \gamma_\lambda(1) = z_1 \tag{3.7}$$

für alle λ. Nach Lemma 3.10 ist die Funktion $\lambda \mapsto \int_{\gamma_\lambda} f(z)\,dz$ stetig differenzierbar, und es gilt

$$\begin{aligned}\frac{d}{d\lambda}\int_{\gamma_\lambda} f(z)\,dz &= \frac{d}{d\lambda}\int_0^1 f(\gamma(\lambda,t))\frac{\partial \gamma}{\partial t}(\lambda,t)\,dt \\ &= \int_0^1 \frac{\partial}{\partial \lambda}\left(f(\gamma(\lambda,t))\frac{\partial \gamma}{\partial t}(\lambda,t)\right) dt\end{aligned}$$

$$\begin{aligned}
&= \int_0^1 \left(f'(\gamma)\frac{\partial\gamma}{\partial\lambda}\frac{\partial\gamma}{\partial t} + f(\gamma)\frac{\partial^2\gamma}{\partial\lambda\partial t} \right) dt \\
&= \int_0^1 \frac{\partial}{\partial t}\left(f(\gamma(\lambda,t))\frac{\partial\gamma}{\partial\lambda}(\lambda,t) \right) dt \\
&= f(\gamma(\lambda,1))\frac{\partial\gamma}{\partial\lambda}(\lambda,1) - f(\gamma(\lambda,0))\frac{\partial\gamma}{\partial\lambda}(\lambda,0) \\
&= 0.
\end{aligned}$$

Hier folgt die erste Gleichung aus der Definition des Integrals, die zweite aus Lemma 3.10 und der Tatsache, dass der Integrand eine C^1 -Funktion ist, die dritte und vierte Gleichung folgen aus der Tatsache, dass f holomorph ist, die fünfte aus dem Fundamentalsatz der Differential- und Integralrechnung und die letzte aus Gleichung (3.7). Damit ist das Lemma bewiesen. □

Korollar 3.13 (Cauchy). *Ist $f : \Omega \to \mathbb{C}$ eine holomorphe Funktion auf einer offenen Teilmenge $\Omega \subset \mathbb{C}$ und $\gamma : [0,1] \to \Omega$ eine glatte geschlossene zusammenziehbare Kurve, so verschwindet das Integral von f über γ:*

$$\int_\gamma f(z)\,dz = 0.$$

Dieses Korollar ist bereits eine erste Version der Integralformel von Cauchy, zudem mit einem sehr einfachen Beweis. Der Beweis verwendet jedoch an entscheidender Stelle die Voraussetzung, dass die Ableitung von f stetig ist. Eins unserer Ziele ist es, in Anlehnung an Ahlfors [1], die Integralformel auch ohne diese Voraussetzung zu zeigen und die Stetigkeit der Ableitung dann als Konsequenz der Integralformel zu beweisen.

3.2 Die Integralformel für Rechtecke

Es ist zunächst nützlich, den Begriff des Kurvenintegrals etwas zu verallgemeinern, indem wir auch stückweise glatte Kurven zulassen.

Definition 3.14. *Eine Abbildung $\gamma : [a,b] \to \Omega$ heisst* **stückweise glatte Kurve**, *wenn es eine Partition $a = t_0 < t_1 < t_2 < \cdots < t_N = b$ gibt, so dass die Einschränkung $\gamma_i := \gamma|_{[t_{i-1},t_i]} : [t_{i-1},t_i] \to \Omega$ glatt ist für $i = 1,\ldots,N$. Eine stückweise glatte Kurve $\gamma : [a,b] \to \Omega$ heisst* **geschlossen**, *wenn $\gamma(a) = \gamma(b)$ ist.*

Ist $\Omega \subset \mathbb{C}$ eine offene Menge, $f : \Omega \to \mathbb{C}$ eine stetige Funktion und $\gamma : [a,b] \to \Omega$ eine stückweise glatte Kurve wie oben, so definieren wir das **Integral von f über** *γ durch*

$$\int_\gamma f(z)\,dz := \sum_{i=1}^N \int_{\gamma_i} f(z)\,dz = \sum_{i=1}^N \int_{t_{i-1}}^{t_i} f(\gamma(t))\dot\gamma(t)\,dt. \tag{3.8}$$

Beispiel 3.15. Ein **abgeschlossenes Rechteck** in Ω ist eine Teilmenge $R \subset \Omega$ der Form

$$R = \{z \in \mathbb{C} \,|\, x_0 \leq \operatorname{Re} z \leq x_1,\ y_0 \leq \operatorname{Im} z \leq y_1\}$$

für reelle Zahlen x_0, x_1, y_0, y_1 mit $x_0 < y_0$ und $x_1 < y_1$. Der Rand ∂R von R wird im mathematisch positiven Sinn (also entgegen dem Uhrzeigersinn) von einer stückweise glatten geschlossenen Kurve durchlaufen, und das Integral von f über diese Kurve ist durch

$$\begin{aligned}\int_{\partial R} f(z)\,dz := \int_{x_0}^{x_1} f(\xi + \mathbf{i}y_0)\,d\xi + \int_{y_0}^{y_1} f(x_1 + \mathbf{i}\eta)\mathbf{i}\,d\eta \\ - \int_{x_0}^{x_1} f(\xi + \mathbf{i}y_1)\,d\xi - \int_{y_0}^{y_1} f(x_0 + \mathbf{i}\eta)\mathbf{i}\,d\eta\end{aligned} \tag{3.9}$$

gegeben (siehe Abbildung 3.1).

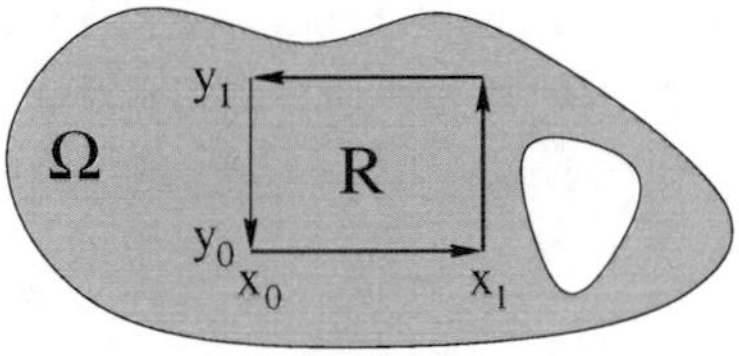

Abbildung 3.1: Ein abgeschlossenes Rechteck

Beispiel 3.16. Für jede stückweise glatte geschlossene Kurve $\gamma : [a,b] \to \mathbb{C}$ zeigt man wie in Beispiel 3.8, dass $\int_\gamma z\,dz = 0$.

Dieses Beispiel ist ein Spezialfall des folgenden Satzes, welcher stetige Funktionen charakterisiert, die sich als Ableitungen von holomorphen Funktionen darstellen lassen, die also eine *komplexe Stammfunktion* besitzen. Im Fall der Funktion $f(z) = z$ ist die Stammfunktion $F(z) = z^2/2$.

Satz 3.17. *Sei $\Omega \subset \mathbb{C}$ eine zusammenhängende offene Menge und $f : \Omega \to \mathbb{C}$ eine stetige Funktion. Dann sind folgende Aussagen äquivalent.*

(i) *Es gibt eine holomorphe Funktion $F : \Omega \to \mathbb{C}$ mit Ableitung $F' = f$.*

(ii) *Für jede stückweise glatte geschlossene Kurve γ in Ω gilt $\int_\gamma f(z)\,dz = 0$.*

(iii) *Das Integral von f über einer stückweise glatten Kurve $\gamma : [a,b] \to \Omega$ hängt nur von den Endpunkten $\gamma(a)$ und $\gamma(b)$ ab.*

Beweis. Wir zeigen (i) $\Longrightarrow$ (ii). Ist $F : \Omega \to \mathbb{C}$ eine holomorphe Funktion mit $F' = f$ und $\gamma : [a,b] \to \Omega$ eine stückweise glatte geschlossene Kurve wie in Definition 3.14, so gilt

$$\int_\gamma f(z)\,dz = \sum_{i=1}^N \int_{t_{i-1}}^{t_i} F'(\gamma(t))\dot\gamma(t)\,dt = \sum_{i=1}^N \big(F(\gamma(t_i)) - F(\gamma(t_{i-1}))\big) = 0.$$

Damit ist gezeigt, dass (ii) aus (i) folgt.

Wir zeigen (ii) $\Longrightarrow$ (iii). Sind $\gamma_0 : [a_0, b_0] \to \Omega$ und $\gamma_1 : [a_1, b_1] \to \Omega$ zwei stückweise glatte Kurven mit denselben Endpunkten $\gamma_0(a_0) = \gamma_1(a_1)$ und $\gamma_0(b_0) = \gamma_1(b_1)$ und definieren wir $\gamma : [a, b] \to \Omega$ durch

$$a := a_1 - b_0, \qquad b := b_1 - a_0$$

und

$$\gamma(t) := \begin{cases} \gamma_1(t + b_0), & \text{für } a_1 - b_0 \le t \le b_1 - b_0, \\ \gamma_0(b_1 - t), & \text{für } b_1 - b_0 \le t \le b_1 - a_0, \end{cases}$$

so ist γ eine stückweise glatte geschlossene Kurve in Ω. Daher gilt nach (ii)

$$0 = \int_\gamma f(z)\,dz = \int_{\gamma_1} f(z)\,dz - \int_{\gamma_0} f(z)\,dz.$$

Damit ist gezeigt, dass (iii) aus (ii) folgt.

Wir zeigen (iii) $\Longrightarrow$ (i). Wir wählen einen Punkt $z_0 \in \Omega$. Für jeden Punkt $z \in \Omega$ gibt es dann eine stückweise glatte Kurve $\gamma : [a, b] \to \Omega$ mit

$$\gamma(a) = z_0, \qquad \gamma(b) = z, \tag{3.10}$$

und wir definieren

$$F(z) := \int_\gamma f(\zeta)\,d\zeta.$$

(Da der Buchstabe z bereits für den Endpunkt vergeben ist, wählen wir einen anderen Namen für die Integrationsvariable. Davon wird die Definition des Integrals natürlich nicht betroffen.) Nach (iii) ist dieses Integral unabhängig von der Wahl von γ. Wir müssen zeigen, dass F komplex differenzierbar und $F' = f$ ist. Dazu wählen wir einen Punkt $z \in \Omega$, eine stückweise glatte Kurve $\gamma : [a, b] \to \Omega$ die (3.10) erfüllt und eine Zahl $\varepsilon > 0$. Da f an der Stelle z stetig ist, gibt es ein $\delta > 0$, so dass für alle $z' \in \mathbb{C}$ gilt

$$|z' - z| < \delta \qquad \Longrightarrow \qquad z' \in \Omega \quad \text{und} \quad |f(z') - f(z)| < \varepsilon. \tag{3.11}$$

Sei $h \in \mathbb{C}$ mit $0 < |h| < \delta$. Wir definieren $\gamma_h : [a, b+1] \to \mathbb{C}$ durch

$$\gamma_h(t) := \begin{cases} \gamma(t), & \text{für } a \le t \le b, \\ z + (t - b)h, & \text{für } b \le t \le b + 1. \end{cases}$$

Diese Kurve nimmt Werte in Ω an, ist stückweise glatt und hat die Endpunkte $\gamma_h(a) = z_0$ und $\gamma_h(b + 1) = z + h$. Daher ist

$$F(z + h) - F(z) = \int_{\gamma_h} f(\zeta)\,d\zeta - \int_\gamma f(\zeta)\,d\zeta = \int_0^1 f(z + th)h\,dt.$$

Hieraus folgt

$$\frac{F(z + h) - F(z)}{h} - f(z) = \int_0^1 \big(f(z + th) - f(z)\big)\,dt$$

und daher, nach (3.3) und (3.11),

$$\left|\frac{F(z+h)-F(z)}{h} - f(z)\right| \le \int_0^1 |f(z+th)-f(z)|\,dt < \varepsilon.$$

Also ist F an der Stelle z komplex differenzierbar, und es gilt $F'(z) = f(z)$. Damit ist gezeigt, dass (i) aus (iii) folgt. □

Satz 3.18. *Sei $U \subset \mathbb{C}$ eine offene Kreisscheibe und*

$$Z = \{\zeta_1, \ldots, \zeta_m\} \subset U$$

eine endliche Teilmenge. Sei $\Omega := U \setminus Z$ und $f : \Omega \to \mathbb{C}$ eine stetige Funktion. Dann sind folgende Aussagen äquivalent.

(i) *Es gibt eine holomorphe Funktion $F : \Omega \to \mathbb{C}$ mit Ableitung $F' = f$.*

(ii) *Für jedes abgeschlossene Rechteck $R \subset U$ gilt*

$$\partial R \cap Z = \emptyset \qquad \Longrightarrow \qquad \int_{\partial R} f(z)\,dz = 0.$$

Beweis. Die Implikation "(i) $\Longrightarrow$ (ii)" folgt sofort aus Satz 3.17. Wir nehmen also an, dass (ii) gilt und beweisen (i) zunächst unter der Annahme $Z = \emptyset$. Wir wählen einen Punkt $z_0 = x_0 + \mathbf{i}y_0 \in U$. Ist $z = x + \mathbf{i}y$ ein weiterer Punkt in U, so ist das abgeschlossene Rechteck $R_{z_0,z}$ mit diagonal gegenüberliegenden Ecken z_0 und z in U enthalten (siehe Abbildung 3.2). Daher folgt aus (ii), dass

$$\int_{\partial R_{z_0,z}} f(\zeta)\,d\zeta = 0 \tag{3.12}$$

ist. Wir definieren

$$\begin{aligned} F(z) &:= \int_{x_0}^{x} f(\xi + \mathbf{i}y_0)\,d\xi + \mathbf{i}\int_{y_0}^{y} f(x + \mathbf{i}\eta)\,d\eta \\ &= \mathbf{i}\int_{y_0}^{y} f(x_0 + \mathbf{i}\eta)\,d\eta + \int_{x_0}^{x} f(\xi + \mathbf{i}y)\,d\xi. \end{aligned} \tag{3.13}$$

Hier folgt die letzte Gleichung aus (3.12). Aus der ersten Gleichung in (3.13) folgt, dass $\partial F/\partial y(z) = \mathbf{i}f(z)$ ist, und aus der zweiten Gleichung folgt, dass $\partial F/\partial x(z) = f(z)$ ist. Damit ist F eine C^1-Funktion, die die Gleichung (2.4) erfüllt. Also folgt aus Satz 2.13, dass F holomorph und $F' = f$ ist.

Wir betrachten nun den Fall $Z \neq \emptyset$. In diesem Fall nennen wir eine Paar von Punkten $z_0, z \in U \setminus Z$ **zulässig**, wenn $\partial R_{z_0,z} \cap Z = \emptyset$ ist, wenn also der Rand des Rechtecks mit diagonal gegenüberliegenden Ecken z_0, z die Ausnahmepunkte ζ_i nicht trifft. Für ein zulässiges Paar (z_0, z) definieren wir die Zahl $F(z_0, z)$ durch (3.13). Sind die drei Paare (z_0, z_1), (z_1, z_2) und (z_0, z_2) alle zulässig, so folgt aus (ii), dass

$$F(z_0, z_1) + F(z_1, z_2) = F(z_0, z_2). \tag{3.14}$$

Wir wählen nun einen Punkt z_0 so, dass sowohl sein Realteil von den Realteilen aller ζ_i verschieden ist, als auch sein Imaginärteil von den Imaginärteilen aller ζ_i verschieden ist. Ist $z \in U \setminus Z$, so wählen wir einen weiteren Punkt $z_1 \in U$, dichter an z als alle ζ_i, so dass die Real- und Imaginärteile von z_1 ebenfalls von denen der ζ_i verschieden sind. Dann sind die beiden Paare (z_0, z_1) und (z_1, z) zulässig,

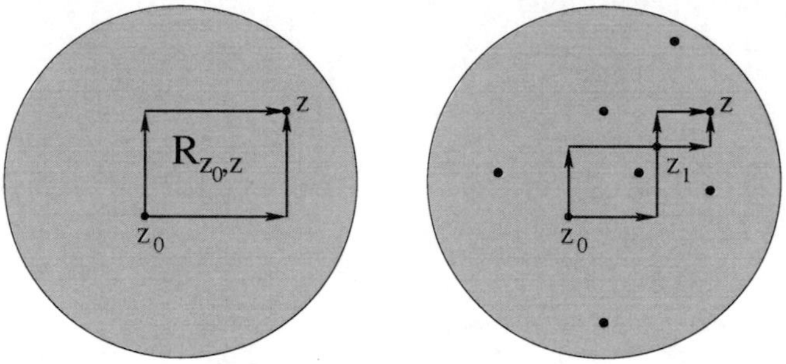

Abbildung 3.2: Die Konstruktion einer Stammfunktion

(siehe Abbildung 3.2) und wir definieren

$$F(z) := F(z_0, z_1) + F(z_1, z).$$

Wählen wir einen weiteren Punkt z_1' mit den gleichen Eigenschaften, so ist das Paar (z_1, z_1') ebenfalls zulässig, und daher folgt aus (3.14), dass diese Definition von $F(z)$ unabhängig von der Wahl des Punktes z_1 ist. Dass diese Funktion F holomorph und ihre Ableitung gleich f ist, sieht man wie im Fall $Z = \emptyset$. Damit ist der Satz bewiesen. □

Es ist an dieser Stelle hilfreich, einen neuen Begriff einzuführen, und zwar für Funktionen, die an jeder Stelle komplex differenzierbar sind, ohne dass wir die Stetigkeit der Ableitung verlangen.

Definition 3.19. *Sei $\Omega \subset \mathbb{C}$ offen. Eine Funktion $f : \Omega \to \mathbb{C}$ heisst* **analytisch**, *wenn sie an jeder Stelle $z_0 \in \Omega$ komplex differenzierbar ist.*

Wie sich herausstellen wird, ist die Ableitung einer analytischen Funktion immer stetig, und daher ist eine Funktion genau dann analytisch, wenn sie holomorph ist. Diese beiden Begriffe haben also in der Tat gar keine unterschiedliche Bedeutung und werden in der Literatur über Funktionentheorie auch austauschbar verwendet. Jedoch haben wir ihre Äquivalenz an dieser Stelle noch nicht bewiesen. Es ist daher auf den Unterschied von "analytisch" und "holomorph" solange peinlich genau zu achten, bis wir die Stetigkeit der Ableitung einer analytischen Funktion bewiesen haben. Wir bemerken noch, dass jede analytische Funktion nach Korollar 2.14 stetig ist.

Satz 3.20 (Cauchy). *Sei $U \subset \mathbb{C}$ eine offene Menge, $Z = \{\zeta_1, \ldots, \zeta_m\} \subset U$ eine endliche Teilmenge und $f : U \setminus Z \to \mathbb{C}$ eine analytische Funktion, so dass*

$$\lim_{z \to \zeta_i} (z - \zeta_i) f(z) = 0, \qquad i = 1, \ldots, m. \tag{3.15}$$

Dann gilt für jedes abgeschlossene Rechteck $R \subset U$

$$\partial R \cap Z = \emptyset \qquad \Longrightarrow \qquad \int_{\partial R} f(z)\, dz = 0.$$

Korollar 3.21. *Sei $U \subset \mathbb{C}$ eine offene Kreisscheibe, $Z = \{\zeta_1, \ldots, \zeta_m\} \subset U$ eine endliche Teilmenge und $f : U \setminus Z \to \mathbb{C}$ eine analytische Funktion, die die Bedingung* (3.15) *erfüllt. Dann gilt folgendes.*

(i) *Es gibt eine holomorphe Funktion $F : U \setminus Z \to \mathbb{C}$ mit Ableitung $F' = f$.*

(ii) *Für jede stückweise glatte geschlossene Kurve $\gamma : [a, b] \to U \setminus Z$ gilt*

$$\int_\gamma f(z)\, dz = 0.$$

Beweis. Nach Satz 3.20 erfüllt f die Bedingung (ii) in Satz 3.18, und daraus folgt (i). Teil (ii) folgt aus (i) und Satz 3.17. □

Beweis von Satz 3.20. Wir betrachten zunächst den Fall $Z = \emptyset$. Für jedes abgeschlossene Rechteck $R \subset U$ bezeichnen wir den Umfang von R mit $\lambda(R)$ und das Integral von f über ∂R mit

$$\eta(R) := \int_{\partial R} f(z)\, dz.$$

Unterteilen wir R in vier kongruente Rechtecke $R^{(1)}, R^{(2)}, R^{(3)}, R^{(4)}$, so gilt $\eta(R) = \eta(R^{(1)}) + \eta(R^{(2)}) + \eta(R^{(3)}) + \eta(R^{(4)})$ (siehe Abbildung 3.3).

Nehmen wir nun an, es gibt ein abgeschlossenes Rechteck $R \subset U$ mit

$$\eta(R) \neq 0.$$

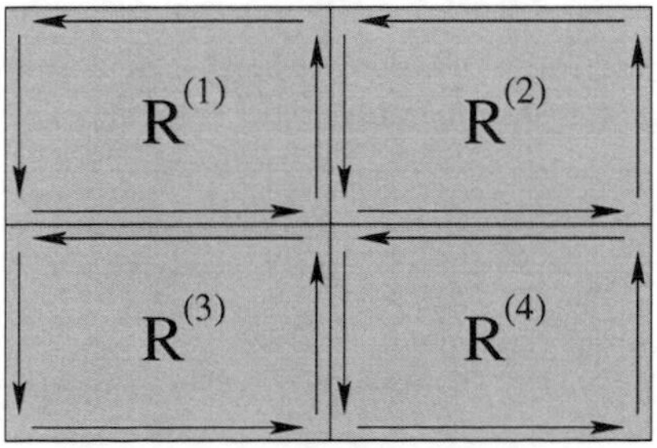

Abbildung 3.3: Die Unterteilung eines Rechtecks

Dann gilt

$$\left|\eta(R^{(i)})\right| \geq \frac{1}{4}\left|\eta(R)\right|$$

für mindestens ein Rechteck in der Unterteilung von R. Mit anderen Worten, es gibt ein zu R kongruentes abgeschlossenes Rechteck $R_1 \subset R$, so dass

$$\left|\eta(R_1)\right| \geq \frac{1}{4}\left|\eta(R)\right|, \qquad \lambda(R_1) = \frac{1}{2}\lambda(R).$$

Unterteilen wir wiederum R_1 in vier kongruente Rechtecke, so finden wir ein weiteres zu R kongruentes abgeschlossenes Rechteck $R_2 \subset R_1$, so dass

$$\left|\eta(R_2)\right| \geq \frac{1}{4}\left|\eta(R_1)\right| \geq \frac{1}{16}\left|\eta(R)\right|, \qquad \lambda(R_2) = \frac{1}{4}\lambda(R).$$

Mit vollständiger Induktion erhalten wir nun eine Folge kongruenter abgeschlossener Rechtecke

$$R \supset R_1 \supset R_2 \supset R_3 \supset \cdots,$$

so dass

$$R_n \subset R_{n-1}, \qquad \left|\eta(R_n)\right| \geq \frac{1}{4^n}\left|\eta(R)\right|, \qquad \lambda(R_n) = \frac{1}{2^n}\lambda(R). \tag{3.16}$$

Es folgt nun aus dem Satz über Intervallschachtelung [6], dass der Durchschnitt der Rechtecke R_n aus genau einem Punkt $z^* \in R$ besteht:

$$\bigcap_{n=1}^{\infty} R_n = \{z^*\}.$$

Sei d der Durchmesser und $\lambda = \lambda(R)$ der Umfang von R, und wähle $\varepsilon > 0$ so, dass

$$\varepsilon d\lambda < \left|\eta(R)\right|. \tag{3.17}$$

Wähle $\delta > 0$ so, dass für alle $z \in \mathbb{C}$ gilt

$$0 < |z - z^*| < \delta \quad \Longrightarrow \quad z \in \Omega \text{ und } \left|\frac{f(z) - f(z^*)}{z - z^*} - f'(z^*)\right| < \varepsilon. \tag{3.18}$$

Wähle n so gross, dass

$$R_n \subset B_\delta(z^*). \tag{3.19}$$

Nach Satz 3.17 wissen wir, dass $\int_{\partial R_n} dz = 0$ und $\int_{\partial R_n} z\,dz = 0$. Daraus folgt

$$\int_{\partial R_n} f(z)\,dz = \int_{\partial R_n} \big(f(z) - f(z^*) - f'(z^*)(z - z^*)\big)\,dz \tag{3.20}$$

und daher, mit $\lambda_n := \lambda(R_n)$ und d_n gleich dem Durchmesser von R_n,

$$\begin{aligned}
|\eta(R_n)| &= \left|\int_{\partial R_n} f(z)\,dz\right| \\
&= \left|\int_{\partial R_n} \big(f(z) - f(z^*) - f'(z^*)(z-z^*)\big)\,dz\right| \\
&\le \lambda_n \sup_{z\in\partial R_n} |f(z) - f(z^*) - f'(z^*)(z-z^*)| \\
&\le \lambda_n \sup_{z\in\partial R_n} \varepsilon\,|z-z^*| \\
&\le \varepsilon d_n \lambda_n \\
&= \frac{\varepsilon d\lambda}{4^n} \\
&< \frac{|\eta(R)|}{4^n}.
\end{aligned}$$

Hier folgt der erste Schritt aus der Definition von $\eta(R_n)$, der zweite aus (3.20), der dritte aus (3.4), der vierte aus (3.18) und (3.19), der fünfte aus der Definition von d_n als Durchmesser von R_n, der sechste aus der Tatsache, dass $\lambda_n = \lambda/2^n$ und $d_n = d/2^n$ ist und der letzte aus (3.17). Die Ungleichung $|\eta(R_n)| < |\eta(R)|/4^n$ widerspricht aber (3.16). Damit ist der Satz im Fall $Z = \emptyset$ bewiesen.

Wir betrachten nun den Fall, dass $Z = \{\zeta\}$ aus einem Punkt besteht. Sei $R \subset U$ ein abgeschlossenes Rechteck, so dass $\zeta \in R\backslash\partial R$. Sei R_0 ein abgeschlossenes Quadrat mit Mittelpunkt ζ, einer noch zu bestimmenden Seitenlänge $2r_0$ und dem Umfang

$$\lambda_0 = 8r_0.$$

Sei $\varepsilon > 0$ gegeben. Da $\lim_{z\to\zeta}(z-\zeta)f(z) = 0$ ist, gibt es ein $\delta > 0$, so dass $B_\delta(\zeta) \subset R$ ist und für alle $z \in \mathbb{C}$ gilt:

$$|z-\zeta| < \delta \qquad \Longrightarrow \qquad |f(z)(z-\zeta)| < \varepsilon.$$

Wir wählen nun das Quadrat R_0 so klein, dass $\sqrt{2}r_0 < \delta$ ist und damit

$$R_0 \subset B_\delta(\zeta).$$

Dann gilt, nach (3.4),

$$\left|\int_{\partial R_0} f(z)\,dz\right| \le \lambda_0 \sup_{z\in\partial R_0} |f(z)| \le \lambda_0 \sup_{z\in\partial R_0} \frac{\varepsilon}{|z-\zeta|} = \lambda_0 \frac{\varepsilon}{r_0} = 8\varepsilon.$$

Wählen wir nun eine Unterteilung von R in abgeschlossene Rechtecke, von denen eins R_0 ist (siehe Abbildung 3.4), so erhalten wir nach dem ersten Teil des Beweises die Ungleichung

$$\left|\int_{\partial R} f(z)\,dz\right| = \left|\int_{\partial R_0} f(z)\,dz\right| \le 8\varepsilon.$$

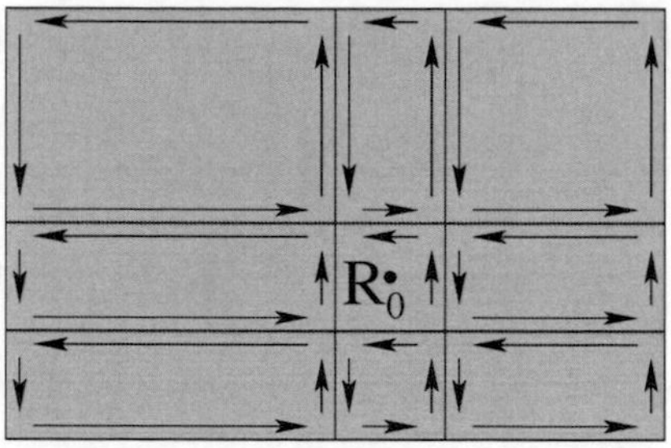

Abbildung 3.4: Ein Rechteck mit Singularität im Inneren

Da $\varepsilon > 0$ beliebig gewählt war, ist $\int_{\partial R} f(z)\,dz = 0$, wie behauptet. Damit ist der Satz in den Fällen $Z = \emptyset$ und $Z = \{\zeta\}$ bewiesen. Der allgemeine Fall lässt sich leicht auf diese beiden Fälle zurückführen. □

3.3 Die Windungszahl

Definition 3.22. *Sei $I \subset \mathbb{R}$ ein abgeschlossenes Intervall und $\gamma : I \to \mathbb{C}$ eine stückweise glatte geschlossene Kurve. Die Menge*

$$\Gamma := \{\gamma(t) \mid t \in I\}$$

heisst **Bildmenge** *von γ. Für $a \in \mathbb{C} \setminus \Gamma$ heisst die Zahl*

$$\mathrm{w}(\gamma, a) := \frac{1}{2\pi\mathbf{i}} \int_\gamma \frac{dz}{z - a}$$

die **Windungszahl von γ um** *a.*

Beispiel 3.23. Für $k \in \mathbb{Z}$ sei $\gamma_k : [0,1] \to \mathbb{C}$ die durch

$$\gamma_k(t) := e^{2\pi\mathbf{i}kt}$$

definierte glatte geschlossene Kurve. Dann ist $\dot\gamma_k(t) = 2\pi\mathbf{i}k\gamma_k(t)$. Daher ist die Windungszahl von γ_k um den Ursprung $a = 0$ gegeben durch

$$\mathrm{w}(\gamma_k, 0) = \frac{1}{2\pi\mathbf{i}} \int_0^1 \frac{\dot\gamma_k(t)}{\gamma_k(t)}\,dt = k.$$

Lemma 3.24. *Sind γ und a wie in Definition 3.22, so ist $\mathrm{w}(\gamma, a) \in \mathbb{Z}$.*

Beweis. Für jeden Punkt $t \in I$ ist $\gamma(t) \neq a$, und daher gibt es eine komplexe Zahl $h(t) \in \mathbb{C}$, so dass

$$e^{h(t)} = \gamma(t) - a. \tag{3.21}$$

Gesucht ist nun eine stetige Funktion $h : I \to \mathbb{C}$, die diese Bedingung erfüllt. Sei

$$t_0 < t_1 < t_2 < \cdots < t_N$$

eine Partition von I, so dass die Restriktion von γ auf jedes Intervall

$$I_i := [t_{i-1}, t_i]$$

glatt ist. Falls h so gewählt werden kann, dass $h|_{I_i}$ differenzierbar ist, so muss die Ableitung von h auf diesem Intervall die Gleichung

$$\dot\gamma(t) = \frac{d}{dt} e^{h(t)} = \dot h(t) e^{h(t)} = \dot h(t)\big(\gamma(t) - a\big)$$

erfüllen. Wir definieren nun einfach h induktiv, indem wir zunächst $h(t_0)$ so wählen, dass (3.21) für $t = t_0$ gilt. Wenn h auf dem Intervall $[t_0, t_{i-1}]$ bereits bestimmt ist, definieren wir h auf dem Intervall $[t_{i-1}, t_i]$ durch

$$h(t) := h(t_{i-1}) + \int_{t_{i-1}}^{t} \frac{\dot\gamma(s)}{\gamma(s) - a}\, ds, \qquad t_{i-1} \le t \le t_i.$$

Diese Funktion ist stückweise glatt (also auch stetig) und erfüllt auf jedem der Intervalle I_i die Gleichung

$$\frac{d}{dt}\big(e^{-h(t)}(\gamma(t) - a)\big) = e^{-h(t)}\Big(\dot\gamma(t) - \dot h(t)\big(\gamma(t) - a\big)\Big) = 0.$$

Also ist die Funktion $t \mapsto e^{-h(t)}(\gamma(t) - a)$ konstant. Daraus folgt, dass h die Gleichung (3.21) erfüllt. Daher gilt

$$\begin{aligned}
\mathrm{w}(\gamma, a) &= \frac{1}{2\pi\mathbf{i}} \int_\gamma \frac{dz}{z - a} \\
&= \sum_{i=1}^{N} \frac{1}{2\pi\mathbf{i}} \int_{t_{i-1}}^{t_i} \frac{\dot\gamma(s)}{\gamma(s) - a}\, ds \\
&= \sum_{i=1}^{N} \frac{h(t_i) - h(t_{i-1})}{2\pi\mathbf{i}} \\
&= \frac{h(t_N) - h(t_0)}{2\pi\mathbf{i}}.
\end{aligned}$$

Dies ist eine ganze Zahl, da $\gamma(t_N) = \gamma(t_0)$ ist. □

Lemma 3.25. *Sei $\gamma : I \to \mathbb{C}$ eine stückweise glatte geschlossene Kurve mit Bildmenge Γ. Dann hat die Windungszahl von γ folgende Eigenschaften.*

(i) *Die Funktion $\mathbb{C} \setminus \Gamma \to \mathbb{Z} : a \mapsto \mathrm{w}(\gamma, a)$ ist auf jeder Zusammenhangskomponente von $\mathbb{C} \setminus \Gamma$ konstant.*

(ii) *Ist $U \subset \mathbb{C}$ eine Kreisscheibe mit $\Gamma \subset U$ und $a \notin U$, so ist $\mathrm{w}(\gamma, a) = 0$.*

Beweis. Sei λ die Länge der Kurve γ und $a_0 \in \mathbb{C} \setminus \Gamma$. Wähle $\delta > 0$ so, dass $B_{2\delta}(a_0) \cap \Gamma = \emptyset$. Ist $a \in B_\delta(a_0) \subset \mathbb{C} \setminus \Gamma$, so folgt aus (3.4), dass

$$|\mathrm{w}(\gamma, a) - \mathrm{w}(\gamma, a_0)| \le \frac{\lambda}{2\pi} \sup_{z \in \Gamma} \left| \frac{1}{z-a} - \frac{1}{z-a_0} \right| \le \frac{\lambda}{2\pi\delta^2} |a - a_0| .$$

Also ist die Funktion $a \mapsto \mathrm{w}(\gamma, a)$ lokal Lipschitz stetig und daher, nach Lemma 3.24, lokal konstant. Daraus folgt, dass die Menge

$$\Omega_k := \{a \in \mathbb{C} \setminus \Gamma \,|\, \mathrm{w}(\gamma, a) = k\}$$

für jede ganze Zahl $k \in \mathbb{Z}$ offen ist. Hieraus wiederum folgt, dass Ω_k für jedes $k \in \mathbb{Z}$ eine Vereinigung von Zusammenhangskomponenten von $\mathbb{C} \setminus \Gamma$ ist. Damit ist (i) bewiesen. Zum Beweis von (ii) bemerken wir, dass die Menge $\mathbb{C} \setminus U$ nach Voraussetzung in einer Zusammenhangskomponente von $\mathbb{C} \setminus \Gamma$ enthalten ist. Daher ist der Wert $\mathrm{w}(\gamma, a)$ unabhängig von $a \in \mathbb{C} \setminus U$. Da

$$\lim_{a \to \infty} \mathrm{w}(\gamma, a) = 0$$

ist, folgt $\mathrm{w}(\gamma, a) = 0$ für alle $a \in \mathbb{C} \setminus U$. □

Bemerkung 3.26. Die Windungszahl $\mathrm{w}(\gamma, a)$ ist unabhängig von der Parametrisierung der Kurve γ. Sei zum Beispiel $\gamma : I \to \mathbb{C}$ eine stückweise glatte geschlossene Kurve mit zugehöriger Partition $t_0 < t_1 < t_2 < \cdots < t_N$ des Intervalls I. Wähle eine glatte Abbildung $\phi : [0, 1] \to [t_0, t_N]$ so, dass für ein hinreichend kleines $\delta > 0$ und alle $t \in [0, 1]$ und $k \in \{0, 1, \ldots, N\}$ gilt:

$$|t - k/N| < \delta \qquad \Longrightarrow \qquad \phi(t) = t_k.$$

Dann ist $\gamma \circ \phi : [0, 1] \to \mathbb{C}$ eine glatte Kurve mit derselben Bildmenge Γ, so dass $\mathrm{w}(\gamma \circ \phi, a) = \mathrm{w}(\gamma, a)$ ist für jeden Punkt $a \in \mathbb{C} \setminus \Gamma$. Das folgt aus Lemma 3.6. Die Kurve $\gamma \circ \phi$ lässt sich sogar zu einer glatten Kurve $\tilde{\gamma} : \mathbb{R} \to \mathbb{C}$ so fortsetzen, dass $\tilde{\gamma}(t + 1) = \tilde{\gamma}(t)$ ist für alle $t \in \mathbb{R}$ und $\tilde{\gamma}(t) = \gamma(\phi(t))$ für $0 \le t \le 1$. Wir nennen $\tilde{\gamma}$ eine **glatte Schleife** und schreiben $\tilde{\gamma} : \mathbb{R}/\mathbb{Z} \to \mathbb{C}$.

Bemerkung 3.27. Die Windungszahl einer glatten Schleife um einen Punkt a ist eine Homotopie-Invariante im folgenden Sinn. Ist

$$[0, 1] \times \mathbb{R} \to \mathbb{C} : (\lambda, t) \mapsto \gamma_\lambda(t)$$

eine glatte Abbildung, so dass

$$\gamma_\lambda(t + 1) = \gamma_\lambda(t), \qquad \gamma_\lambda(t) \ne a$$

für alle $\lambda \in [0, 1]$ und alle $t \in \mathbb{R}$, dann ist die Windungszahl $\mathrm{w}(\gamma_\lambda, a)$ unabhängig von λ und daher $\mathrm{w}(\gamma_0, a) = \mathrm{w}(\gamma_1, a)$. Das folgt aus dem Beweis von Lemma 3.12 (der sich nicht ändert, wenn man eine Homotopie mit festen Endpunkten durch eine Homotopie glatter Schleifen ersetzt).

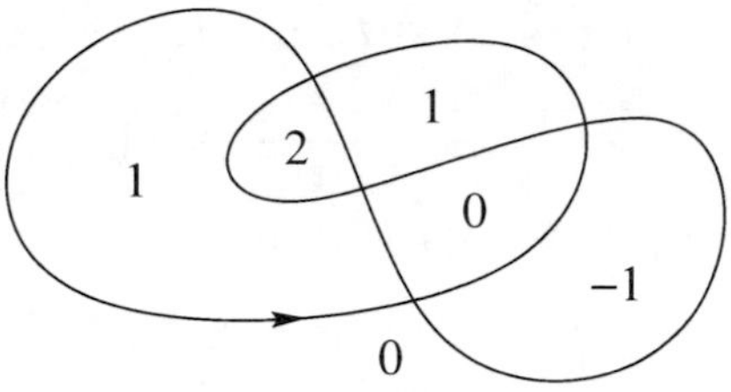

Abbildung 3.5: Die Windungszahl

Hält man die Kurve γ fest, so kann sich die Windungszahl von γ um einen Punkt a nach Lemma 3.25 nur ändern, wenn der Punkt a die Kurve *überquert*. Hier spielt die Orientierung der Kurve eine entscheidende Rolle. Man kann sich das wie an einem Bahnübergang vorstellen. Kommt der Zug vor dem Überqueren der Schienen von links, so erhöht sich die Windungszahl um eins, kommt er von rechts, so verringert sie sich um eins (siehe Abbildung 3.5). Dies ist der Inhalt des folgenden Lemmas.

Lemma 3.28. *Sei $\gamma : I \to \mathbb{Z}$ eine stückweise glatte geschlossene Kurve mit Bildmenge Γ und Partition $t_0 < t_1 < \cdots < t_N$. Sei $t^* \in I \setminus \{t_0, t_1, \ldots, t_N\}$ und $\varepsilon > 0$, so dass*

$$\dot\gamma(t^*) \neq 0, \quad \gamma(t^*) \notin \gamma(I \setminus \{t^*\}), \quad \gamma(t^*) + \mathbf{i}\lambda\dot\gamma(t^*) \notin \Gamma \ \ \forall \lambda \in [-\varepsilon, \varepsilon] \setminus \{0\}.$$

Definiere $a^\pm := \gamma(t^*) \pm \mathbf{i}\varepsilon\dot\gamma(t^*)$ (siehe Abbildung 3.6). Dann gilt

$$\mathrm{w}(\gamma, a^+) - \mathrm{w}(\gamma, a^-) = 1.$$

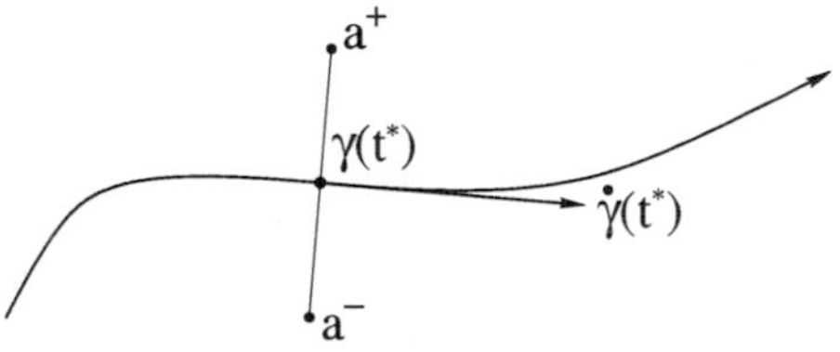

Abbildung 3.6: Änderung der Windungszahl

Beweis. Für $0 < \lambda \leq \varepsilon$ sei

$$a_\lambda^\pm := \gamma(t^*) \pm \mathbf{i}\lambda\dot\gamma(t^*).$$

Wir zeigen die Behauptung in zwei Schritten.

Schritt 1. *Wir können ohne Beschränkung der Allgemeinheit annehmen, dass es eine Zahl $\delta > 0$ gibt, so dass $[t^* - \delta, t^* + \delta] \subset I \setminus \{t_0, t_1, \ldots, t_N\}$ und*

$$|t - t^*| < \delta \qquad \Longrightarrow \qquad \gamma(t) = \gamma(t^*) + (t - t^*)\dot\gamma(t^*). \tag{3.22}$$

Wähle $\delta > 0$ so, dass $[t^* - 2\delta, t^* + 2\delta] \subset I \setminus \{t_0, t_1, \ldots, t_N\}$ und, für alle $t \in \mathbb{R}$,

$$|t - t^*| < 2\delta \qquad \Longrightarrow \qquad \left| \frac{\gamma(t) - \gamma(t^*)}{t - t^*} - \dot{\gamma}(t^*) \right| < \frac{|\dot{\gamma}(t^*)|}{2}. \tag{3.23}$$

Wähle eine glatte Funktion $\beta : \mathbb{R} \to [0, 1]$ so, dass

$$\beta(t) = \begin{cases} 1, & \text{für } |t| \le \delta, \\ 0, & \text{für } |t| \ge 2\delta. \end{cases}$$

Definiere $\gamma_\mu : I \to \mathbb{C}$ durch

$$\gamma_\mu(t) := \gamma(t) - \mu\beta(t - t^*)\Big(\gamma(t) - \gamma(t^*) - (t - t^*)\dot{\gamma}(t^*)\Big) \tag{3.24}$$

für $t \in I$ und $0 \le \mu \le 1$. Dann ist $\gamma_0 \equiv \gamma$ und γ_1 erfüllt die Bedingung (3.22).

Wir zeigen ausserdem, dass

$$\gamma_\mu(t) \ne a_\lambda^\pm \qquad \forall \mu \in [0, 1] \;\; \forall t \in I \quad \forall \lambda \in (0, \varepsilon]. \tag{3.25}$$

Hieraus folgt, dass die Windungszahl $\mathrm{w}(\gamma_\mu, a_\lambda^\pm)$ unabhängig von λ und μ ist. Daher genügt es dann, die gewünschte Identität für $\mu = 1$ zu zeigen. Die Ungleichung (3.25) ist nach Voraussetzung für $|t - t^*| \ge 2\delta$ erfüllt (da in diesem Bereich $\gamma_\mu(t)$ mit $\gamma(t)$ übereinstimmt). Also genügt es, den Fall $|t - t^*| < 2\delta$ zu betrachten. Für solche t erhalten wir nach Definition von γ_μ in (3.24), dass

$$\begin{aligned} \gamma_\mu(t) - a_\lambda^\pm &= \gamma(t) - \gamma(t^*) \mp \mathbf{i}\lambda\dot{\gamma}(t^*) \\ &\quad - \mu\beta(t - t^*)\big(\gamma(t) - \gamma(t^*) - (t - t^*)\dot{\gamma}(t^*)\big) \\ &= \big(t - t^* \mp \mathbf{i}\lambda\big)\dot{\gamma}(t^*) \\ &\quad + \big(1 - \mu\beta(t - t^*)\big)\big(\gamma(t) - \gamma(t^*) - (t - t^*)\dot{\gamma}(t^*)\big) \end{aligned}$$

und daher

$$\begin{aligned} \left|\gamma_\mu(t) - a_\lambda^\pm\right| &\ge |t - t^* \mp \mathbf{i}\lambda|\,|\dot{\gamma}(t^*)| - |\gamma(t) - \gamma(t^*) - (t - t^*)\dot{\gamma}(t^*)| \\ &\ge \left(|t - t^* \mp \mathbf{i}\lambda| - \frac{|t - t^*|}{2}\right)|\dot{\gamma}(t^*)| \\ &> 0. \end{aligned}$$

Hier folgt die zweite Ungleichung aus (3.23). Damit ist (3.25) bewiesen.

Schritt 2. *Wir beweisen das Lemma unter der Voraussetzung, dass γ die Bedingung (3.22) erfüllt.*

Für $0 < \lambda \le \varepsilon$ gilt

$$\begin{aligned} \mathrm{w}(\gamma, a^+) - \mathrm{w}(\gamma, a^-) &= \mathrm{w}(\gamma, a_\lambda^+) - \mathrm{w}(\gamma, a_\lambda^-) \\ &= \frac{1}{2\pi\mathbf{i}} \int_{t_0}^{t_N} \left(\frac{\dot{\gamma}(t)}{\gamma(t) - a_\lambda^+} - \frac{\dot{\gamma}(t)}{\gamma(t) - a_\lambda^-} \right) dt \\ &= \frac{1}{2\pi\mathbf{i}} \int_{t_0}^{t_N} \frac{\dot{\gamma}(t)\left(a_\lambda^+ - a_\lambda^-\right)}{\left(\gamma(t) - a_\lambda^+\right)\left(\gamma(t) - a_\lambda^-\right)}\, dt. \end{aligned}$$

Hier betrachten wir $\dot{\gamma} : I \to \mathbb{C}$ als Funktion, die an den Stellen $t_1, \ldots, t_{N-1}$ unstetig ist. Nun konvergiert der Integrand auf den Intervallen $[t_0, t^* - \delta]$ und $[t^* + \delta, t_N]$ gleichmässig gegen Null für $\lambda \to 0$. Daher gilt

$$\mathrm{w}(\gamma, a^+) - \mathrm{w}(\gamma, a^-) = \lim_{\lambda \to 0} \frac{1}{2\pi\mathbf{i}} \int_{t^*-\delta}^{t^*+\delta} \frac{\dot{\gamma}(t)\left(a_\lambda^+ - a_\lambda^-\right)}{\left(\gamma(t) - a_\lambda^+\right)\left(\gamma(t) - a_\lambda^-\right)}\, dt.$$

Nach (3.22) hat nun dieser Integrand eine einfache Form. Mit

$$\dot{\gamma}(t) = \dot{\gamma}(t^*), \qquad a_\lambda^+ - a_\lambda^- = 2\mathbf{i}\lambda\dot{\gamma}(t^*)$$

und

$$\gamma(t) - a_\lambda^\pm = (t - t^* \mp \mathbf{i}\lambda)\dot{\gamma}(t^*)$$

ergibt sich

$$\begin{aligned}
\mathrm{w}(\gamma, a^+) - \mathrm{w}(\gamma, a^-) &= \lim_{\lambda \to 0} \frac{1}{2\pi\mathbf{i}} \int_{t^*-\delta}^{t^*+\delta} \frac{2\mathbf{i}\lambda}{(t - t^* - \mathbf{i}\lambda)(t - t^* + \mathbf{i}\lambda)}\, dt \\
&= \lim_{\lambda \to 0} \frac{1}{\pi} \int_{t^*-\delta}^{t^*+\delta} \frac{\lambda}{(t - t^*)^2 + \lambda^2}\, dt \\
&= \lim_{\lambda \to 0} \frac{1}{\pi} \int_{-\delta}^{\delta} \frac{\lambda}{s^2 + \lambda^2}\, ds \\
&= \lim_{\lambda \to 0} \frac{1}{\pi} \int_{-\delta/\lambda}^{\delta/\lambda} \frac{ds}{1 + s^2} - \frac{1}{\pi} \int_{-\infty}^{\infty} \frac{ds}{1 + s^2} \\
&= 1.
\end{aligned}$$

Damit ist das Lemma bewiesen. □

Übung 3.29. Sei $\gamma : \mathbb{R}/\mathbb{Z} \to \mathbb{C}$ eine glatte Einbettung, das heisst, γ ist injektiv und $\dot{\gamma}(t) \neq 0$ für alle $t \in \mathbb{R}$. Sei $\Gamma := \{\gamma(t) \,|\, t \in \mathbb{R}\}$. Dann hat $\mathbb{C} \setminus \Gamma$ zwei Zusammenhangskomponenten

$$\Omega_0 := \{z \in \mathbb{C} \setminus \Gamma \,|\, \mathrm{w}(\gamma, z) = 0\}, \qquad \Omega_1 := \{z \in \mathbb{C} \setminus \Gamma \,|\, |\mathrm{w}(\gamma, z)| = 1\}.$$

Hinweis: Sei $U_\varepsilon := \{\gamma(t) + \mathbf{i}\lambda\dot{\gamma}(t) \,|\, t \in \mathbb{R},\ -\varepsilon < \lambda < \varepsilon\}$ und definiere die Abbildung $\phi : \mathbb{R}/\mathbb{Z} \times (-\varepsilon, \varepsilon) \to U_\varepsilon$ durch $\phi(t, \lambda) := \gamma(t) + \mathbf{i}\lambda\dot{\gamma}(t)$. Dann gilt für hinreichend kleine $\varepsilon > 0$ folgendes.

(a) U_ε ist offen und ϕ ist ein Diffeomorphismus. (Insbesondere ist ϕ injektiv!)

(b) Die Mengen $U_\varepsilon^\pm := \{\gamma(t) \pm \mathbf{i}\lambda\dot{\gamma}(t) \,|\, t \in \mathbb{R}, 0 < \lambda < \varepsilon\}$ sind zusammenhängend und $U_\varepsilon = U_\varepsilon^- \cup \Gamma \cup U_\varepsilon^+$.

(c) Für jeden Punkt $z \in \mathbb{C} \setminus \Gamma$ gibt es eine glatte Kurve $\alpha : [0, 1] \to \mathbb{C} \setminus \Gamma$, so dass $\alpha(0) = z$ und $\alpha(1) \in U_\varepsilon \setminus \Gamma$.

Übung 3.30. Zwei glatte Schleifen $\gamma_0, \gamma_1 : \mathbb{R}/\mathbb{Z} \to \mathbb{C}^* = \mathbb{C} \setminus \{0\}$ sind genau dann homotop, wenn sie die gleiche Windungszahl bezüglich $z = 0$ haben, das heisst, wenn $\mathrm{w}(\gamma_0, 0) = \mathrm{w}(\gamma_1, 0)$ ist.

3.4 Die Integralformel auf Kreisscheiben

Wir haben bisher gezeigt, dass das Integral einer analytischen Funktion auf einer offenen Kreisscheibe über jeder stückweise glatten geschlossenen Kurve verschwindet und dabei noch endlich viele Ausnahmepunkte zugelassen (siehe Korollar 3.21 und für holomorphe Funktionen Korollar 3.13). Mit Hilfe der Windungszahl kann man daraus eine Formel herleiten, die den Funktionswert einer analytischen Funktion an einer Stelle a als Integral über einer geschlossen Kurve, die diesen Punkt a umläuft, darstellt. Dies ist die Integralformel von Cauchy in ihrer klassischen Form, die wir zunächst für analytische Funktionen auf Kreisscheiben formulieren.

Satz 3.31. *Sei $U \subset \mathbb{C}$ eine offene Kreisscheibe, $Z = \{\zeta_1, \ldots, \zeta_m\} \subset U$ eine endliche Teilmenge und $f : U \setminus Z \to \mathbb{C}$ eine analytische Funktion, so dass*

$$\lim_{z \to \zeta_i} (z - \zeta_i) f(z) = 0, \qquad i = 1, \ldots, m.$$

Dann erfüllt f für jeden Punkt $a \in U \setminus Z$ und jede stückweise glatte geschlossene Kurve $\gamma : I \to U \setminus (Z \cup \{a\})$ die Gleichung

$$\mathrm{w}(\gamma, a) f(a) = \frac{1}{2\pi\mathbf{i}} \int_\gamma \frac{f(z)\, dz}{z - a}. \tag{3.26}$$

Beweis. Sei $Z_0 := Z \cup \{a\}$, und definiere $F : U \setminus Z_0 \to \mathbb{C}$ durch

$$F(z) := \frac{f(z) - f(a)}{z - a}.$$

Diese Funktion ist analytisch (nach Satz 2.15) und erfüllt die Voraussetzungen von Satz 3.20. Insbesondere gilt

$$\lim_{z \to a} (z - a) F(z) = \lim_{z \to a} \bigl(f(z) - f(a)\bigr) = 0.$$

Also folgt aus Korollar 3.21, dass für jede stückweise glatte, geschlossene Kurve $\gamma : I \to U \setminus Z_0$ folgendes gilt:

$$0 = \int_\gamma F(z)\, dz = \int_\gamma \frac{f(z) - f(a)}{z - a}\, dz = \int_\gamma \frac{f(z)\, dz}{z - a} - 2\pi\mathbf{i}\mathrm{w}(\gamma, a) f(a).$$

Damit ist der Satz bewiesen. □

Übung 3.32. Weder die Voraussetzung $\lim_{z \to \zeta_i} (z - \zeta_i) f(z) = 0$, noch die Voraussetzung, dass U eine Kreisscheibe ist, können in Satz 3.31 ersatzlos fallengelassen werden. Finden Sie Beispiele, in denen die Formel (3.26) ohne diese Voraussetzung nicht gilt.

Als Anwendung der Formel (3.26) ist es besonders interessant, Kurven γ zu betrachten, deren Windungszahl um a gleich eins ist. In dem Fall gilt

$$f(a) = \frac{1}{2\pi\mathbf{i}} \int_\gamma \frac{f(z)\,dz}{z-a}.$$

Da diese Formel für alle a in einer offenen Menge gilt, kann man mit ihrer Hilfe beweisen, dass sich die Funktion f in die singulären Punkte $\zeta_i \in Z$ hinein fortsetzen lässt und zudem beliebig oft differenzierbar ist. Dazu benötigen wir jedoch zunächst eine komplexe Version des Lemmas 3.10, welches besagt, dass wir Integral und Ableitung vertauschen können.

Lemma 3.33. *Sei $\Omega \subset \mathbb{C}$ offen und $[0,1] \times \Omega \to \mathbb{C} : (t,z) \to \phi_t(z)$ eine stetige Funktion, so dass $\phi_t : \Omega \to \mathbb{C}$ für jedes $t \in [0,1]$ holomorph und $[0,1] \times \Omega \to \mathbb{C} : (t,z) \to \phi_t'(z)$ stetig ist. Definiere $\Phi, \Psi : \Omega \to \mathbb{C}$ durch*

$$\Phi(z) := \int_0^1 \phi_t(z)\,dt, \qquad \Psi(z) := \int_0^1 \phi_t'(z)\,dt.$$

Dann ist Φ holomorph und $\Phi' = \Psi$.

Beweis. Seien $z_0 \in \Omega$ und $\varepsilon > 0$ gegeben. Wähle $r > 0$ so, dass

$$\overline{B}_r(z_0) := \{z \in \mathbb{C} \mid |z - z_0| \leq \varepsilon\} \subset \Omega.$$

Dann ist die Funktion $[0,1] \times \overline{B}_r(z_0) \to \mathbb{C} : (t,z) \to \phi_t'(z)$ gleichmässig stetig. Also gibt es eine Konstante $\delta \in (0,r)$, so dass für alle $t \in [0,1]$ und alle $z \in \mathbb{C}$ folgendes gilt:

$$|z - z_0| < \delta \qquad \Longrightarrow \qquad |\phi_t'(z) - \phi_t'(z_0)| < \varepsilon.$$

Für $|z - z_0| < \delta$ folgt daraus, unter Verwendung von (3.3), dass

$$|\Psi(z) - \Psi(z_0)| \leq \int_0^1 |\phi_t'(z) - \phi_t'(z_0)|\,dt < \varepsilon$$

Ausserdem gilt, wieder unter Verwendung von (3.3), dass

$$\begin{aligned}\left|\frac{\phi_t(z) - \phi_t(z_0)}{z - z_0} - \phi_t'(z_0)\right| &= \left|\int_0^1 \left(\phi_t'(z_0 + s(z - z_0)) - \phi_t'(z_0)\right) ds\right| \\ &\leq \int_0^1 |\phi_t'(z_0 + s(z - z_0)) - \phi_t'(z_0)|\,ds \\ &< \varepsilon,\end{aligned}$$

und daher, durch Integration über t,

$$\left|\frac{\Phi(z) - \Phi(z_0)}{z - z_0} - \Psi(z_0)\right| \leq \int_0^1 \left|\frac{\phi_t(z) - \phi_t(z_0)}{z - z_0} - \phi_t'(z_0)\right| dt < \varepsilon.$$

Damit ist das Lemma bewiesen. □

Satz 3.34. *Sei $\Omega \subset \mathbb{C}$ offen und $f : \Omega \to \mathbb{C}$ eine analytische Funktion. Dann hat f folgende Eigenschaften.*

(i) *f ist holomorph.*

(ii) *f ist beliebig oft komplex differenzierbar, und die n-te Ableitung $f^{(n)}$ ist holomorph für jedes $n \in \mathbb{N}$. Insbesondere ist f eine C^∞-Funktion.*

(iii) *Sei $a \in \Omega$ und $r > 0$, so dass $\overline{B}_r(a) \subset \Omega$. Sei $\gamma : [0,1] \to \Omega$ die glatte geschlossene Kurve*

$$\gamma(t) := a + re^{2\pi \mathbf{i} t}.$$

Dann gilt für alle $n \in \mathbb{N}$ und alle $z \in B_r(a)$, dass

$$f^{(n)}(z) = \frac{n!}{2\pi\mathbf{i}} \int_\gamma \frac{f(\zeta)\, d\zeta}{(\zeta - z)^{n+1}}. \tag{3.27}$$

Beweis. Für $n = 0, 1, 2, \dots$ definieren wir $\Phi_n : B_r(a) \to \mathbb{C}$ durch

$$\Phi_n(z) := \frac{n!}{2\pi\mathbf{i}} \int_\gamma \frac{f(\zeta)\, d\zeta}{(\zeta - z)^{n+1}} = \frac{n!}{2\pi\mathbf{i}} \int_0^1 \frac{f(\gamma(t))\dot\gamma(t)}{(\gamma(t) - z)^{n+1}}\, dt.$$

Dann folgt aus Lemma 3.33 mit

$$\phi_t(z) = \frac{n!}{2\pi\mathbf{i}} \frac{f(\gamma(t))\dot\gamma(t)}{(\gamma(t) - z)^{n+1}},$$

dass Φ_n holomorph ist mit der Ableitung

$$\Phi_n'(z) = \Phi_{n+1}(z)$$

für alle $n \in \mathbb{N}_0$ und $z \in B_r(a)$. Ausserdem können wir Satz 3.31 auf eine offene Kreisscheibe $U \subset \Omega$ anwenden, die die abgeschlossene Kreisscheibe $\overline{B}_r(a)$ enthält. Daraus ergibt sich, dass

$$\Phi_0(z) = f(z)$$

ist für jedes $z \in B_r(a)$. Hieraus folgt sofort, dass $f|_{B_r(a)}$ holomorph ist mit $f' = \Phi_1$. Also ist f' wieder holomorph mit $f'' := (f')' = \Phi_2$. Daraus ergibt sich durch vollständige Induktion, dass f beliebig oft komplex differenzierbar ist mit $f^{(n)} := (f^{(n-1)})' = \Phi_{n-1}' = \Phi_n$ für jedes n. Damit ist der Satz bewiesen. □

Wir haben also jetzt gezeigt, dass jede analytische Funktion holomorph ist und daher in der Tat kein Unterschied zwischen analytischen und holomorphen Funktionen besteht. Darüber hinaus erhalten wir die folgende Charakterisierung holomorpher Funktionen.

Korollar 3.35. *Sei $\Omega \subset \mathbb{C}$ offen und $f : \Omega \to \mathbb{C}$ stetig. Dann sind folgende Aussagen äquivalent.*

(i) *f ist analytisch (das heisst, überall komplex differenzierbar).*

(ii) *f ist holomorph (das heisst, analytisch mit stetiger Ableitung).*

(iii) *Für jedes abgeschlossene Rechteck $R \subset \Omega$ gilt $\int_{\partial R} f(z)\, dz = 0$.*

Beweis. Erfüllt f die Bedingung (iii), so besitzt die Restriktion von f auf jede offene Kreisscheibe $U \subset \Omega$ nach Satz 3.18 eine holomorphe Stammfunktion $F : U \to \mathbb{C}$ mit $F' = f|_U$. Nach Satz 3.34 ist also $f|_U$ holomorph. Da dies für jede offene Kreisscheibe $U \subset \Omega$ gilt, folgt daraus, dass f auf ganz Ω holomorph ist. Also haben wir gezeigt, dass (ii) aus (iii) folgt. Dass (i) aus (ii) folgt ist offensichtlich, und dass (iii) aus (i) folgt, ist genau die Aussage von Satz 3.20. Damit ist das Korollar bewiesen. □

Das folgende Korollar gibt eine hinreichende Bedingung für die komplexe Differenzierbarkeit an, die als *Satz von Morera* bekannt ist. Im Gegensatz zu Bedingung (iii) in Korollar 3.35 ist diese Bedingung nicht notwendig. Ein Gegenbeispiel ist die Funktion $f(z) = 1/z$ auf $\Omega = \mathbb{C} \setminus \{0\}$.

Korollar 3.36 (Morera). *Sei $\Omega \subset \mathbb{C}$ offen und $f : \Omega \to \mathbb{C}$ eine stetige Funktion, so dass $\int_\gamma f(z)\, dz = 0$ ist für jede glatte Schleife $\gamma : \mathbb{R}/\mathbb{Z} \to \Omega$. Dann ist f holomorph.*

Beweis. Es folgt aus Bemerkung 3.26, dass das Integral $\int_\gamma f(z)\, dz$ auch für jede stückweise glatte geschlossene Kurve $\gamma : I \to \Omega$ verschwindet. Also gibt es nach Satz 3.17 eine holomorphe Funktion $F : \Omega \to \mathbb{C}$, so dass $F' = f$ ist. Also ist f nach Satz 3.34 selbst holomorph. (Oder man kann hier verwenden, dass f Bedingung (iii) in Korollar 3.35 erfüllt.) □

Korollar 3.37 (Hebbare Singularitäten). *Sei $\Omega \subset \mathbb{C}$ offen, $a \in \Omega$ und $f : \Omega \setminus \{a\} \to \mathbb{C}$ eine holomorphe Funktion. Erfüllt f die Bedingung*

$$\lim_{z \to a} (z - a) f(z) = 0,$$

so gibt es eine holomorphe Funktion $\widetilde{f} : \Omega \to \mathbb{C}$ mit $\widetilde{f}|_{\Omega \setminus \{a\}} = f$.

Beweis. Wähle $r > 0$ so, dass $\overline{B}_r(a) \subset \Omega$, und definiere $\gamma : [0, 1] \to \Omega$ durch $\gamma(t) := a + re^{2\pi \mathbf{i} t}$. Dann ist $\mathrm{w}(\gamma, z) = 1$ für alle $z \in B_r(a)$, nach Lemma 3.25. Also folgt aus Satz 3.31, dass

$$f(z) = \frac{1}{2\pi \mathbf{i}} \int_\gamma \frac{f(\zeta)\, d\zeta}{\zeta - z} \qquad \forall\ z \in B_r(a) \setminus \{a\}.$$

Wir definieren $\widetilde{f} : \Omega \to \mathbb{C}$ durch $\widetilde{f}(z) := f(z)$ für $z \neq a$ und

$$\widetilde{f}(a) := \frac{1}{2\pi \mathbf{i}} \int_\gamma \frac{f(\zeta)\, d\zeta}{\zeta - a}.$$

Dann gilt

$$\widetilde{f}(z) = \frac{1}{2\pi \mathbf{i}} \int_\gamma \frac{f(\zeta)\, d\zeta}{\zeta - z}$$

für alle $z \in B_r(a)$. Nach Lemma 3.33 ist $\widetilde{f}$ also auf $B_r(a)$ holomorph. Daher ist $\widetilde{f}$ auf ganz Ω holomorph, und der Satz ist bewiesen. □

3.5 Konvergenz und Potenzreihen

Aus Cauchy's Integralformel von Satz 3.31 für f und Satz 3.34 für die Ableitungen lässt sich leicht eine Abschätzung herleiten.

Satz 3.38 (Cauchy's Ungleichung). *Sei $\Omega \subset \mathbb{C}$ offen und $f : \Omega \to \mathbb{C}$ holomorph. Sei $a \in \Omega$ und $r, M > 0$, so dass $B_r(a) \subset \Omega$ und, für alle $z \in \mathbb{C}$,*

$$|z - a| < r \qquad \Longrightarrow \qquad |f(z)| \leq M. \tag{3.28}$$

Dann gilt für jedes $n \in \mathbb{N}$

$$\left|f^{(n)}(a)\right| \leq \frac{Mn!}{r^n}. \tag{3.29}$$

Beweis. Für $0 < \rho < r$ definieren wir die Kurve $\gamma_\rho : [0, 1] \to \Omega$ durch

$$\gamma_\rho(t) := a + \rho e^{2\pi \mathbf{i} t}, \qquad 0 \leq t \leq 1.$$

Dann gilt nach Satz 3.34

$$f^{(n)}(a) = \frac{n!}{2\pi\mathbf{i}} \int_0^1 \frac{f(\gamma_\rho(t))\dot{\gamma}_\rho(t)}{(\gamma_\rho(t) - a)^{n+1}}\, dt = \frac{n!}{\rho^n} \int_0^1 \frac{f(\gamma_\rho(t))}{e^{2\pi \mathbf{i} n t}}\, dt.$$

Also folgt aus (3.3), dass

$$\left|f^{(n)}(a)\right| \leq \frac{n!}{\rho^n} \int_0^1 |f(\gamma_\rho(t))|\, dt \leq \frac{Mn!}{\rho^n},$$

und mit $\rho \to r$ erhalten wir die gewünschte Ungleichung (3.29). □

Mit $r \to \infty$ ergibt sich aus Satz 3.38, dass beschränkte holomorphe Funktionen auf ganz $\mathbb{C}$ konstant sind. Das hat einen einfachen Beweis des Fundamentalsatzes der Algebra zur Folge.

Satz 3.39 (Liouville). *Ist $f : \mathbb{C} \to \mathbb{C}$ eine beschränkte holomorphe Funktion, so ist f konstant.*

Beweis. Sei $M > 0$ so gewählt, dass $|f(z)| \leq M$ für alle $z \in \mathbb{C}$. Dann folgt aus Satz 3.38, dass $|f'(z)| \leq M/r$ für alle $z \in \mathbb{C}$ und alle $r > 0$. Mit $r \to \infty$ ergibt sich daraus, dass $f'(z) = 0$ ist für alle $z \in \mathbb{C}$. Daher ist f konstant. □

Satz 3.40 (Fundamentalsatz der Algebra). *Jedes nichtkonstante Polynom $p : \mathbb{C} \to \mathbb{C}$ besitzt eine Nullstelle.*

Beweis. Da das Polynom p nicht konstant ist, hat es die Form

$$p(z) = a_0 + a_1 z + \cdots + a_{n-1} z^{n-1} + a_n z^n$$

mit $n \geq 1$ und $a_n \neq 0$. Wähle $R \geq 1$ so, dass $R\,|a_n| - \sum_{k=0}^{n-1} |a_k| \geq 1$ ist. Dann erhalten wir für $z \in \mathbb{C}$ mit $|z| \geq R$, dass

$$|p(z)| \geq \left(|a_n|\,|z| - \sum_{k=0}^{n-1} |a_k| \right) |z|^{n-1} \geq |z|^{n-1} \geq 1.$$

Hat p keine Nullstelle, so gibt es eine Zahl $\delta > 0$, so dass $|p(z)| \geq \delta$ ist für alle $z \in \mathbb{C}$ mit $|z| \leq R$ (da die stetige Funktion $z \mapsto |p(z)|$ ihr Minimum auf der kompakten Menge $\{|z| \leq R\}$ annimmt). Also gilt $|p(z)| \geq \min\{1, \delta\}$ für alle $z \in \mathbb{C}$. Damit ist $1/p$ eine beschränkte holomorphe Funktion und ist daher nach Satz 3.39 konstant, im Widerspruch zu unserer Voraussetzung. □

Aus der Charakterisierung holomorpher Funktionen in Korollar 3.35 folgt sofort, dass der Grenzwert einer gleichmässig konvergenten Folge holomorpher Funktionen wieder holomorph ist. Die Konvergenz der Ableitungen ist dann eine weitere Konsequenz von Satz 3.38.

Satz 3.41 (Weierstrass). *Sei $\Omega \subset \mathbb{C}$ eine offene Menge und $f_n : \Omega \to \mathbb{C}$, $n = 1, 2, 3, \dots$, eine Folge holomorpher Funktionen, die auf jeder kompakten Teilmenge von Ω gleichmässig gegen eine Funktion $f : \Omega \to \mathbb{C}$ konvergiert. Dann ist f holomorph, und die Folge der Ableitungen f_n' konvergiert gleichmässig auf jeder kompakten Teilmenge von Ω gegen die Ableitung f' von f.*

Zum Beweis dieses Satzes benötigen wir das folgende Lemma über kompakte Mengen, das auch später noch nützlich sein wird. Es gilt auch im $\mathbb{R}^n$, ist aus der Analysis [6] bekannt, und der Beweis ist standard. Wir wiederholen ihn jedoch hier, der Vollständigkeit halber, für Teilmengen der komplexen Ebene.

Lemma 3.42. *Sei $\Omega \subset \mathbb{C}$ eine offene Menge und $K \subset \Omega$ eine kompakte Teilmenge. Dann ist die Menge*

$$K_\varepsilon := \bigcup_{z \in K} \overline{B}_\varepsilon(z) = \{w \in \mathbb{C} \,|\, \exists z \in K, \text{ so dass } |w - z| \leq \varepsilon\}$$

für jedes $\varepsilon > 0$ kompakt. Ausserdem gibt es ein $\varepsilon > 0$, so dass $K_\varepsilon \subset \Omega$ ist.

Beweis. Wir beweisen, dass K_ε für jedes $\varepsilon > 0$ kompakt ist. Nach Heine–Borel ist die Menge K abgeschlossen und beschränkt. Hieraus folgt sofort, dass die Menge K_ε ebenfalls beschränkt ist. Wir zeigen, dass diese Menge auch abgeschlossen ist. Sei also $(w_n)_{n\in\mathbb{N}}$ eine Folge in K_ε, die gegen $w \in \mathbb{C}$ konvergiert. Dann gibt es eine Folge $(z_n)_{n\in\mathbb{N}}$ in K, so dass $|w_n - z_n| \leq \varepsilon$ ist für jedes n. Da K kompakt ist, hat die Folge $\{z_n\}$ eine Teilfolge $\{z_{n_i}\}_{i\in\mathbb{N}}$, die gegen ein Element $z \in K$ konvergiert. Daraus folgt

$$|w - z| = \lim_{i\to\infty} |w_{n_i} - z_{n_i}| \leq \varepsilon,$$

und somit ist $w \in K_\varepsilon$. Wir haben also gezeigt, dass K_ε abgeschlossen und beschränkt ist. Nach Heine–Borel ist K_ε kompakt.

Wir beweisen, dass es ein $\varepsilon > 0$ gibt mit $K_\varepsilon \subset \Omega$. Andernfalls gäbe es, für jedes $n \in \mathbb{N}$, ein Element $w_n \in K_{1/n} \setminus \Omega$ und damit auch ein $z_n \in K$ mit $|w_n - z_n| \leq 1/n$. Da K kompakt ist, gibt es eine Teilfolge $(z_{n_i})_{i\in\mathbb{N}}$, die gegen ein Element $z \in K$ konvergiert. Da $w_{n_i} - z_{n_i}$ gegen Null konvergiert, folgt daraus $z = \lim_{i\to\infty} w_{n_i} \in \mathbb{C} \setminus \Omega$, im Widerspruch zu $K \subset \Omega$. □

Beweis von Satz 3.41. Ist $R \subset \Omega$ ein abgeschlossenes Rechteck, so konvergiert f_n auf R gleichmässig gegen f. Ist λ der Umfang R, so folgt aus (3.4):

$$\left|\int_{\partial R} f(z)\,dz - \int_{\partial R} f_n(z)\,dz\right| \leq \lambda \sup_{z\in\partial R} |f(z) - f_n(z)| \quad \longrightarrow \quad 0.$$

Daraus folgt, nach Satz 3.20, dass

$$\int_{\partial R} f(z)\,dz = \lim_{n\to\infty} \int_{\partial R} f_n(z)\,dz = 0$$

ist. Also ist f nach Korollar 3.35 holomorph.

Sei nun $K \subset \Omega$ eine kompakte Teilmenge und wähle $\varepsilon > 0$ so, dass $K_\varepsilon \subset \Omega$ ist (siehe Lemma 3.42). Dann folgt aus Satz 3.38, dass

$$\sup_{z\in K} |f_n'(z) - f'(z)| \leq \frac{1}{\varepsilon} \sup_{z\in K_\varepsilon} |f_n(z) - f(z)|.$$

Da f_n auf K_ε gleichmässig gegen f konvergiert, folgt hieraus, dass f_n' auf K gleichmässig gegen f' konvergiert. □

Potenzreihen

Eine erste Anwendung des Konvergenzsatzes von Weierstrass betrifft Potenzreihen. Nehmen wir an

$$f(z) = \sum_{k=0}^{\infty} a_k z^k \tag{3.30}$$

ist eine (zunächst formale) Potenzreihe mit komplexen Koeffizienten $a_k \in \mathbb{C}$, die einen positiven Konvergenzradius hat:

$$\rho := \frac{1}{\limsup_{n\to\infty} |a_n|^{1/n}} > 0. \tag{3.31}$$

Dann wissen wir aus der Analysis [6], dass die Folge der *Partialsummen*

$$f_n(z) := \sum_{k=0}^{n} a_k z^k$$

auf jeder kompakten Teilmenge der offenen Kreisscheibe

$$B_\rho := \{z \in \mathbb{C} \mid |z| < \rho\}$$

gleichmässig konvergiert. Also folgt aus Satz 3.41, dass die Formel (3.30) in der Tat eine holomorphe Funktion $f : B_\rho \to \mathbb{C}$ definiert, die für $|z| < \rho$ als Grenzwert

$$f(z) = \lim_{n\to\infty} f_n(z)$$

der Partialsummen gegeben ist. Darüber hinaus konvergieren auch die Ableitungen und wir erhalten für f' die Potenzreihendarstellung

$$f'(z) = \sum_{k=1}^{\infty} k a_k z^{k-1}. \tag{3.32}$$

Durch vollständige Induktion ergibt sich für jedes $n \in \mathbb{N}$ die Formel

$$f^{(n)}(z) = \sum_{k=n}^{\infty} k(k-1)\cdots(k-n+1)a_k z^{k-n}. \tag{3.33}$$

Insbesondere gilt $f^{(n)}(0) = n!a_n$ für jedes $n \in \mathbb{N}_0$.

3.6 Die Taylorreihe

Wir können nun umgekehrt vorgehen und mit einer holomorphen Funktion $f : \Omega \to \mathbb{C}$ auf einer offenen Teilmenge $\Omega \subset \mathbb{C}$ beginnen und einen Punkt $z_0 \in \Omega$ wählen. Wir wissen, nach Satz 3.34, dass f beliebig oft komplex differenzierbar ist. Wäre f durch eine Potenzreihe in $z - z_0$ gegeben, so wäre der n-te Koeffizient dieser Reihe nach der bisherigen Diskussion gerade die Zahl $a_n := f^{(n)}(z_0)/n!$. Die Potenzreihe

$$(T_{z_0}^{\infty} f)(z) := \sum_{n=0}^{\infty} \frac{f^{(n)}(z_0)}{n!}(z-z_0)^n \tag{3.34}$$

mit diesen Koeffizienten heisst **Taylorreihe von f im Punkte z_0**. Die naheliegenden Fragen sind, ob der Konvergenzradius dieser Reihe positiv ist und, wenn ja, ob die Reihe auch gegen f konvergiert. Im Reellen hängt dies von der Funktion f ab, und im allgemeinen sind beide Fragen zu verneinen. Im Komplexen jedoch ist die Antwort auf beide Fragen positiv.

Satz 3.43 (Taylor). *Sei $\Omega \subset \mathbb{C}$ offen, $f : \Omega \to \mathbb{C}$ holomorph, $z_0 \in \Omega$ und $r > 0$, so dass $B_r(z_0) \subset \Omega$. Dann gilt folgendes.*

(i) *Für jedes $n \in \mathbb{N}$ existiert eine holomorphe Funktion $f_n : \Omega \to \mathbb{C}$, so dass*

$$f(z) = \sum_{k=0}^{n-1} \frac{f^{(k)}(z_0)}{k!}(z-z_0)^k + f_n(z)(z-z_0)^n \tag{3.35}$$

ist für alle $z \in \Omega$.

(ii) *Sei* f_n *wie in* (i). *Dann gilt*

$$f_n(z) = \int_0^1 \frac{(1-t)^{n-1}}{(n-1)!} f^{(n)}\big(z_0 + t(z-z_0)\big)\,dt \tag{3.36}$$

für jedes $z \in B_r(z_0)$ *und insbesondere* $f_n(z_0) = f^{(n)}(z_0)/n!$. *Ist* $0 < R < r$ *und* $\gamma_R(t) := z_0 + \mathrm{R}e^{2\pi \mathrm{i} t}$ *für* $0 \le t \le 1$, *dann gilt*

$$f_n(z) = \frac{1}{2\pi \mathbf{i}} \int_{\gamma_R} \frac{f(\zeta)\,d\zeta}{(\zeta - z_0)^n(\zeta - z)} \tag{3.37}$$

für jedes $z \in B_R(z_0)$.

(iii) *Sei* ρ *der Konvergenzradius der Taylorreihe* (3.34). *Dann ist* $\rho \ge r$ *und*

$$f(z) = \sum_{n=0}^{\infty} \frac{f^{(n)}(z_0)}{n!}(z-z_0)^n \tag{3.38}$$

für jedes $z \in B_r(z_0)$.

Die letzte Aussage diese Satzes sagt, dass die Taylorreihe auf der grössten offenen Kreisscheibe um z_0, die noch in Ω enthalten ist, konvergiert und dort auch mit der gegebenen Funktion f übereinstimmt. Der Beweis von Satz 3.43 beruht auf den folgenden beiden Lemmas. Das erste ist aus der Analysis [6] bekannt. Der Vollständigkeit halber beweisen wir es aber hier nochmals.

Lemma 3.44. *Sei* $n \in \mathbb{N}$ *und* $\phi : [0,1] \to \mathbb{C}$ *eine* C^n*-Funktion. Dann gilt*

$$\phi(1) - \sum_{k=0}^{n-1} \frac{\phi^{(k)}(0)}{k!} = \int_0^1 \frac{(1-t)^{n-1}}{(n-1)!}\,\phi^{(n)}(t)\,dt. \tag{3.39}$$

Beweis. Für $n = 1$ folgt (3.39) aus dem Fundamentalsatz der Differential- und Integralrechnung. Sei also $n \ge 2$. Wir nehmen an, dass die Behauptung für $n-1$ bewiesen ist. Dann gilt für jede C^n-Funktion $\phi : [0,1] \to \mathbb{C}$

$$\begin{aligned}\phi(1) - \sum_{k=0}^{n-2} \frac{\phi^{(k)}(0)}{k!} &= \int_0^1 \frac{(1-t)^{n-2}}{(n-2)!}\,\phi^{(n-1)}(t)\,dt \\ &= \frac{\phi^{(n-1)}(0)}{(n-1)!} + \int_0^1 \frac{(1-t)^{n-1}}{(n-1)!}\,\phi^{(n)}(t)\,dt.\end{aligned}$$

Die letzte Gleichung folgt durch partielles Integrieren. □

Lemma 3.45. *Sei* $z_0 \in \mathbb{C}$ *und* $R > 0$. *Dann gilt für alle* $z, w \in B_R(z_0)$ *und alle* $k, \ell \in \mathbb{N}$

$$\int_{\gamma_R} \frac{d\zeta}{(\zeta - z)^k (\zeta - w)^\ell} = 0, \tag{3.40}$$

wobei $\gamma_R : [0,1] \to \mathbb{C}$ *durch* $\gamma_R(t) := z_0 + \mathrm{R}e^{2\pi \mathrm{i} t}$ *definiert ist.*

Beweis. Wir halten w fest und definieren $F_{k,\ell} : B_R(z_0) \to \mathbb{C}$ durch

$$F_{k,\ell}(z) := \int_{\gamma_R} \frac{d\zeta}{(\zeta - z)^k (\zeta - w)^\ell}.$$

Nach Lemma 3.33 ist $F_{k,\ell}$ holomorph und $F'_{k,\ell} = kF_{k+1,\ell}$. Andererseits gilt für $k = \ell = 1$

$$F_{1,1}(z) = \frac{1}{z-w} \int_{\gamma_R} \left(\frac{1}{\zeta - z} - \frac{1}{\zeta - w} \right) d\zeta = 2\pi\mathbf{i} \frac{\mathrm{w}(\gamma_R, z) - \mathrm{w}(\gamma_R, w)}{z - w} = 0.$$

Daraus folgt durch vollständige Induktion $F_{k,1} \equiv 0$ für alle k. Aus Symmetriegründen ist daher auch $F_{1,\ell} \equiv 0$ für jedes $\ell \in \mathbb{N}$ und daher, wieder durch vollständige Induktion, $F_{k,\ell} \equiv 0$ für alle $k, \ell \in \mathbb{N}$. Damit ist das Lemma bewiesen. □

Beweis von Satz 3.43. Sei $z \in B_r(z_0)$. Wir definieren $\phi : [0,1] \to \mathbb{C}$ durch

$$\phi(t) := f(z_0 + t(z - z_0)), \qquad 0 \le t \le 1.$$

Dies ist eine C^∞-Funktion, nach Satz 3.34, und

$$\phi^{(k)}(t) = f^{(k)}\big(z_0 + t(z - z_0)\big) (z - z_0)^k$$

für $k \in \mathbb{N}$ und $t \in [0,1]$. Also folgt aus Lemma 3.44, dass

$$f(z) - \sum_{k=0}^{n-1} \frac{f^{(k)}(z_0)}{k!} (z - z_0)^k = \int_0^1 \frac{(1-t)^{n-1}}{(n-1)!} f^{(n)}\big(z_0 + t(z - z_0)\big)\, dt\, (z - z_0)^n.$$

Nun ist die durch (3.36) definierte Funktion

$$f_n : B_r(z_0) \to \mathbb{C}$$

holomorph (Lemma 3.33). Definieren wir also $f_n : \Omega \to \mathbb{C}$ durch (3.36) für $z \in B_r(z_0)$ und durch

$$f_n(z) := \frac{f(z)}{(z - z_0)^n} - \sum_{k=0}^{n-1} \frac{f^{(k)}(z_0)}{k!} \frac{1}{(z - z_0)^{n-k}} \tag{3.41}$$

für $z \in \Omega \setminus \{z_0\}$, so erhalten wir eine holomorphe Funktion f_n auf Ω, die (3.35) und (3.36) erfüllt.

Wir beweisen (3.37). Nach Satz 3.31 gilt für jedes $z \in B_R(z_0)$, dass

$$f_n(z) = \frac{1}{2\pi\mathbf{i}} \int_{\gamma_R} \frac{f_n(\zeta)\, d\zeta}{\zeta - z}.$$

Setzen wir für $f_n(\zeta)$ den Ausdruck (3.41) ein, so ergibt sich

$$\begin{aligned} f_n(z) &= \frac{1}{2\pi\mathbf{i}} \int_{\gamma_R} \frac{f(\zeta)\,d\zeta}{(\zeta - z_0)^n\,(\zeta - z)} \\ &\quad - \sum_{k=0}^{n-1} \frac{f^{(k)}(z_0)}{k!} \frac{1}{2\pi\mathbf{i}} \int_{\gamma_R} \frac{d\zeta}{(\zeta - z_0)^{n-k}\,(\zeta - z)} \\ &= \frac{1}{2\pi\mathbf{i}} \int_{\gamma_R} \frac{f(\zeta)\,d\zeta}{(\zeta - z_0)^n\,(\zeta - z)}. \end{aligned}$$

Hier folgt die zweite Gleichung aus Lemma 3.45. Damit sind (i) und (ii) bewiesen.

Wir beweisen (iii). Die Koeffizienten der Taylorreihe (3.34) sind

$$a_n := \frac{f^{(n)}(z_0)}{n!}$$

und ihr Konvergenzradius ist

$$\rho = \frac{1}{\limsup_{n\to\infty} |a_n|^{1/n}}.$$

Sei $0 < R < r$. Dann gilt $\overline{B}_R(z_0) \subset \Omega$, und daher ist

$$M := \sup_{|z-z_0|<R} |f(z)| < \infty.$$

Es folgt nun aus Satz 3.38, dass $|a_n| \le M/R^n$ ist und daher

$$\frac{1}{|a_n|^{1/n}} \ge \frac{R}{M^{1/n}}.$$

Mit $n \to \infty$ ergibt sich für den Konvergenzradius ρ die Ungleichung

$$\rho \ge \frac{R}{\lim_{n\to\infty} M^{1/n}} = R.$$

Da dies für jedes $R < r$ gilt, folgt $\rho \ge r$.

Es bleibt zu zeigen, dass die Taylorreihe für jedes $z \in B_r(z_0)$ gegen den Funktionswert $f(z)$ konvergiert. Wir fixieren ein Element $z \in B_r(z_0)$ und definieren

$$\varepsilon_n := f(z) - \sum_{k=0}^{n-1} \frac{f^{(k)}(z_0)}{k!}(z - z_0)^k = f_n(z)\,(z - z_0)^n.$$

Zu zeigen ist, dass ε_n gegen Null konvergiert für $n \to \infty$. Dazu wählen wir eine reelle Zahl R so, dass

$$|z - z_0| < R < r.$$

Wie oben sei $M := \sup_{B_R(z_0)} |f| < \infty$. Dann folgt aus (3.37) und (3.4) mit $L(\gamma_R) = 2\pi R$, dass

$$|f_n(z)| \leq R \sup_{|\zeta - z_0| = R} \frac{|f(\zeta)|}{|\zeta - z_0|^n |\zeta - z|} \leq \frac{RM}{R^n(R - |z - z_0|)}.$$

Hieraus folgt

$$|\varepsilon_n| \leq \frac{RM}{R - |z - z_0|} \left(\frac{|z - z_0|}{R} \right)^n.$$

Diese Folge konvergiert in der Tat gegen Null für $n \to \infty$. Damit ist der Satz bewiesen. □

Beispiel 3.46. Die Potenzreihe

$$\frac{1}{1-z} = \sum_{n=0}^{\infty} z^n$$

hat den Konvergenzradius $\rho = 1$. Man beachte, dass dies auch der Radius des grössten Kreises mit dem Mittelpunkt $z_0 = 0$ ist, auf dem f definiert werden kann. Nach Satz 3.43 muss das so sein.

Beispiel 3.47. Die Potenzreihe

$$\frac{1}{1+z^2} = \sum_{n=0}^{\infty} (-1)^n z^{2n}$$

hat ebenfalls den Konvergenzradius 1. Als reell analytische Funktion ist $x \mapsto 1/(1+x^2)$ jedoch auf der ganzen reellen Achse definiert. Der Konvergenzradius *"sieht"* also die Singularitäten $\pm\mathbf{i}$. **Übung:** Was ist der Konvergenzradius der Taylorreihe der Funktion $z \mapsto 1/(1+z^2)$ an einer beliebigen Stelle a?

Beispiel 3.48. Die Taylorreihe der Exponentialfunktion an der Stelle $z_0 = 0$ ist per Definition die bekannte Formel (mit Konvergenzradius $\rho = \infty$)

$$e^z = \sum_{n=0}^{\infty} \frac{z^n}{n!}.$$

Beispiel 3.49. Sei $\log : \mathbb{C} \setminus (-\infty, 0] \to \mathbb{C}$ der Hauptzweig des Logarithmus (mit Bildmenge $\{w \in \mathbb{C} \mid |\mathrm{Im}\, w| < \pi\}$). Die Ableitung ist, nach Beispiel 2.27,

$$\log'(z) = \frac{1}{z}.$$

Daraus ergibt sich durch vollständige Induktion

$$\log^{(n)}(z) = \frac{(-1)^{n-1}(n-1)!}{z^n}.$$

Daher ist die Taylorreihe von log an der Stelle $z_0 = 1$ durch

$$f(z) := \log(1+z) = z - \frac{z^2}{2} + \frac{z^3}{3} - \frac{z^4}{4} \pm \cdots \tag{3.42}$$

gegeben. Diese hat den Konvergenzradius 1.

Beispiel 3.50. Sei $\mu \in \mathbb{C}$ gegeben. Für $z \in \mathbb{C} \setminus (-\infty, 0]$ definieren wir

$$z^\mu := \exp(\mu \log(z)),$$

wobei log den Hauptzweig des Logarithmus bezeichnet. Dann ist die Funktion $\mathbb{C} \setminus (-\infty, 0] \to \mathbb{C} : z \mapsto z^\mu$ holomorph und ihre Taylorentwicklung an der Stelle $z_0 = 1$ hat die Form

$$g_\mu(z) := (1+z)^\mu = 1 + \mu z + \binom{\mu}{2} z^2 + \binom{\mu}{3} z^3 + \cdots, \tag{3.43}$$

wobei

$$\binom{\mu}{n} := \frac{\mu(\mu-1)\cdots(\mu-n+1)}{1 \cdot 2 \cdots n}.$$

Übung: Seien f und g_μ durch die Potenzreihen in (3.42) und (3.43) definiert. Zeigen Sie, dass diese Potenzreihen den Konvergenzradius 1 haben und dass f und g_μ die Gleichungen $\exp(f(z)) = z$ und $\exp(\mu f(z)) = g_\mu(z)$ erfüllen. (**Hinweis:** Das wurde in [6] für $z, \mu \in \mathbb{R}$ bewiesen.)

Beispiel 3.51. Die Ableitungen der Funktion

$$f(z) := \frac{z}{e^z - 1}$$

im Ursprung heissen **Bernoulli-Zahlen**. Sie sind, nach Satz 3.34, durch

$$B_n := f^{(n)}(0) = \frac{n!}{2\pi \mathbf{i}} \int_{|z|=1} \frac{dz}{(e^z - 1)\, z^n} \tag{3.44}$$

gegeben. Hier steht der Ausdruck $|z| = 1$ unter dem Integralzeichen stellvertretend für die Kurve $\gamma(t) = e^{2\pi \mathbf{i} t}$, $0 \le t \le 1$. Die Taylorreihe der Funktion f im Ursprung ist also

$$\frac{z}{e^z - 1} = \sum_{n=0}^{\infty} \frac{B_n z^n}{n!}. \tag{3.45}$$

Die ersten zwanzig Bernoulli-Zahlen sind

$$B_0 = 1, \quad B_1 = -\frac{1}{2}, \quad B_2 = \frac{1}{6}, \quad B_4 = -\frac{1}{30}, \quad B_6 = \frac{1}{42}, \quad B_8 = -\frac{1}{30}$$

$$B_{10} = \frac{5}{66}, \quad B_{12} = -\frac{691}{2730}, \quad B_{14} = \frac{7}{6}, \quad B_{16} = -\frac{3617}{510}, \quad B_{18} = \frac{43867}{798}$$

mit $B_3 = B_5 = B_7 = \cdots = B_{19} = 0$. **Übung:** Der Konvergenzradius der Reihe (3.45) ist 2π. Die Bernoulli-Zahlen sind rational. Die ungeraden Bernoulli-Zahlen B_{2k+1} verschwinden für $k \geq 1$. Für $k \geq 1$ ist die Bernoulli-Zahl B_{2k} positiv, wenn k ungerade ist, und negativ, wenn k gerade ist.

Beispiel 3.52. Die Taylorreihen von Cosinus und Sinus im Ursprung haben den Konvergenzradius $\rho = \infty$ und sind

$$\cos(z) := \frac{e^{\mathrm{i}z} + e^{-\mathrm{i}z}}{2} = 1 - \frac{z^2}{2!} + \frac{z^4}{4!} - \frac{z^6}{6!} \pm \cdots$$

$$\sin(z) := \frac{e^{\mathrm{i}z} - e^{-\mathrm{i}z}}{2\mathrm{i}} = z - \frac{z^3}{3!} + \frac{z^5}{5!} - \frac{z^7}{7!} \pm \cdots .$$

Beispiel 3.53. Die Taylorreihen des hyperbolischen Cosinus und Sinus im Ursprung haben den Konvergenzradius $\rho = \infty$ und sind

$$\cosh(z) := \frac{e^{z} + e^{-z}}{2} = 1 + \frac{z^2}{2!} + \frac{z^4}{4!} + \frac{z^6}{6!} + \cdots$$

$$\sinh(z) := \frac{e^{z} - e^{-z}}{2} = z + \frac{z^3}{3!} + \frac{z^5}{5!} + \frac{z^7}{7!} + \cdots .$$

Beispiel 3.54. Die Taylorreihe des hyperbolischen Tangens im Ursprung ist

$$\tanh(z) = \frac{\sinh(z)}{\cosh(z)} = \sum_{k=1}^{\infty} \frac{2^{2k}\left(2^{2k}-1\right)B_{2k}}{(2k)!} z^{2k-1},$$

wobei die B_{2k} die Bernoulli-Zahlen sind (siehe Beispiel 3.51). **Übung:** Beweisen Sie diese Formel und zeigen Sie, dass der Konvergenzradius der Taylorreihe $\pi/2$ ist. Was ist der Konvergenzradius der Taylorreihe von tanh an einer beliebigen Stelle a?

Beispiel 3.55. Die Taylorreihe des Arcustangens ist

$$\arctan(z) = \tan^{-1}(z) = z - \frac{z^3}{3} + \frac{z^5}{5} - \frac{z^7}{7} \pm \cdots .$$

Dies lässt sich am leichtesten dadurch beweisen, dass die Ableitung des Arcustangens durch die Formel

$$\arctan'(z) = \frac{1}{1+z^2} = 1 - z^2 + z^4 - z^6 \pm \cdots$$

gegeben ist und $\arctan(0) = 0$ ist (siehe Beispiel 2.30). **Übung:** Bestimmen Sie den Konvergenzradius dieser Potenzreihen.

Beispiel 3.56. Die Taylorreihe der **Koebe-Abbildung** $z \mapsto z/(1-z)^2$ ist

$$\frac{z}{(1-z)^2} = z + 2z^2 + 3z^3 + 4z^4 + \cdots .$$

Übung: Beweisen Sie diese Formel und bestimmen Sie den Konvergenzradius.

Anwendungen des Satzes von Taylor

Der Satz von Taylor hat eine Reihe wichtiger Konsequenzen, denen wir uns im folgenden widmen. Dazu gehört der *Identitätssatz*, der sagt, dass zwei Funktionen mit der gleichen Taylorreihe an einer Stelle auf ihrem gesamten (gemeinsamen) Definitionsgebiet übereinstimmen. Eine zweite wichtige Konsequenz ist die Tatsache, dass die Nullstellen einer nichtkonstanten holomorphen Funktion isoliert liegen, sich also nicht häufen können.

Korollar 3.57 (Identitätssatz). *Sei $\Omega \subset \mathbb{C}$ eine zusammenhängende offene Menge und $a \in \Omega$. Sind $f, g : \Omega \to \mathbb{C}$ zwei holomorphe Funktionen mit*

$$f^{(n)}(a) = g^{(n)}(a) \qquad \forall\, n \in \mathbb{N}_0,$$

so ist $f(z) = g(z)$ für alle $z \in \Omega$.

Beweis. Wir definieren

$$\Omega_0 := \left\{ z \in \Omega \,|\, f^{(n)}(z) = g^{(n)}(z) \;\forall\, n \in \mathbb{N}_0 \right\}.$$

Diese Menge ist offen. Denn wenn $z_0 \in \Omega_0$ ist, gibt es ein $r > 0$, so dass $B_r(z_0) \subset \Omega$ ist. Auf dieser Kreisscheibe stimmen f und g mit ihren Taylorreihen an der Stelle z_0 überein (Satz 3.43). Also gilt

$$f(z) = \sum_{n=0}^{\infty} \frac{f^{(n)}(z_0)}{n!} (z - z_0)^n = \sum_{n=0}^{\infty} \frac{g^{(n)}(z_0)}{n!} (z - z_0)^n = g(z)$$

für alle $z \in B_r(z_0)$; hier gilt die zweite Gleichung, weil $z_0 \in \Omega_0$ ist. Also stimmen f und g auf $B_r(z_0)$ überein, ebenso wie alle ihre Ableitungen, und es folgt $B_r(z_0) \subset \Omega_0$. Nun ist aber $\Omega \setminus \Omega_0$ ebenfalls eine offene Menge, denn für $z_1 \in \Omega \setminus \Omega_0$ gibt es ein $n \in \mathbb{N}$ mit $f^{(n)}(z_1) \neq g^{(n)}(z_1)$ und, da $f^{(n)} - g^{(n)}$ stetig ist, ein $\varepsilon > 0$, so dass $f^{(n)} - g^{(n)}$ auf $B_\varepsilon(z_1)$ überall ungleich Null ist; daher ist $B_\varepsilon(z_1) \subset \Omega \setminus \Omega_0$. Da Ω zusammenhängend und $\Omega_0 \neq \emptyset$ ist, folgt daraus $\Omega_0 = \Omega$. □

Korollar 3.58 (Nullstellen sind isoliert). *Sei $\Omega \subset \mathbb{C}$ eine zusammenhängende offene Menge und $f : \Omega \to \mathbb{C}$ eine nichtkonstante holomorphe Funktion. Ist $f(z_0) = 0$, so gibt es ein $\varepsilon > 0$ mit $B_\varepsilon(z_0) \subset \Omega$, so dass*

$$0 < |z - z_0| < \varepsilon \qquad \Longrightarrow \qquad f(z) \neq 0.$$

Beweis. Nach Korollar 3.57 gibt es ein $n \in \mathbb{N}$ mit

$$f^{(n)}(z_0) \neq 0, \qquad f^{(k)}(z_0) = 0 \qquad k = 0, \ldots, n-1. \tag{3.46}$$

Nach Satz 3.43 gibt es eine holomorphe Funktion $f_n : \Omega \to \mathbb{C}$, so dass

$$f(z) = f_n(z)\,(z - z_0)^n$$

für alle $z \in \Omega$. Da $f_n(z_0) = f^{(n)}(z_0)/n! \neq 0$ ist, gibt es ein $\varepsilon > 0$, so dass $B_\varepsilon(z_0) \subset \Omega$ und f_n auf $B_\varepsilon(z_0)$ nicht verschwindet. Mit diesem ε ist die Behauptung des Korollars erfüllt. □

Bemerkung 3.59. Es folgt aus dem Identitätssatz und Korollar 3.58, dass jede holomorphe Funktion $f : \Omega \to \mathbb{C}$ auf einer zusammenhängenden offenen Teilmenge $\Omega \subset \mathbb{C}$, die eine der folgenden drei Bedingungen erfüllt, überall gleich Null ist.

(a) f verschwindet auf einer offenen Teilmenge $U \subset \Omega$.
(b) Die Nullstellen von f haben einen Häufungspunkt in Ω.
(c) Es gibt eine nichtkonstante stetige Abbildung $\gamma : [a, b] \to \Omega$, so dass $f(\gamma(t)) = 0$ ist für alle $t \in [a, b]$.

Definition 3.60. *Ist $f : \Omega \to \mathbb{C}$ eine nichtkonstante holomorphe Funktion und $z_0 \in \Omega$ mit $f(z_0) = 0$, so heisst die Zahl $n \in \mathbb{N}$, für die (3.46) gilt, die* **Ordnung der Nullstelle z_0 von f.**

Satz 3.61 (Die lokale Abbildung). *Sei $\Omega \subset \mathbb{C}$ eine offene zusammenhängende Teilmenge und $f : \Omega \to \mathbb{C}$ eine nichtkonstante holomorphe Funktion. Sei $z_0 \in \Omega$, $w_0 := f(z_0)$ und $n \in \mathbb{N}$ die Ordnung von z_0 als Nullstelle von $f - w_0$. Dann gilt folgendes.*

(i) *Es gibt eine offene Umgebung $U \subset \Omega$ von z_0, eine offene Umgebung $V \subset \mathbb{C}$ von 0 und eine biholomorphe Abbildung $\phi : U \to V$, so dass*

$$f(z) = w_0 + \phi(z)^n \tag{3.47}$$

für alle $z \in U$ und $\phi(z_0) = 0$ ist.

(ii) *Sei U wie in (i). Für jedes $\varepsilon > 0$ mit $B_\varepsilon(z_0) \subset U$ gibt es ein $\delta > 0$, so dass für alle $w \in \mathbb{C}$ gilt*

$$0 < |w - w_0| < \delta \qquad \Longrightarrow \qquad \#\{z \in B_\varepsilon(z_0) \mid f(z) = w\} = n.$$

Mit anderen Worten: Die Gleichung $f(z) = w$ hat für jedes $w \in B_\delta(w_0) \setminus \{w_0\}$ genau n Lösungen in $B_\varepsilon(z_0)$.

Beweis. Nach Satz 3.43 gibt es eine holomorphe Funktion $g : \Omega \to \mathbb{C}$, so dass

$$f(z) - f(z_0) = (z - z_0)^n g(z), \qquad g(z_0) = \frac{f^{(n)}(z_0)}{n!} \neq 0.$$

Nach Satz 2.31 gibt es eine offene Umgebung $U_0 \subset \Omega$ von z_0 und eine holomorphe Funktion $h : U_0 \to \mathbb{C}$, so dass $h(z)^n = g(z)$ für $z \in U_0$. Wir definieren $\phi : U_0 \to \mathbb{C}$ durch

$$\phi(z) := (z - z_0)h(z),$$

für $z \in U_0$. Diese Funktion erfüllt (3.47) und

$$\phi(z_0) = 0, \qquad \phi'(z_0) = h(z_0) \neq 0.$$

Also gibt es nach Satz 2.26 offene Umgebungen $U \subset U_0$ von z_0 und $V \subset \mathbb{C}$ von 0, so dass $\phi|_U : U \to V$ ein holomorpher Diffeomorphismus ist. Damit haben wir (i) bewiesen.

Wir beweisen (ii). Sei $\varepsilon > 0$, so dass $B_\varepsilon(z_0) \subset U$, und wähle $\rho > 0$ und $\delta > 0$ so, dass

$$B_\rho(0) \subset \phi(B_\varepsilon(z_0)) \subset V, \qquad \delta := \rho^n.$$

Sei $w \in \mathbb{C}$ mit $0 < |w - w_0| < \delta = \rho^n$. Dann gibt es genau n paarweise verschiedene komplexe Zahlen $\zeta_1, \ldots, \zeta_n \in \mathbb{C}$, so dass

$$\zeta_k^n = w - w_0, \qquad k = 1, \ldots, n.$$

(Siehe Gleichung (1.27).) Diese Punkte haben einen Betrag $|\zeta_k| < \rho$. Daher gibt es Punkte $z_1, \ldots, z_n \in B_\varepsilon(z_0)$, so dass $\phi(z_k) = \zeta_k$. Diese Punkte sind paarweise verschieden und erfüllen die Gleichung

$$f(z_k) = w_0 + \phi(z_k)^n = w_0 + \zeta_k^n = w.$$

Ist andererseits $z \in B_\varepsilon(z_0)$ irgendein Punkt mit $f(z) = w$, so ist $z \in U$ und $w - w_0 = f(z) - w_0 = \phi(z)^n$. Daher muss $\phi(z)$ eine der n Wurzeln ζ_k sein und z daher der entsprechende Punkt z_k. Damit ist der Satz bewiesen. □

Korollar 3.62 (Offenheitssatz). *Sei $\Omega \subset \mathbb{C}$ eine zusammenhängende offene Menge, $f : \Omega \to \mathbb{C}$ eine nichtkonstante holomorphe Funktion und $U \subset \Omega$ offen. Dann ist $f(U)$ eine offene Teilmenge von $\mathbb{C}$.*

Beweis. Sei $w_0 \in f(U)$, und wähle ein $z_0 \in U$ mit $f(z_0) = w_0$. Wähle ε, δ wie in Satz 3.61 und so, dass $B_\varepsilon(z_0) \subset U$. Dann ist $B_\delta(w_0) \subset f(B_\varepsilon(z_0)) \subset f(U)$. Damit ist das Korollar bewiesen. □

Korollar 3.63 (Biholomorphiesatz). *Sei $\Omega \subset \mathbb{C}$ eine zusammenhängende offene Menge und $f : \Omega \to \mathbb{C}$ eine injektive holomorphe Funktion. Dann ist $f'(z) \neq 0$ für alle $z \in \Omega$, und f ist eine biholomorphe Abbildung von Ω nach $\Omega' := f(\Omega)$.*

Beweis. Wir nehmen an, dass es ein $z_0 \in \Omega$ gibt mit $f'(z_0) = 0$ und bezeichnen mit n die Ordnung von z_0 als Nullstelle von $f - w_0$, wobei $w_0 := f(z_0)$. Dann ist $n \geq 2$. Also folgt aus Satz 3.61, dass die Gleichung $f(z) = w$ für w hinreichend dicht bei w_0, aber ungleich w_0, mindestens zwei Lösungen hat. Daher ist f in diesem Fall nicht injektiv. Damit haben wir gezeigt, dass $f'(z) \neq 0$ ist für alle $z \in \Omega$, und die Behauptung folgt daher aus Satz 2.26. □

Übung 3.64. Welches ist die grösste Kreisscheibe um den Ursprung, auf der die Funktion $f(z) = z + z^2$ injektiv ist? Ebenso für die Funktionen $f(z) = e^z$ und $f(z) = z/(1-z)^2$.

Übung 3.65. Sei $f(z) := \cos(z)$. Finden Sie eine explizite Formel für ϕ, so dass $\phi'(0) \neq 0$ ist und f die Form $f(z) = f(0) + \phi(z)^n$ nahe bei $z_0 = 0$ hat.

Übung 3.66. Sei $f : \Omega \to \mathbb{C}$ holomorph in einer offenen Umgebung Ω von 0 mit $f(0) = 0$, $f'(0) \neq 0$. Zeigen Sie, dass es eine holomorphe Funktion g in einer Umgebung von 0 gibt, die die Gleichung $f(z^n) = g(z)^n$ erfüllt.

3.7 Das Maximumprinzip

Satz 3.67 (Maximumprinzip).

(i) *Sei* $\Omega \subset \mathbb{C}$ *eine zusammenhängende offene Menge und* $f : \Omega \to \mathbb{C}$ *eine nichtkonstante holomorphe Funktion. Dann hat die Funktion* $\Omega \to \mathbb{R} : z \mapsto |f(z)|$ *kein Maximum in* Ω.

(ii) *Sei* $\Omega \subset \mathbb{C}$ *eine beschränkte offene Teilmenge und* $f : \overline{\Omega} \to \mathbb{C}$ *eine stetige Funktion, deren Einschränkung auf* Ω *holomorph ist. Dann gilt*

$$\max_{\overline{\Omega}} |f| = \max_{\partial\Omega} |f| .$$

Beweis. Wir beweisen (i). Sei $z_0 \in \Omega$. Nach dem Offenheitssatz (Korollar 3.62) gibt es ein $\varepsilon > 0$, so dass $B_\varepsilon(f(z_0)) \subset f(\Omega)$. Also gibt es ein $z \in \Omega$ mit $|f(z)| > |f(z_0)|$.

Wir beweisen (ii). Sei $z_0 \in \Omega$, so dass $|f(z_0)| \geq |f(z)|$ für alle $z \in \overline{\Omega}$. Sei $\Omega_0 \subset \Omega$ die Zusammenhangskomponente von z_0. Dann ist Ω_0 zusammenhängend und $|f(z_0)| \geq |f(z)|$ für alle $z \in \Omega_0$. Nach (i) ist also f auf Ω_0 konstant. Daher gilt $f(z) = f(z_0)$ für alle $z \in \overline{\Omega}_0$ und damit auch für alle $z \in \partial\Omega_0 \subset \partial\Omega$. Also gilt $|f(z)| = \max_{\overline{\Omega}} |f|$ für alle $z \in \partial\Omega_0$.

Hier ist gleich noch ein Beweis von (ii), direkt mit Cauchy's Integralformel aus Satz 3.31. Sei $z_0 \in \Omega$ und $r > 0$, so dass $\overline{B}_r(z_0) \subset \Omega$. Definiere die Kurve $\gamma : [0,1] \to \Omega$ durch $\gamma(t) := z_0 + re^{2\pi it}$. Dann gilt

$$f(z_0) = \frac{1}{2\pi\mathbf{i}} \int_\gamma \frac{f(\zeta)\,d\zeta}{\zeta - z_0} = \frac{1}{2\pi\mathbf{i}} \int_0^1 \frac{f(\gamma(t))\dot{\gamma}(t)}{\gamma(t) - z_0}\,dt = \int_0^1 f(z_0 + re^{2\pi\mathbf{i}t})\,dt.$$

Daraus folgt nach (3.3), dass

$$|f(z_0)| \leq \int_0^1 \left|f(z_0 + re^{2\pi\mathbf{i}t})\right|\,dt.$$

Ist nun $z_0 \in \Omega$ ein Punkt mit $|f(z_0)| = \max_{\overline{\Omega}} |f|$, so gilt $|f(z)| = |f(z_0)|$ für alle $z \in \partial B_r(z_0)$, da sonst das Integral strikt kleiner als $|f(z_0)|$ wäre. Dies gilt für $\overline{B}_r(z_0) \subset \Omega$, also auch für $\overline{B}_r(z_0) \subset \overline{\Omega}$. Wählen wir r maximal mit dieser Eigenschaft, so gilt $\partial B_r(z_0) \cap \partial\Omega \neq \emptyset$, und daher nimmt die Funktion $z \mapsto |f(z)|$ ihr Maximum auf dem Rand von Ω an. □

Insbesondere erfüllt jede nichtkonstante holomorphe Funktion $f : \mathbb{D} \to \mathbb{C}$ mit $|f(z)| \leq M$ für alle $z \in \mathbb{D}$ sogar die strikte Ungleichung $|f(z)| < M$ für alle $z \in \mathbb{D}$. Für Funktionen, die im Ursprung verschwinden, lässt sich diese Aussage noch wie folgt verschärfen.

Satz 3.68 (Das Schwarzsche Lemma). *Sei* $\mathbb{D} := \{z \in \mathbb{C} \mid |z| < 1\}$ *die offene Einheitskreisscheibe und* $f : \mathbb{D} \to \mathbb{C}$ *eine holomorphe Funktion, so dass* $f(0) = 0$ *ist und* $|f(z)| \leq 1$ *für alle* $z \in \mathbb{D}$. *Dann gilt*

$$|f'(0)| \leq 1, \qquad |f(z)| \leq |z| \quad \forall z \in \mathbb{D}.$$

Ist $|f'(0)| = 1$ *oder* $|f(z)| = |z|$ *für ein* $z \in \mathbb{D} \setminus \{0\}$, *so hat* f *die Form* $f(z) = cz$ *für ein* $c \in \mathbb{C}$ *mit* $|c| = 1$.

Beweis. Definiere $g : \mathbb{D} \to \mathbb{C}$ durch

$$g(z) := \begin{cases} f(z)/z, & \text{falls } z \in \mathbb{D} \setminus \{0\}, \\ f'(0), & \text{falls } z = 0. \end{cases}$$

Diese Funktion ist stetig und in $\mathbb{D} \setminus \{0\}$ ist sie holomorph. Nach Korollar 3.37 ist sie auf ganz $\mathbb{D}$ holomorph. Ausserdem gilt nach Voraussetzung

$$\left|g(re^{\mathrm{i}\theta})\right| = \frac{\left|f(re^{\mathrm{i}\theta})\right|}{r} \leq \frac{1}{r}$$

für $0 < r < 1$ und $\theta \in \mathbb{R}$. Hieraus folgt nach Satz 3.67, dass $|g(z)| \leq 1/r$ für alle $z \in B_r(0)$. Mit $r \to 1$ ergibt sich daraus die Ungleichung $|g(z)| \leq 1$ für alle $z \in \mathbb{D}$. Ist $|g(z)| = 1$ für ein $z \in \mathbb{D}$, so folgt wiederum aus Satz 3.67, dass g konstant ist. Damit ist der Satz bewiesen. □

Korollar 3.69. *Jede holomorphe Abbildung* $f : \mathbb{D} \to \mathbb{D}$ *erfüllt die Ungleichungen*

$$\left|\frac{f(z) - f(z_0)}{1 - \overline{f(z_0)}f(z)}\right| \leq \left|\frac{z - z_0}{1 - \bar{z}_0 z}\right| \tag{3.48}$$

und

$$\frac{|f'(z)|}{1 - |f(z)|^2} \leq \frac{1}{1 - |z|^2} \tag{3.49}$$

für alle $z, z_0 \in \mathbb{D}$.

Beweis. Sei $w_0 := f(z_0)$. Wir wählen biholomorphe Abbildungen $S : \mathbb{D} \to \mathbb{D}$ und $T : \mathbb{D} \to \mathbb{D}$ so, dass $S(w_0) = 0$ und $T(z_0) = 0$ ist, nämlich

$$S(w) := \frac{w - w_0}{1 - \bar{w}_0 w}, \qquad T(z) := \frac{z - z_0}{1 - \bar{z}_0 z}$$

(siehe Beispiel 2.23). Dann erfüllt die Abbildung

$$\widetilde{f} := S \circ f \circ T^{-1} : \mathbb{D} \to \mathbb{D}$$

die Bedingung $\widetilde{f}(0) = 0$ aus Satz 3.68. Also gilt

$$\left|S(f(T^{-1}(z)))\right| \leq |z| \qquad \forall\ z \in \mathbb{D}.$$

Daraus folgt

$$\left|\frac{f(z) - w_0}{1 - \bar{w}_0 f(z)}\right| = |S(f(z))| \leq |T(z)| = \left|\frac{z - z_0}{1 - \bar{z}_0 z}\right|.$$

Damit ist (3.48) bewiesen. Aus (3.48) folgt aber

$$\left|\frac{f(z)-f(z_0)}{z-z_0}\right| \le \left|\frac{1-\overline{f(z_0)}f(z)}{1-\bar{z}_0 z}\right|,$$

und mit $z \to z_0$ folgt daraus (3.49). □

Korollar 3.70. *Jede biholomorphe Abbildung $f : \mathbb{D} \to \mathbb{D}$ hat die Form*

$$f(z) = e^{\mathrm{i}\theta}\frac{z-z_0}{1-\bar{z}_0 z}$$

für ein $z_0 \in \mathbb{D}$ und ein $\theta \in \mathbb{R}$.

Beweis. Wenden wir Korollar 3.69 sowohl auf f als auch auf f^{-1} an, so ergibt sich Gleichheit in (3.48) für alle $z, z_0 \in \mathbb{D}$. Das heisst, nach Satz 3.68, dass die Abbildung $\widetilde{f}$ im Beweis von Korollar 3.69 durch Multiplikation mit einer Zahl $e^{\mathrm{i}\theta}$ gegeben ist. Wählen wir nun z_0 so, dass $w_0 = f(z_0) = 0$ ist, so ist $S = \mathrm{id}$, und es folgt, dass $f(z) = e^{\mathrm{i}\theta}T(z)$ die gewünschte Form hat. □

Übung 3.71. Sei $f : \mathbb{H} \to \mathbb{C}$ eine holomorphe Funktion auf der offenen oberen Halbebene $\mathbb{H} := \{z \in \mathbb{C} \,|\, \mathrm{Im}\, z > 0\}$, so dass $\mathrm{Im}\, f(z) \ge 0$ ist für alle $z \in \mathbb{H}$. Dann gelten die folgenden Ungleichungen für alle $z, z_0 \in \mathbb{H}$:

$$\left|\frac{f(z)-f(z_0)}{f(z)-\overline{f(z_0)}}\right| \le \left|\frac{z-z_0}{z-\bar{z}_0}\right|, \qquad \frac{|f'(z)|}{\mathrm{Im}\, f(z)} \le \frac{1}{\mathrm{Im}\, z}. \tag{3.50}$$

Übung 3.72. Jede biholomorphe Abbildung $f : \mathbb{H} \to \mathbb{H}$ der offenen oberen Halbebene ist eine Möbiustransformation mit reellen Koeffizienten.

Übung 3.73. Die **hyperbolische Länge** einer C^1-Kurve $\gamma : [a,b] \to \mathbb{D}$ ist definiert durch

$$\lambda(\gamma) := \int_\gamma \frac{|dz|}{1-|z|^2} = \int_a^b \frac{|\dot{\gamma}(t)|}{1-|\gamma(t)|^2}\, dt.$$

Zeigen Sie, dass jede holomorphe Abbildung $f : \mathbb{D} \to \mathbb{D}$ und jede C^1-Kurve $\gamma : [a,b] \to \mathbb{D}$ die Ungleichung $\lambda(f \circ \gamma) \le \lambda(\gamma)$ erfüllen. Schliessen Sie daraus, dass jede biholomorphe Abbildung $f : \mathbb{D} \to \mathbb{D}$ die hyperbolische Länge erhält.

Übung 3.74. Seien $z_0, z_1 \in \mathbb{D}$ zwei verschiedene Punkte. Dann ist die C^1-Kurve $\gamma : [0,1] \to \mathbb{D}$ mit der kürzesten hyperbolischen Länge, die z_0 und z_1 verbindet, ein Kreisbogen auf einem Kreis, der auf dem Einheitskreis

$$S^1 = \partial\mathbb{D} = \{z \in \mathbb{C} \,|\, |z| = 1\}$$

senkrecht steht.

Übung 3.75. Sei $\Delta \subset \mathbb{C}$ das gleichseitige Dreieck mit den Ecken $z_1 = 1$, $z_2 = e^{2\pi \mathrm{i}/3}$, $z_3 = e^{-2\pi \mathrm{i}/3}$ und den verbindenden Kanten Γ_{12}, Γ_{23}, Γ_{31}. Sei $f : \overline{\Delta} \to \mathbb{C}$ eine stetige Funktion, die auf Δ holomorph ist und die Ungleichungen $|f(z)| \le m_{ij}$ für $z \in \Gamma_{ij}$ erfüllt. Dann gilt

$$|f(0)| \le (m_{12} m_{23} m_{31})^{1/3}.$$

Hinweis: Rotation.

3.8 Pole und wesentliche Singularitäten

Definition 3.76. *Sei $\Omega \subset \mathbb{C}$ eine offene Menge, $a \in \Omega$ und $f : \Omega \setminus \{a\} \to \mathbb{C}$ eine holomorphe Funktion. Die Zahl a heisst,*

(I) **hebbare Singularität von** f, *wenn*

$$\lim_{z \to a} (z-a) f(z) = 0$$

ist,

(II) **Pol von** f, *wenn*

$$\lim_{z \to a} f(z) = \infty$$

ist,

(III) **wesentliche Singularität von** f, *wenn a weder ein Pol noch eine hebbare Singularität von f ist.*

Bemerkung 3.77.

(i) Nach Korollar 3.37 wissen wir, dass f sich im Falle einer hebbaren Singularität zu einer holomorphen Funktion auf ganz Ω fortsetzen lässt. Daher schliessen sich die Fälle (I) und (II) gegenseitig aus.

(ii) Ist a ein Pol von f, so folgt aus der Definition, dass f sich zu einer stetigen Funktion $f : \Omega \to \overline{\mathbb{C}}$ fortsetzen lässt mit $f(a) := \infty$.

Beispiel 3.78.

(i) Für $n \in \mathbb{N}$ und $a \in \mathbb{C}$ hat die Funktion

$$f(z) := \frac{1}{(z-a)^n}$$

auf $\mathbb{C} \setminus \{a\}$ einen Pol an der Stelle a.

(ii) Seien $p, q : \mathbb{C} \to \mathbb{C}$ Polynome und

$$Z := \{\zeta \in \mathbb{C} \,|\, q(\zeta) = 0\}$$

die Menge der Nullstellen von q. Sei $f : \mathbb{C} \setminus Z \to \mathbb{C}$ die rationale Funktion

$$f(z) := \frac{p(z)}{q(z)}.$$

Ist $\zeta \in Z$ mit $p(\zeta) \neq 0$, so hat f einen Pol an der Stelle ζ. Ist $\zeta \in Z$ eine Nullstelle von p von der Ordnung m und ist n die Ordnung von ζ als Nullstelle von q, so ist ζ eine hebbare Singularität von f im Fall $m \geq n$ und ein Pol im Fall $m < n$.

(iii) Die Funktion $f(z) = \exp(1/z)$ auf $\mathbb{C} \setminus \{0\}$ hat eine wesentliche Singularität an der Stelle $a = 0$.

Satz 3.79 (Polstellen). *Sei $\Omega \subset \mathbb{C}$ offen, $z_0 \in \Omega$ und $f : \Omega \setminus \{z_0\} \to \mathbb{C}$ eine holomorphe Funktion mit einem Pol an der Stelle z_0. Dann gilt folgendes.*

(i) *Es gibt genau eine natürliche Zahl $n \in \mathbb{N}$, so dass der Grenzwert*

$$c := \lim_{z \to z_0} (z - z_0)^n f(z) \tag{3.51}$$

in $\mathbb{C}$ existiert und ungleich Null ist.

(ii) *Sei n wie in* (i). *Dann gibt es eine holomorphe Funktion $g : \Omega \to \mathbb{C}$, so dass*

$$f(z) = \frac{g(z)}{(z - z_0)^n} \qquad \forall\, z \in \Omega \setminus \{z_0\}, \qquad g(z_0) \neq 0. \tag{3.52}$$

(iii) *Sei n wie in* (i). *Dann gibt es komplexe Zahlen $b_1, \ldots, b_n \in \mathbb{C}$ mit $b_n \neq 0$ und eine holomorphe Funktion $\phi : \Omega \to \mathbb{C}$, so dass*

$$f(z) = \frac{b_n}{(z - z_0)^n} + \frac{b_{n-1}}{(z - z_0)^{n-1}} + \cdots + \frac{b_1}{z - z_0} + \phi(z) \tag{3.53}$$

für alle $z \in \Omega \setminus \{z_0\}$.

(iv) *Sei n wie in* (i), *ϕ wie in* (iii), *$r > 0$, so dass $\overline{B}_r(z_0) \subset \Omega$, und sei $\gamma : [0, 1] \to \Omega$ durch $\gamma(t) := z_0 + re^{2\pi \mathbf{i} t}$ definiert. Dann gilt*

$$\phi(z) = \frac{1}{2\pi \mathbf{i}} \int_\gamma \frac{f(\zeta)\, d\zeta}{\zeta - z} \qquad \forall\, z \in B_r(z_0). \tag{3.54}$$

Definition 3.80. *Die Zahl n in Satz* 3.79 *heisst* **Ordnung der Polstelle** z_0.

Beweis von Satz 3.79. Nach Voraussetzung ist $\lim_{z \to z_0} f(z) = \infty$. Das heisst,

$$\forall\, c > 0\, \exists\, \delta > 0\, \forall\, z \in \mathbb{C} : 0 < |z - z_0| < \delta \implies z \in \Omega \,\&\, |f(z)| > c.$$

Also existiert insbesondere eine offene Umgebung $U \subset \Omega$ von z_0, so dass $f(z) \neq 0$ ist für alle $z \in U \setminus \{z_0\}$. Definiere $h : U \to \mathbb{C}$ durch

$$h(z) := \begin{cases} 1/f(z), & \text{für } z \in U \setminus \{z_0\}, \\ 0, & \text{für } z = z_0. \end{cases}$$

Dann ist h stetig und holomorph auf $U \setminus \{z_0\}$. Also folgt aus Korollar 3.37, dass h auf ganz U holomorph ist. Da $h(z_0) = 0$ ist und $h(z) \neq 0$ für $z \in U \setminus \{z_0\}$, existiert nach Korollar 3.57 ein $n \in \mathbb{N}$, so dass

$$h^{(n)}(z_0) \neq 0, \qquad h^{(k)}(z_0) = 0, \quad k = 0, 1, \ldots, n-1.$$

Also existiert nach Satz 3.43 eine holomorphe Funktion $h_n : U \to \mathbb{C}$, so dass

$$h(z) = (z - z_0)^n h_n(z) \quad \forall z \in U \setminus \{z_0\}, \qquad h_n(z_0) = \frac{h^{(n)}(z_0)}{n!} \neq 0.$$

Die Funktion h_n ist auf ganz U ungleich Null, und wir definieren $g : \Omega \to \mathbb{C}$ durch

$$g(z) := \begin{cases} (z - z_0)^n f(z), & \text{für } z \in \Omega \setminus \{z_0\}, \\ 1/h_n(z), & \text{für } z \in U. \end{cases}$$

Dies macht Sinn, da

$$\frac{1}{h_n(z)} = \frac{(z - z_0)^n}{h(z)} = (z - z_0)^n f(z)$$

ist für alle $z \in U \setminus \{z_0\}$. Ausserdem ist g holomorph und erfüllt (3.52). Da $g(z_0) \neq 0$ ist, gilt auch (3.51). Damit haben wir (i) und (ii) bewiesen.

Wir beweisen (iii) und (iv). Nach Satz 3.43 gibt es eine holomorphe Funktion $\phi : \Omega \to \mathbb{C}$, so dass

$$g(z) = \sum_{k=0}^{n-1} \frac{g^{(k)}(z_0)}{k!} (z - z_0)^k + (z - z_0)^n \phi(z)$$

für alle $z \in \Omega$ und $\phi(z_0) = g^{(n)}(z_0)/n!$. Setzen wir diese Formel in (3.52) ein, so ergibt sich (3.53) mit

$$b_k = \frac{g^{(n-k)}(z_0)}{(n-k)!}, \qquad b_n = g(z_0) \neq 0.$$

Es folgt aus (3.53) mit

$$\gamma(t) = z_0 + re^{2\pi \mathbf{i} t}, \qquad 0 \leq t \leq 1,$$

dass

$$\begin{aligned} \int_\gamma \frac{f(\zeta)\, d\zeta}{\zeta - z} &= \sum_{\ell=1}^{n} \int_\gamma \frac{b_\ell \, d\zeta}{(\zeta - z_0)^\ell (\zeta - z)} + \int_\gamma \frac{\phi(\zeta)\, d\zeta}{\zeta - z} \\ &= \int_\gamma \frac{\phi(\zeta)\, d\zeta}{\zeta - z} \\ &= 2\pi \mathbf{i} \phi(z). \end{aligned}$$

Hier folgt die vorletzte Gleichung aus Lemma 3.45 und die letzte Gleichung aus Satz 3.31. Damit ist der Satz bewiesen. □

Sei $\Omega \subset \mathbb{C}$ eine zusammenhängende offene Menge und $z_0 \in \Omega$. Sei $f : \Omega \setminus \{z_0\} \to \mathbb{C}$ eine holomorphe Funktion. Für $\alpha \in \mathbb{R}$ betrachten wir die beiden Aussagen

(A) $\lim_{z \to z_0} |z - z_0|^\alpha |f(z)| = 0.$

(B) $\lim_{z \to z_0} |z - z_0|^\alpha |f(z)| = \infty.$

Bemerkung 3.81. Zunächst beobachten wir, dass, wenn **(B)** für $\alpha = \alpha_0$ gilt, dann gilt **(B)** auch für jedes $\alpha \le \alpha_0$. Ebenso, wenn **(A)** für $\alpha = \alpha_0$ gilt, dann gilt **(A)** auch für jedes $\alpha \ge \alpha_0$.

Bemerkung 3.82. Nehmen wir an, **(B)** gilt für ein $\alpha \in \mathbb{R}$. In diesem Fall wählen wir eine ganze Zahl $k \in \mathbb{Z}$ mit $k \le \alpha$. Dann gilt **(B)** auch für k. Damit hat die Funktion $z \mapsto (z - z_0)^k f(z)$ einen Pol an der Stelle z_0. Sei ℓ die Ordnung dieses Pols. Dann existiert der Grenzwert

$$c := \lim_{z \to z_0} (z - z_0)^{k+\ell} f(z) \neq 0$$

in $\mathbb{C}$. Also gilt **(A)** für alle $\alpha > n := k + \ell$ und **(B)** für alle $\alpha < n$.

Bemerkung 3.83. Nehmen wir an, **(A)** gilt für ein $\alpha \in \mathbb{R}$ und $f \not\equiv 0$. In diesem Fall wählen wir eine ganze Zahl $k \in \mathbb{Z}$ mit $k \ge \alpha$. Dann gilt **(A)** auch für k. Damit hat die Funktion $z \mapsto (z - z_0)^k f(z)$ eine Nullstelle an der Stelle z_0. Sei ℓ die Ordnung dieser Nullstelle. Dann existiert der Grenzwert

$$c := \lim_{z \to z_0} (z - z_0)^{k-\ell} f(z) \neq 0$$

in $\mathbb{C}$. Also gilt **(A)** für alle $\alpha > n := k - \ell$ und **(B)** für alle $\alpha < n$.

Aus diesen Bemerkungen folgt, dass drei Möglichkeiten bestehen:

(I) **(A)** gilt für alle $\alpha \in \mathbb{R}$. Nach Korollar 3.57 ist dies äquivalent dazu, dass f identisch verschwindet.

(II) Es gibt eine ganze Zahl $n \in \mathbb{Z}$, so dass der Grenzwert

$$c = \lim_{z \to z_0} (z - z_0)^n f(z)$$

in $\mathbb{C}$ existiert und ungleich Null ist. In diesem Fall gilt **(A)** für alle $\alpha > n$ und **(B)** für alle $\alpha < n$. Wir nennen n die **algebraische Ordnung von f an der Stelle** z_0. Für diese Ordnung gibt es drei Möglichkeiten:

$\boldsymbol{n = 0}$: z_0 ist eine hebbare Singularität und $f(z_0) \neq 0$.

$\boldsymbol{n > 0}$: z_0 ist ein Pol der Ordnung n.

$\boldsymbol{n < 0}$: z_0 ist eine Nullstelle der Ordnung $-n$.

(III) Für jedes $\alpha \in \mathbb{R}$ gilt weder **(A)** noch **(B)**. In diesem Fall ist z_0 eine wesentliche Singularität von f.

Satz 3.84 (Casorati–Weierstrass). *Sei $\Omega \subset \mathbb{C}$ eine offene Menge, $z_0 \in \Omega$, und $f : \Omega \setminus \{z_0\} \to \mathbb{C}$ eine holomorphe Funktion, so dass z_0 eine wesentliche Singularität von f ist. Dann gibt es für jede komplexe Zahl $w \in \mathbb{C}$ eine Folge $z_n \in \Omega \setminus \{z_0\}$, die gegen z_0 konvergiert, so dass $f(z_n)$ gegen w konvergiert.*

Beweis. Wir nehmen an, dass dies nicht gilt. Dann existiert ein Punkt

$$w_0 \in \mathbb{C},$$

der nicht als Grenzwert eine Folge $f(z_n)$ mit $z_n \to z_0$ auftreten kann. Das heisst,

$$\exists\, \delta > 0\ \exists\, \varepsilon > 0\ \forall\, z \in \Omega : 0 < |z - z_0| < \varepsilon \quad \Longrightarrow \quad |f(z) - w_0| \geq \delta.$$

Betrachten wir nun eine Zahl $\alpha < 0$, so folgt

$$\lim_{z \to z_0} |z - z_0|^\alpha \, |f(z) - w_0| = \infty,$$

da der erste Faktor gegen unendlich geht und der zweite Faktor von unten durch δ beschränkt ist. Hieraus folgt nach Bemerkung 3.82, dass es eine Zahl $n \in \mathbb{N}_0$ gibt, so dass der Grenzwert

$$\lim_{z \to z_0} (z - z_0)^n \, (f(z) - w_0) =: c$$

in $\mathbb{C}$ existiert und ungleich Null ist. (Wir haben $n \geq 0$, da für jedes $n < 0$ der Grenzwert der Beträge ∞ ist.) Nach Satz 3.79 folgt daraus, dass es eine holomorphe Funktion $g : \Omega \to \mathbb{C}$ gibt, so dass $g(z_0) \neq 0$ ist und

$$f(z) - w_0 = \frac{g(z)}{(z - z_0)^n} \qquad \forall\, z \in \Omega \setminus \{z_0\}.$$

Im Fall $n = 0$ hat f eine hebbare Singularität an der Stelle z_0. Im Fall $n > 0$ hat f einen Pol an der Stelle z_0. Beides steht im Widerspruch zu der Voraussetzung, dass z_0 eine wesentliche Singularität von f ist. Damit ist der Satz bewiesen. □

Bemerkung 3.85. Man kann sogar beweisen, dass unter den Voraussetzungen von Satz 3.84 die Restriktion von f auf $U \setminus \{z_0\}$, für jede noch so kleine Umgebung U von z_0, jeden Wert in $\mathbb{C}$ annimmt bis auf höchstens einen Ausnahmepunkt a. Dies ist der **Satz von Picard**, und wir behandeln den Beweis in diesem Manuskript nicht. Als Beispiel kann man sich die Funktion $f(z) = \exp(1/z)$ vor Augen halten. In diesem Fall ist der Ausnahmepunkt $a = 0$, der von der Exponentialfunktion nirgends angenommen wird.

Übung 3.86. Sei $f : \mathbb{D} \setminus \{0\} \to \mathbb{C}$ eine holomorphe Funktion, so dass der Grenzwert $\lim_{z \to 0} \operatorname{Re} f(z)$ existiert und eine reelle Zahl (also nicht gleich ∞) ist. Zeigen Sie, dass 0 weder ein Pol noch eine wesentliche Singularität von f sein kann und daher eine hebbare Singularität von f sein muss.

Übung 3.87. Sei $f : \mathbb{C} \to \mathbb{C}$ eine holomorphe Funktion und $n \in \mathbb{N}$, so dass

$$\#\, \{z \in \mathbb{C} \,|\, f(z) = w\} \leq n$$

ist für alle $w \in \mathbb{C}$. Beweisen Sie, dass f ein Polynom vom Grade $\deg(f) \leq n$ ist. **Hinweis:** Zeigen Sie, dass $z_0 = 0$ keine wesentliche Singularität der Funktion $\mathbb{C} \setminus \{0\} \to \mathbb{C} : z \mapsto f(1/z)$ sein kann.

Übung 3.88. Jede injektive holomorphe Funktion $f : \mathbb{C} \to \mathbb{C}$ ist ein Polynom vom Grad 1.

Übung 3.89. Sei $f : \overline{\mathbb{C}} \to \overline{\mathbb{C}}$ eine stetige Abbildung. Sie heisst **holomorph**, wenn die Funktionen

$$\begin{aligned}
f_1 &: \Omega_1 := \{z \in \mathbb{C} \,|\, f(z) \neq \infty\} \longrightarrow \mathbb{C}, & f_1(z) &:= f(z), \\
f_2 &: \Omega_2 := \{z \in \mathbb{C} \,|\, f(z) \neq 0\} \longrightarrow \mathbb{C}, & f_2(z) &:= 1/f(z), \\
f_3 &: \Omega_3 := \{z \in \mathbb{C} \,|\, f(1/z) \neq \infty\} \longrightarrow \mathbb{C}, & f_3(z) &:= f(1/z), \\
f_4 &: \Omega_4 := \{z \in \mathbb{C} \,|\, f(1/z) \neq 0\} \longrightarrow \mathbb{C}, & f_4(z) &:= 1/f(1/z)
\end{aligned}$$

holomorph sind. Beweisen Sie folgendes.

(a) Die Menge $\mathbb{C} \setminus \Omega_i$ ist endlich für $i = 1, 2, 3, 4$ und jede nichtkonstante holomorphe Funktion $f : \overline{\mathbb{C}} \to \overline{\mathbb{C}}$.

(b) Jede holomorphe Funktion $f : \overline{\mathbb{C}} \to \overline{\mathbb{C}}$ ist rational.

(c) Jede biholomorphe Funktion $f : \overline{\mathbb{C}} \to \overline{\mathbb{C}}$ ist eine Möbiustransformation.

Kapitel 4

Der Residuenkalkül

Bisher haben wir Cauchy's Integralformel nur *lokal* bewiesen für holomorphe Funktionen auf einer Kreisscheibe (Korollar 3.21). In diesem Kapitel soll es nun um die *globale* Frage gehen, auf welchen Kurven denn das Integral einer holomorphen Funktion $f : \Omega \to \mathbb{C}$ auf einem beliebigen Gebiet Ω verschwindet. Eine erste und bestechend einfache Antwort auf diese Frage gibt bereits das Korollar 3.13, nämlich auf zusammenziehbaren, geschlossenen Kurven. Dieses Resultat täuscht jedoch über das durchaus schwierige Problem hinweg, zu bestimmen, wann denn eine Kurve zusammenziehbar ist. Darüber hinaus gibt es eine allgemeinere Klasse von Kurven, auf die die Integralformel zutrifft, nämlich die *null-homologen Zyklen*, die für Anwendungen des Satzes eine gewichtige Rolle spielen. Im Gegensatz zur Frage der Homotopie, ist es in vielen Fällen erstaunlich einfach, herauszufinden, wann ein Zyklus null-homolog ist. Darum soll es im nächsten Abschnitt gehen.

4.1 Ketten und Zyklen

Sei $\Omega \subset \mathbb{C}$ eine offene Menge. Wir erinnern an den Begriff einer stückweise glatten Kurve $\gamma : I \to \Omega$ auf einem abgeschlossenen Intervall $I \subset \mathbb{R}$. Das Intervall besitzt eine Partition $t_0 < t_1 < t_2 < \cdots < t_N$, so dass die Einschränkung $\gamma_i := \gamma|_{I_i}$ auf das Teilintervall $I_i := [t_{i-1}, t_i]$ glatt ist für jedes i. Wir können uns γ auch als Ansammlung von N verschiedenen glatten Kurven $\gamma_i : I_i \to \Omega$ vorstellen und dies als *formale Summe* $\gamma = \gamma_1 + \gamma_2 + \cdots + \gamma_N$ schreiben. In der Tat ist das Integral einer stetigen Funktion $f : \Omega \to \mathbb{C}$ über γ ja gerade definiert als die Summe der Integrale über die γ_i, so dass

$$\int_{\gamma_1+\cdots+\gamma_N} f(z)\,dz := \int_{\gamma_1} f(z)\,dz + \cdots + \int_{\gamma_N} f(z)\,dz.$$

Da das Integral von der Parametrisierung unabhängig ist, können wir die glatten Kurven, aus denen γ zusammengesetzt ist, als Funktionen auf dem Einheitsintervall $[0,1]$ schreiben. Darüber hinaus hindert uns niemand daran, auch Integrale

D.A. Salamon, *Funktionentheorie*, Grundstudium Mathematik, DOI 10.1007/978-3-0348-0169-0_4,

über Kurven zu betrachten, die sich nicht zu einer einzigen stückweise glatten Kurve auf einem Intervall zusammensetzen lassen. Und es kann sein, dass mehrere Teilstücke unserer Kurve übereinstimmen, und wir ersetzen dann einen Ausdruck der Form $\gamma_i + \gamma_j$ mit $\gamma_i = \gamma_j$ durch $2\gamma_i$. Dies führt zum Begriff von *Ketten* und *Zyklen* in Ω.

Definition 4.1. *Sei $\Omega \subset \mathbb{C}$ eine offene Menge. Eine* **Kette in** Ω *ist eine formale Summe*

$$\gamma = m_1\gamma_1 + \cdots + m_N\gamma_N \tag{4.1}$$

mit $m_i \in \mathbb{Z}$, wobei die $\gamma_i : [0,1] \to \Omega$ paarweise verschiedene glatte Kurven sind. Wir identifizieren zwei Ketten die auseinander hervorgehen durch

(a) *Vertauschen der Reihenfolge,*

(b) *Fortlassen oder hinzufügen von Summanden mit $m_i = 0$.*

Also können wir die Kette (4.1) auch als Abbildung $C^\infty([0,1],\Omega) \to \mathbb{Z}$ schreiben, die jeder der Kurven γ_i ihre **Multiplizität** *m_i zuordnet und jeder anderen Kurve die Zahl 0. Die Menge*

$$\Gamma := \bigcup_{i=1}^{N} \{\gamma_i(t) \,|\, 0 \le t \le 1\}$$

heisst **Bildmenge der Kette** γ.

Ein **Zyklus** *in Ω ist eine Kette (4.1), in der jeder Punkt in Ω gleich oft als Anfangs- und Endpunkt erscheint, das heisst,*

$$\sum_{\gamma_i(1)=z} m_i - \sum_{\gamma_i(0)=z} m_i = 0 \qquad \forall\ z \in \Omega. \tag{4.2}$$

Ist $f : \Omega \to \mathbb{C}$ eine stetige Funktion, so definieren wir das **Integral** *von f über einer Kette (4.1) durch*

$$\int_\gamma f(z)\,dz := \sum_{i=1}^{N} m_i \int_{\gamma_i} f(z)\,dz. \tag{4.3}$$

Ist (4.1) ein Zyklus mit Bildmenge Γ und ist $z \in \mathbb{C} \setminus \Gamma$, so heisst die Zahl

$$\mathrm{w}(\gamma, z) := \frac{1}{2\pi\mathbf{i}} \int_\gamma \frac{d\zeta}{\zeta - z} \tag{4.4}$$

die **Windungszahl von** γ **um** z.

Es wird im folgenden nützlich sein, für die Menge der Ketten in Ω eine geeignete Notation einzuführen. Wir bezeichnen diese Menge mit

$$\mathscr{C}(\Omega) := \{\text{Ketten in } \Omega\}$$

und die Menge der Zyklen mit

$$\mathscr{Z}(\Omega) := \{\gamma \in \mathscr{C}(\Omega) \,|\, \gamma \text{ ist ein Zyklus}\}.$$

Die Menge $\mathscr{C}(\Omega)$ ist also die Menge aller Funktionen von $C^\infty([0,1],\Omega)$ nach $\mathbb{Z}$, die nur an endlich vielen Stellen einen von Null verschiedenen Wert annehmen. Wenn wir $\gamma = \sum_{i=1}^N m_i\gamma_i \in \mathscr{C}(\Omega)$ schreiben, so heisst das, dass die Summe (4.1) die Abbildung $C^\infty([0,1],\Omega) \to \mathbb{Z} : \gamma_i \mapsto m_i$ repräsentiert. Die Menge $\mathscr{C}(\Omega)$ ist eine abelsche Gruppe unter der punktweisen Addition von Funktionen $C^\infty([0,1],\Omega) \to \mathbb{Z}$ mit endlichem Träger. Das neutrale Element ist die Null-Funktion, die jeder glatten Kurve in $C^\infty([0,1],\Omega)$ die Multiplizität 0 zuordnet, und kann repräsentiert werden durch eine formale Summe (4.1), in der alle m_i gleich Null sind, oder durch die *leere Summe* ohne jeglichen Summanden. Die Menge $\mathscr{Z}(\Omega)$ aller Zyklen ist offensichtlich eine Untergruppe von $\mathscr{C}(\Omega)$ und, für jede stetige Funktion $f : \Omega \to \mathbb{C}$, ist die Abbildung

$$\mathscr{C}(\Omega) \to \mathbb{C} : \gamma \mapsto \int_\gamma f(z)\,dz$$

ein Gruppenhomomorphismus.

Definition 4.2. *Zwei Ketten $\alpha, \beta \in \mathscr{C}(\Omega)$ heissen* **äquivalent**, *wenn die Integrale von f über α und β für jede stetige Funktion $f : \Omega \to \mathbb{C}$ übereinstimmen. Wir schreiben*

$$\alpha \equiv \beta \quad :\Longleftrightarrow \quad \int_\alpha f(z)\,dz = \int_\beta f(z)\,dz \quad \forall\, f \in C(\Omega).$$

(*siehe Abbildung* 4.1).

Abbildung 4.1: Zwei äquivalente Ketten

Bemerkung 4.3. Äquivalenz von Ketten ist eine Äquivalenzrelation.

Bemerkung 4.4. Ist eine Kette

$$\gamma = \sum_{i=1}^N m_i\gamma_i \in \mathscr{C}(\Omega)$$

gegeben, so erhalten wir eine äquivalente Kette durch folgende Operationen.

(i) Reparametrisieren der γ_i.

(ii) Unterteilen eines γ_i in zwei Kurven, oder umgekehrt Zusammensetzen zweier Kurven γ_i und γ_j mit $\gamma_i(1) = \gamma_j(0)$.

(iii) Richtungsumkehr: Wir können einen Summanden $m_i\gamma_i$ durch $\widetilde{m}_i\widetilde{\gamma}_i$ ersetzen, wobei $\widetilde{m}_i := -m_i$ und $\widetilde{\gamma}_i(t) := \gamma_i(1-t)$ ist.

Bemerkung 4.5. Jeder Zyklus $\gamma \in \mathscr{Z}(\Omega)$ ist, durch ein einfaches kombinatorisches Argument, zu einer endlichen formalen Summe stückweise glatter geschossener Kurven äquivalent. Daher ist die Windungszahl $\mathrm{w}(\gamma, z)$ stets eine ganze Zahl. Ausserdem folgt damit aus Satz 3.17, dass eine stetige Funktion $f : \Omega \to \mathbb{C}$ genau dann eine holomorphe Stammfunktion $F : \Omega \to \mathbb{C}$ mit $F' = f$ hat, wenn ihr Integral über jedem Zyklus verschwindet.

Beispiel 4.6. Sei $z_0 = x_0 + \mathbf{i}y_0$ und $z_1 = x_1 + \mathbf{i}y_1$ komplexe Zahlen mit $x_0 < x_1$ und $y_0 < y_1$, und sei $R \subset \mathbb{C}$ das abgeschlossene Rechteck

$$R = \{z \in \mathbb{C} \,|\, x_0 \leq \operatorname{Re} z \leq x_1,\ y_0 \leq \operatorname{Im} z \leq y_1\}.$$

Ist der Rand von R in Ω enthalten, so bezeichnen wir mit $\partial R \in \mathscr{Z}(\Omega)$ auch den Zyklus, der den Rand von R entgegen dem Uhrzeigersinn durchläuft. Er ist durch

$$\partial R := \gamma_1 + \gamma_2 + \gamma_3 + \gamma_4,$$

gegeben mit

$$\begin{aligned}
\gamma_1(t) &:= z_0 + t(x_1 - x_0), \\
\gamma_2(t) &:= z_1 + \mathbf{i}(1-t)(y_0 - y_1), \\
\gamma_3(t) &:= z_1 + t(x_0 - x_1), \\
\gamma_4(t) &:= z_0 + \mathbf{i}(1-t)(y_1 - y_0),
\end{aligned}$$

für $0 \leq t \leq 1$ (siehe Abbildung 3.1). Insbesondere stimmt damit die Definition des Integrals über ∂R mit der in Beispiel 3.15 getroffenen Konvention überein. Wir schreiben manchmal auch $\partial_i R := \gamma_i$ für $i = 1, 2, 3, 4$.

Definition 4.7. *Sei $\Omega \subset \mathbb{C}$ eine zusammenhängende offene Teilmenge. Wir nennen Ω* **einfach zusammenhängend**, *wenn ihr Komplement $\overline{\mathbb{C}} \setminus \Omega$ in der Riemannschen Zahlenkugel zusammenhängend ist; das heisst, wenn $A, B \subset \overline{\mathbb{C}}$ abgeschlossene Teilmengen sind, so dass $A \cup B = \overline{\mathbb{C}} \setminus \Omega$ und $A \cap B = \emptyset$ ist, dann ist entweder $A = \emptyset$ oder $B = \emptyset$.*

Beispiel 4.8. Die Mengen $\mathbb{C}$, $\mathbb{D}$, $\mathbb{H}$, $\mathbb{C} \setminus (-\infty, 0]$ sind offensichtlich einfach zusammenhängend. Etwas interessanter sind die Beispiele

$$\Omega = \{z \in \mathbb{C} \,|\, |\operatorname{Im} z| < \pi\}, \qquad \Omega := \mathbb{C} \setminus \big((-\infty, -1] \cup [1, \infty)\big).$$

Diese Mengen sind auch einfach zusammenhängend, jedoch ist in diesen beiden Fällen das Komplement $\mathbb{C} \setminus \Omega$ nicht zusammenhängend, und wird es erst durch Hinzunahme des Punktes ∞. Ein anderes Beispiel ist die Menge $\Omega := \mathbb{C} \setminus S$ mit

$$S := \{z = x + \mathbf{i}y \in \mathbb{C} \,|\, x > 0,\ y = \sin(1/x)\} \cup \{\mathbf{i}y \,|\, -1 \leq y \leq 1\}.$$

In diesem Fall ist $S \cup \{\infty\} = \overline{\mathbb{C}} \setminus \Omega$ zusammenhängend, aber nicht weg-zusammenhängend.

Beispiel 4.9. Als weiteres Beispiel betrachten wir eine glatte **Einbettung** $\gamma : \mathbb{R}/\mathbb{Z} \to \mathbb{C}$ (also eine glatte Kurve $\gamma : \mathbb{R} \to \mathbb{C}$, die die Periodizitätsbedingung $\gamma(t+1) = \gamma(t)$ erfüllt, deren Ableitung überall ungleich Null ist, und die injektiv ist in dem Sinne, dass $\gamma(t) = \gamma(s)$ genau dann gilt, wenn $s - t$ eine ganze Zahl ist). Sei

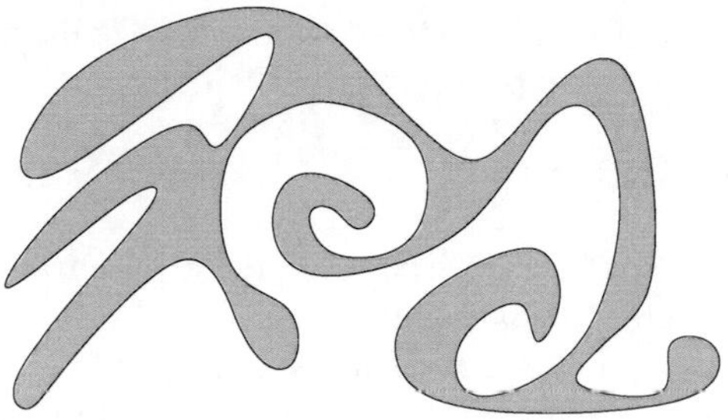

Abbildung 4.2: Eine einfach zusammenhängende Menge

$\Gamma := \{\gamma(t) \,|\, t \in \mathbb{R}\}$ die Bildmenge dieser Kurve (siehe Abbildung 4.2). Ihr Komplement $\mathbb{C} \setminus \Gamma = \Omega_0 \cup \Omega_1$ ist die disjunkte Vereinigung der Mengen

$$\Omega_0 := \{z \in \mathbb{C} \setminus \Gamma \,|\, \mathrm{w}(\gamma, z) = 0\}, \qquad \Omega_1 := \{z \in \mathbb{C} \setminus \Gamma \,|\, \mathrm{w}(\gamma, z) \neq 0\}.$$

Diese sind beide zusammenhängend, wie man leicht sieht (Übung 3.29). Nach Lemma 3.25 ist Ω_0 die unbeschränkte Komponente des Komplements. Daher ist die Menge $\overline{\mathbb{C}} \setminus \Omega_1 = \Omega_0 \cup \Gamma \cup \{\infty\}$ zusammenhängend, und somit ist Ω_1 einfach zusammenhängend im Sinne von Definition 4.7. Es ist jedoch nicht einfach, zu beweisen, dass jede geschlossene Kurve in Ω_1 zusammenziehbar ist. Wir bemerken noch, dass das Komplement von Ω_0 in $\overline{\mathbb{C}}$ zwei Komponenten hat, nämlich $A := \Omega_1 \cup \Gamma$ und $B := \{\infty\}$. Daher ist Ω_0 nicht einfach zusammenhängend.

Beispiel 4.10. Ein umgekehrtes Beispiel ist die **Mandelbrot-Menge** $\mathbb{M}$. Sie spielt eine wichtige Rolle im Gebiet der *komplexen Dynamik* (siehe Milnor [3]) und ist definiert als die Menge aller komplexen Zahlen $c \in \mathbb{C}$ mit der Eigenschaft, dass die rekursiv durch

$$z_0 := 0, \qquad z_{n+1} := c + z_n^2$$

definierte Folge $z_0, z_1, z_2, z_3, \ldots$ beschränkt ist. Die Menge $\mathbb{M}$ ist abgeschlossen und beschränkt. (**Übung:** $|c| \leq 2$ für alle $c \in \mathbb{M}$.) Man kann auch zeigen, dass sie zusammenhängend ist. Dies ist eine nichttriviale Aussage, die 1982 von Douady und Hubbard bewiesen wurde; sie zeigten, dass sich im Komplement $\overline{\mathbb{C}} \setminus \mathbb{M}$ jede Schleife zusammenziehen lässt, indem sie explizit einen konformen Diffeomorphismus von $\mathbb{C} \setminus \mathbb{M}$ nach $\mathbb{C} \setminus \overline{\mathbb{D}}$ konstruierten. Invertieren wir die Riemannsche Zahlenkugel, so erhalten wir eine zusammenhängende einfach zusammenhängende offene Menge $\Omega := \{z \in \mathbb{C} \,|\, 1/z \notin \mathbb{M}\}$ mit einem sehr komplizierten Rand, der eine reichhaltige Struktur aufweist.

Satz 4.11. *Sei $\Omega \subset \mathbb{C}$ eine zusammenhängende offene Menge. Dann sind die folgenden Aussagen äquivalent.*

(i) *Ω ist einfach zusammenhängend.*

(ii) *Für jeden Zyklus $\gamma \in \mathscr{Z}(\Omega)$ und jeden Punkt $z \in \mathbb{C} \setminus \Omega$ gilt $\mathrm{w}(\gamma, z) = 0$.*

Beweis. Wir zeigen, dass (ii) aus (i) folgt. Sei also $\overline{\mathbb{C}} \setminus \Omega$ zusammenenhängend und $\gamma \in \mathscr{Z}(\Omega)$ ein Zyklus mit Bildmenge $\Gamma \subset \Omega$. Wir definieren

$$A_0 := \{z \in \mathbb{C} \setminus \Omega \,|\, \mathrm{w}(\gamma, z) = 0\}, \qquad A_1 := \{z \in \mathbb{C} \setminus \Omega \,|\, \mathrm{w}(\gamma, z) \neq 0\}.$$

Diese beiden Mengen sind abgeschlossen und A_1 ist beschränkt. In der Tat, ist z_ν eine Folge in A_1, die gegen z^* konvergiert, so ist $z^* \in \mathbb{C} \setminus \Omega \subset \mathbb{C} \setminus \Gamma$. Also gibt es ein $\varepsilon > 0$ mit $B_\varepsilon(z^*) \subset \mathbb{C} \setminus \Gamma$ und es gilt daher $\mathrm{w}(\gamma, z) = \mathrm{w}(\gamma, z^*)$ für alle $z \in B_\varepsilon(z^*)$ (siehe Lemma 3.25). Also gilt $\mathrm{w}(\gamma, z^*) = \mathrm{w}(\gamma, z_\nu)$ für hinreichend grosse ν, und daher ist $z^* \in A_1$. Das gleiche Argument zeigt, dass A_0 abgeschlossen ist. Dass A_1 beschränkt ist, folgt aus der Tatsache, dass $\mathrm{w}(\gamma, z) = 0$ ist für $|z|$ hinreichend gross (ebenfalls Lemma 3.25). Damit haben wir gezeigt, dass A_1 kompakt und damit auch abgeschlossen in $\overline{\mathbb{C}}$ ist. Die Menge $\overline{A}_0 := A_0 \cup \{\infty\}$ ist ebenfalls abgeschlossen in $\overline{\mathbb{C}}$, und die disjunkte Vereinigung von $\overline{A}_0$ und A_1 ist $\overline{\mathbb{C}} \setminus \Omega$. Da diese Menge nach (i) zusammenhängend und $\overline{A}_0 \neq \emptyset$ ist, folgt daraus, dass $\overline{A}_0 = \overline{\mathbb{C}} \setminus \Omega$ ist und damit $A_0 = \mathbb{C} \setminus \Omega$. Das heisst aber genau, dass die Windungszahl von γ um jeden Punkt im Komplement von Ω gleich Null ist. Damit haben wir gezeigt, dass (ii) aus (i) folgt.

Wir zeigen, dass (i) aus (ii) folgt. Der Beweis ist indirekt, und wir nehmen an, dass (i) nicht gilt, dass also das Komplement $\overline{\mathbb{C}} \setminus \Omega$ nicht zusammenhängend ist. Dann gibt es zwei abgeschlossene Teilmengen $A, B \subset \overline{\mathbb{C}}$ mit

$$A \cup B = \overline{\mathbb{C}} \setminus \Omega, \qquad A \cap B = \emptyset, \qquad A \neq \emptyset, \qquad B \neq \emptyset.$$

Eine dieser Mengen enthält den Punkt ∞, und wir nehmen an, dass dies die Menge B ist. Dann ist A nach Lemma 1.20 kompakt. Daraus folgt, dass A und $B \cap \mathbb{C}$ positiven Abstand haben:

$$\delta := \inf \{|a - b| \,|\, a \in A,\ b \in B \setminus \{\infty\}\} > 0.$$

Wähle einen Punkt $z_0 \in A$ und überdecke ganz $\mathbb{C}$ mit einem Gitter abgeschlossener Quadrate Q_j der Seitenlänge $r < \delta/\sqrt{2}$, so dass z_0 der Mittelpunkt eines der Quadrate, sagen wir von Q_{j_0}, ist. (Siehe Abbildung 4.3.)
Dann ist die Indexmenge

$$J := \{j \,|\, Q_j \cap A \neq \emptyset\}$$

endlich, und wir betrachten den Zyklus

$$\gamma := \sum_{j \in J} \partial Q_j.$$

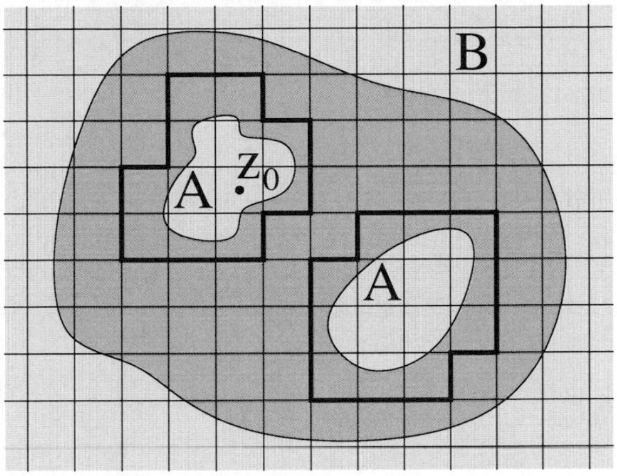

Abbildung 4.3: Konstruktion eines nichttrivialen Zyklus

Dieser Zyklus trifft B nicht, da der Abstand von A und B grösser ist als der Durchmesser von Q_j und daher jedes Q_j, das nichtleeren Durchschnitt mit A hat, zu B disjunkt ist. Zweitens ist γ äquivalent zu dem Zyklus

$$\widetilde{\gamma} := \sum_{j \in J} \sum_{\substack{1 \le i \le 4 \\ \partial_i Q_j \cap A = \emptyset}} \partial_i Q_j,$$

der nur die Kanten von Q_j berücksichtigt, die A nicht treffen. Da alle andern Kanten genau einmal in beide Richtungen durchlaufen werden, sind γ und $\widetilde{\gamma}$ in der Tat äquivalent. Ausserdem ist die Bildmenge von $\widetilde{\gamma}$ per Definition disjunkt von A und B, so dass $\widetilde{\gamma} \in \mathscr{Z}(\Omega)$ ist, und es gilt

$$\mathrm{w}(\widetilde{\gamma}, z_0) = \mathrm{w}(\gamma, z_0) = \sum_{j \in J} \mathrm{w}(\partial Q_j, z_0) = \mathrm{w}(\partial Q_{j_0}, z_0) = 1.$$

Damit haben wir gezeigt, dass, wenn (i) nicht gilt, ein Zyklus $\widetilde{\gamma} \in \mathscr{Z}(\Omega)$ mit von Null verschiedener Windungszahl um einen Punkt im Komplement von Ω existiert und damit auch (ii) nicht gilt. □

4.2 Die allgemeine Integralformel von Cauchy

Satz 4.12 (Cauchy). *Sei $\Omega \subset \mathbb{C}$ eine offene Menge und $f : \Omega \to \mathbb{C}$ eine stetige Funktion. Dann sind folgende Aussagen äquivalent.*

(i) *f ist holomorph.*

(ii) *Für jedes abgeschlossene Rechteck $R \subset \Omega$ gilt*

$$\int_{\partial R} f(z)\, dz = 0.$$

(iii) *Für jeden Zyklus* $\gamma \in \mathscr{Z}(\Omega)$ *gilt*

$$\mathrm{w}(\gamma, z) = 0 \quad \forall\, z \in \mathbb{C} \setminus \Omega \qquad \Longrightarrow \qquad \int_\gamma f(z)\,dz = 0.$$

Bemerkung 4.13. Wir haben den Satz in dieser Form mit drei äquivalenten Bedingungen formuliert, weil das für die Anwendungen hilfreich ist. Jedoch haben wir in Korollar 3.35 bereits bewiesen, dass (i) und (ii) äquivalent sind. Die Implikation "(iii) $\Longrightarrow$ (ii)" ist klar, denn jedes Rechteck $R \subset \Omega$ erfüllt offensichtlich die Bedingung $\mathrm{w}(\partial R, z) = 0$ für alle $z \in \mathbb{C} \setminus \Omega \subset \mathbb{C} \setminus R$. Die nichttriviale Aussage des Satzes ist also "(ii) $\Longrightarrow$ (iii)".

Bemerkung 4.14. Man kann in Satz 4.12 auch den Zyklus $\gamma \in \mathscr{Z}(\Omega)$ festhalten. Dann sagt der Satz

$$\mathrm{w}(\gamma, a) = 0 \ \forall\, a \in \mathbb{C} \setminus \Omega \qquad \Longleftrightarrow \qquad \int_\gamma f(z)\,dz = 0 \quad \begin{array}{l}\text{für jede holomorphe}\\ \text{Funktion } f : \Omega \to \mathbb{C},\end{array}$$

wobei nur die Richtung " $\Longrightarrow$ " nichttrivial ist; wenn die Integrale der speziellen Funktionen $z \mapsto 1/(z-a)$ mit $a \in \mathbb{C} \setminus \Omega$ über γ verschwinden, dann verschwinden die Integrale aller holomorphen Funktionen auf Ω über γ.

Erste Anwendungen der allgemeinen Integralformel

Der nächste Satz folgt aus der allgemeinen Integralformel von Cauchy genauso wie Satz 3.31 aus der Integralformel für Kreisgebiete folgt.

Satz 4.15 (Cauchy). *Sei* $\Omega \subset \mathbb{C}$ *eine zusammenhängende offene Menge,* $f : \Omega \to \mathbb{C}$ *eine holomorphe Funktion und* $\gamma \in \mathscr{Z}(\Omega)$ *ein Zyklus mit Bildmenge* Γ*, so dass* $\mathrm{w}(\gamma, z) = 0$ *ist für jeden Punkt* $z \in \mathbb{C} \setminus \Omega$*. Dann gilt*

$$\mathrm{w}(\gamma, a) f(a) = \frac{1}{2\pi\mathbf{i}} \int_\gamma \frac{f(z)\,dz}{z-a} \qquad \forall\ a \in \Omega \setminus \Gamma. \tag{4.5}$$

Beweis. Definiere $F : \Omega \to \mathbb{C}$ durch

$$F(z) := \frac{f(z) - f(a)}{z-a} \quad \text{für } z \in \Omega \setminus \{a\}, \qquad F(a) := f'(a).$$

Nach Korollar 3.37 ist F holomorph. Daher folgt aus Satz 4.12, dass

$$0 = \int_\gamma F(z)\,dz = \int_\gamma \frac{f(z) - f(a)}{z-a}\,dz = \int_\gamma \frac{f(z)}{z-a}\,dz - 2\pi\mathbf{i} f(a)\mathrm{w}(\gamma, a),$$

was zu beweisen war. □

Ist das Definitionsgebiet Ω einfach zusammenhängend, so vereinfacht sich der Satz von Cauchy wie folgt und zieht gleichzeitig die Existenz einer holomorphen Stammfunktion nach sich.

Satz 4.16 (Der einfach zusammenhängende Fall). *Sei $\Omega \subset \mathbb{C}$ eine zusammenhängende einfach zusammenhängende offene Menge und $f : \Omega \to \mathbb{C}$ eine stetige Funktion. Dann sind folgende Aussagen äquivalent.*

(i) *f ist holomorph.*
(ii) *$\int_{\partial R} f(z)\,dz = 0$ für jedes abgeschlossene Rechteck $R \subset \Omega$.*
(iii) *$\int_\gamma f(z)\,dz = 0$ für jeden Zyklus $\gamma \in \mathscr{Z}(\Omega)$.*
(iv) *Es gibt eine holomorphe Funktion $F : \Omega \to \mathbb{C}$ mit $F' = f$.*

Beweis. Nach Satz 4.11 erfüllt jeder Zyklus $\gamma \in \mathscr{Z}(\Omega)$ die Bedingung, dass $\mathrm{w}(\gamma, z) = 0$ ist für alle $z \in \mathbb{C} \setminus \Omega$. Also folgt aus Satz 4.12, dass (i), (ii) und (iii) äquivalent sind. Die Implikation "(iii) $\Longrightarrow$ (iv)" folgt aus Satz 3.17 und die Implikation "(iv) $\Longrightarrow$ (i)" aus Satz 3.34. □

Der folgende Satz behandelt einen in Anwendungen wichtigen Spezialfall.

Satz 4.17 (Logarithmus und Wurzel). *Sei $\Omega \subset \mathbb{C}$ eine zusammenhängende einfach zusammenhängende offene Menge und $f : \Omega \to \mathbb{C}$ eine holomorphe Funktion, die auf Ω nirgends verschwindet. Sei $n \in \mathbb{N}$. Dann gibt es holomorphe Funktionen $g, h : \Omega \to \mathbb{C}$, so dass $\exp(g(z)) = f(z)$ und $h(z)^n = f(z)$ ist für alle $z \in \Omega$.*

Beweis. Nach Satz 4.16 gibt es eine holomorphe Funktion $F : \Omega \to \mathbb{C}$, so dass

$$F'(z) = \frac{f'(z)}{f(z)} \qquad \forall\ z \in \Omega.$$

Dann ist die Funktion

$$\phi := e^{-F} f : \Omega \to \mathbb{C}$$

holomorph und hat die Ableitung $\phi' = e^{-F}(f' - F'f) = 0$. Da Ω zusammenhängend ist, ist ϕ konstant. Wir wählen einen Punkt $z_0 \in \Omega$ und eine komplexe Zahl w_0 so, dass $e^{w_0} = f(z_0)$ ist, und definieren $g : \Omega \to \mathbb{C}$ durch

$$g(z) := F(z) - F(z_0) + w_0.$$

Dann ist g holomorph, und es gilt für jedes $z \in \Omega$:

$$e^{g(z)} = e^{F(z)} e^{-F(z_0)} e^{w_0} = e^{F(z)} \phi(z_0) = e^{F(z)} \phi(z) = f(z).$$

Nun sei $h : \Omega \to \mathbb{C}$ durch $h(z) := e^{g(z)/n}$ für $z \in \Omega$ definiert. Diese Funktion erfüllt die Bedingung $h^n = f$. Damit ist der Satz bewiesen. □

Beweis der allgemeinen Integralformel

Definition 4.18. *Sei $\Omega \subset \mathbb{C}$ eine offene Menge. Eine Kette*

$$\gamma = \sum_{j=1}^{N} m_j \gamma_j \in \mathscr{C}(\Omega)$$

heisst **achsenparalleles Polygon**, *wenn jedes* γ_j *die Form*

$$\gamma_j(t) = a_j + \lambda_j t, \qquad 0 \le t \le 1,$$

hat mit $a_j \in \mathbb{C}$ *und* $\lambda_j \in \mathbb{R} \cup \mathbf{i}\mathbb{R}$. (*Siehe Abbildung* 4.4.)

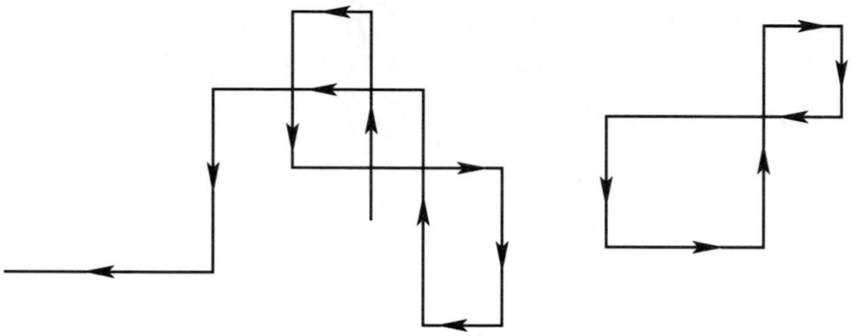

Abbildung 4.4: Ein achsenparalleles Polygon

Lemma 4.19. *Sei* $\Omega \subset \mathbb{C}$ *eine offene Menge und* $f : \Omega \to \mathbb{C}$ *eine stetige Funktion, so dass*

$$\int_{\partial R} f(z)\,dz = 0 \tag{4.6}$$

ist für jedes abgeschlossene Rechteck $R \subset \Omega$. *Dann gilt für jedes achsenparallele Polygon* $\sigma \in \mathscr{Z}(\Omega)$

$$\mathrm{w}(\sigma, a) = 0 \quad \forall\, a \in \mathbb{C} \setminus \Omega \qquad \Longrightarrow \qquad \int_\sigma f(z)\,dz = 0. \tag{4.7}$$

Lemma 4.20. *Sei* $\Omega \subset \mathbb{C}$ *eine offene Menge und* $\gamma \in \mathscr{Z}(\Omega)$ *ein Zyklus in* Ω. *Dann gibt es ein achsenparalleles Polygon* $\sigma \in \mathscr{Z}(\Omega)$, *so dass*

$$\int_\sigma \phi(\zeta)\,d\zeta = \int_\gamma \phi(\zeta)\,d\zeta \tag{4.8}$$

für jede holomorphe Funktion $\phi : \Omega \to \mathbb{C}$.

Beweis von Lemma 4.19. Sei $\sigma \in \mathscr{Z}(\Omega)$ ein achsenparalleles Polygon (und ein Zyklus), so dass

$$\mathrm{w}(\sigma, z) = 0 \qquad \forall\, z \in \mathbb{C} \setminus \Omega. \tag{4.9}$$

Wir betrachten nun ein System von Geraden durch die Ecken von σ, jeweils eine parallel zur reellen Achse und eine parallel zur imaginären Achse (siehe Abbildung 4.5). Diese Geraden teilen die komplexe Ebene auf in endlich viele

- Rechtecke R_i, $i \in I$,
- und unbeschränkte Gebiete R'_j, $j \in J$.

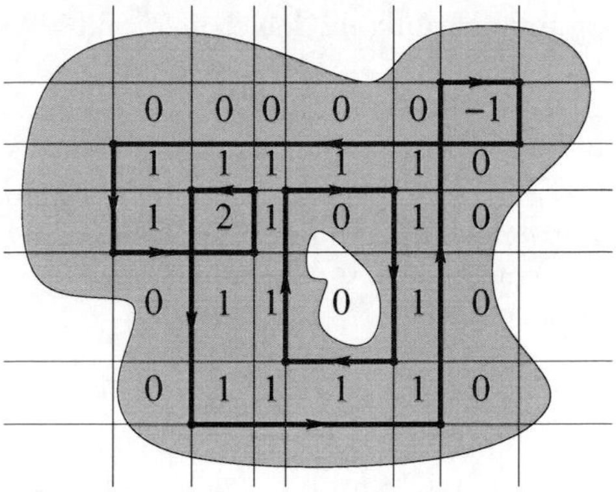

Abbildung 4.5: Polygon und Rechtecke

Wir nehmen an, dass $I \neq \emptyset$. (Andernfalls verläuft unser Polygon σ ganz auf einer Geraden, parallel entweder zur reellen oder zur imaginären Achse, und dann ist σ sogar äquivalent zum Null-Zyklus.) Wir wählen nun innere Punkte

$$z_i \in R_i \setminus \partial R_i, \qquad z'_j \in R'_j \setminus \partial R'_j,$$

je einen für $i \in I$ und $j \in J$. Wir definieren den Zyklus $\sigma_0 \in \mathscr{Z}(\Omega)$ durch

$$\sigma_0 := \sum_{i \in I} \mathrm{w}(\sigma, z_i) \partial R_i. \tag{4.10}$$

Wir zeigen nun, dass

$$\mathrm{w}(\sigma, z_i) \neq 0 \qquad \Longrightarrow \qquad R_i \subset \Omega. \tag{4.11}$$

Andernfalls gibt es ein $i \in I$ mit $\mathrm{w}(\sigma, z_i) \neq 0$ und einen Punkt $a \in R_i \setminus \Omega$. Dann gilt nach Voraussetzung $\mathrm{w}(\sigma, a) = 0$ und es gilt dann auch $\mathrm{w}(\sigma, z) = 0$ für jedes $z \in \mathbb{C}$ mit $|z - a|$ hinreichend klein. Daraus folgt, dass es einen Punkt $z \in R_i \setminus \partial R_i$ gibt mit $\mathrm{w}(\sigma, z) = 0$. Das steht aber im Widerspruch zu unserer Voraussetzung $\mathrm{w}(\sigma, z_i) \neq 0$, denn die Windungszahl von σ ist für alle Punkte im Inneren von R_i die gleiche. Damit haben wir (4.11) bewiesen.

Wir zeigen als nächstes, dass σ und σ_0 äquivalent sind im Sinne von Definition 4.2. Dazu führen wir folgende Bezeichnungen ein. Wir nehmen an, dass $I \subset \mathbb{N}$ eine Menge natürlicher Zahlen ist, und damit eine geordnete Menge. Für zwei benachbarte Rechtecke R_i und R_k mit $i < k$ bezeichnen wir mit σ_{ik} die gemeinsame Kante dieser Rechtecke, das heisst,

$$\sigma_{ik} = R_i \cap R_k.$$

Wir machen diese Menge zu einem Polygon, indem wir sie so durchlaufen, dass R_i links und R_k rechts liegt. Ebenso bezeichnen wir die gemeinsame Kante eines

Rechtecks R_i und eines unbeschränkten Gebietes R'_j mit

$$\tau_{ij} := R_i \cap R'_j$$

und durchlaufen sie so, dass R_i links und R'_j rechts liegt. Wir wissen nun, nach Konstruktion, dass sowohl σ als auch σ_0 zu einer (eindeutigen) Summe der σ_{ik} und τ_{ij} äquivalent ist. (Denn zwei unbeschränkte Gebiete können keine gemeinsame endliche Kante haben, solange $I \neq \emptyset$ ist.) Daher gibt es eindeutig bestimmte ganze Zahlen $\lambda_{ik}, \mu_{ij} \in \mathbb{Z}$, so dass

$$\sigma - \sigma_0 \equiv \sum_{i<k} \lambda_{ik}\sigma_{ik} + \sum_{i,j} \mu_{ij}\tau_{ij}$$

ist. Wir zeigen, dass jedes λ_{ik} und jedes μ_{ij} gleich Null sein muss. Dazu benutzen wir die Gleichungen

$$\mathrm{w}(\partial R_i, z_k) = \begin{cases} 0, & \text{für } k \neq i, \\ 1, & \text{für } k = i, \end{cases} \qquad \mathrm{w}(\partial R_i, z'_j) = 0.$$

Hieraus folgt nach Definition von σ_0 in (4.10), dass

$$\mathrm{w}(\sigma_0, z_k) = \sum_{i \in I} \mathrm{w}(\sigma, z_i)\mathrm{w}(\partial R_i, z_k) = \mathrm{w}(\sigma, z_k)$$

und

$$\mathrm{w}(\sigma_0, z'_j) = \sum_{i \in I} \mathrm{w}(\sigma, z_i)\mathrm{w}(\partial R_i, z'_j) = 0 = \mathrm{w}(\sigma, z'_j).$$

Betrachten wir nun den Zyklus $\sigma - \sigma_0 - \lambda_{ik}\partial R_i$, so wird hier die Grenze zwischen R_i und R_k aufgehoben, das heisst, in der äquivalenten Darstellung in unserer Basis kommt der Summand σ_{ik} nicht mehr vor. Daraus folgt, dass dieser Zyklus um z_i und z_k die gleiche Windungszahl haben muss. Daher gilt

$$\begin{aligned} -\lambda_{ik} &= -\lambda_{ik}\mathrm{w}(\partial R_i, z_i) \\ &= \mathrm{w}(\sigma - \sigma_0 - \lambda_{ik}\partial R_i, z_i) \\ &= \mathrm{w}(\sigma - \sigma_0 - \lambda_{ik}\partial R_i, z_k) \\ &= 0. \end{aligned}$$

Ebenso zeigt man

$$\begin{aligned} -\mu_{ij} &= -\mu_{ij}\mathrm{w}(\partial R_i, z_i) \\ &= \mathrm{w}(\sigma - \sigma_0 - \mu_{ij}\partial R_i, z_i) \\ &= \mathrm{w}(\sigma - \sigma_0 - \mu_{ij}\partial R_i, z'_j) \\ &= 0. \end{aligned}$$

Daraus folgt, dass $\sigma - \sigma_0 \equiv 0$ ist, wie behauptet. Das heisst, die Integrale von f über σ und σ_0 stimmen überein. Daraus folgt

$$\int_\sigma f(z)\,dz = \int_{\sigma_0} f(z)\,dz = \sum_{i \in I} \mathrm{w}(\sigma, z_i) \int_{\partial R_i} f(z)\,dz = 0.$$

Die letzte Gleichung folgt aus der Voraussetzung (4.6) und der Tatsache, dass, nach (4.11), $R_i \subset \Omega$ ist, wenn $\mathrm{w}(\sigma, z_i) \neq 0$ ist. Damit ist das Lemma bewiesen. □

Beweis von Lemma 4.20. Sei

$$\gamma = \sum_{i=1}^{N} m_i \gamma_i \in \mathscr{Z}(\Omega)$$

ein Zyklus mit Multiplizitäten $m_i \in \mathbb{Z}$ und glatten Kurven $\gamma_i : [0,1] \to \Omega$. Wir zeigen in vier Schritten, dass es ein achsenparalleles Polygon $\sigma \in \mathscr{Z}(\Omega)$ gibt, welches die Bedingung (4.8) für jede holomorphe Funktion $\phi : \Omega \to \mathbb{C}$ erfüllt.

Schritt 1. *Es gibt ein $\varepsilon > 0$, so dass*

$$B_\varepsilon(\gamma_j(t)) \subset \Omega$$

für jedes $j \in \{1, \ldots, N\}$ und jedes $t \in [0,1]$.

Dies folgt sofort aus Lemma 3.42.

Schritt 2. *Es gibt ein $\delta > 0$, so dass für alle $j \in \{1, \ldots, N\}$ und alle $s, t \in [0,1]$ folgendes gilt:*

$$|s - t| \leq \delta \qquad \Longrightarrow \qquad |\gamma_j(s) - \gamma_j(t)| < \varepsilon.$$

Dies folgt sofort aus der Tatsache, dass jede stetige Funktion auf einem kompakten metrischen Raum gleichmässig stetig ist.

Schritt 3. *Sei ε wie in Schritt 1. Dann können wir ohne Beschränkung der Allgemeinheit annehmen, dass $\gamma_j(t) \in B_\varepsilon(\gamma_j(0))$ ist für alle $j \in \{1, \ldots, N\}$ und alle $t \in [0,1]$.*

Zum Beweis wählen wir $\delta > 0$ wie in Schritt 2 und $n \in \mathbb{N}$, so dass $n > 1/\delta$. Dann ersetzen wir jedes γ_j durch die Kurven $\gamma_{j,k}(t) := \gamma_j(\frac{k-1}{n} + \frac{t}{n})$ für $0 \leq t \leq 1$ und $k = 1, \ldots, n$. Dann ist γ äquivalent zu dem Zyklus

$$\widetilde{\gamma} := \sum_{j=1}^{N} \sum_{k=1}^{n} m_j \gamma_{j,k}$$

und $\widetilde{\gamma}$ erfüllt die Bedingung von Schritt 3.

Schritt 4. *Wir konstruieren σ.*

Wir nehmen an, dass jedes γ_j die Bedingung von Schritt 3 erfüllt und definieren $\sigma_{j,0} : [0,1] \to \Omega$ und $\sigma_{j,1} : [0,1] \to \Omega$ durch

$$\begin{aligned} \sigma_{j,0}(t) &:= \gamma_j(0) + t\mathrm{Re}\,(\gamma_j(1) - \gamma_j(0))\,, \\ \sigma_{j,1}(t) &:= \gamma_j(1) + (1-t)\mathbf{i}\mathrm{Im}\,(\gamma_j(0) - \gamma_j(1))\,. \end{aligned}$$

(Siehe Abbildung 4.6.) Dann ist $\sigma_{j,0} + \sigma_{j,1} - \gamma_j$ eine stückweise glatte geschlossene Kurve in der offenen Kreisscheibe $B_\varepsilon(\gamma_j(0)) \subset \Omega$. Daher verschwindet, nach

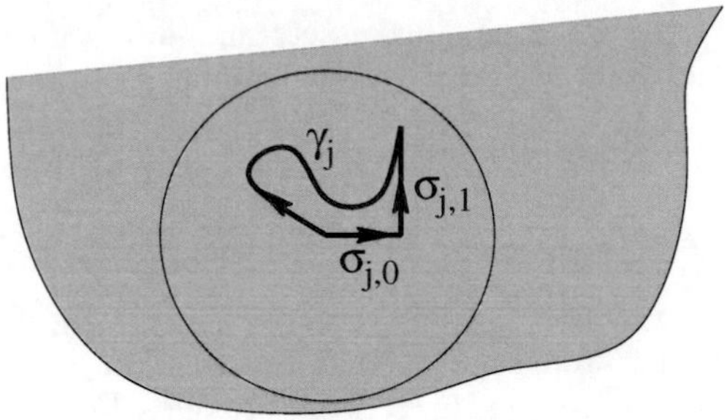

Abbildung 4.6: Approximation durch ein achsenparalleles Polygon

Korollar 3.21, das Integral jeder holomorphen Funktion $\phi : \Omega \to \mathbb{C}$ über dieser Kurve, das heisst,

$$\int_{\sigma_{j,0}} \phi(\zeta)\, d\zeta + \int_{\sigma_{j,1}} \phi(\zeta)\, d\zeta = \int_{\gamma_j} \phi(\zeta)\, d\zeta.$$

Also erfüllt das achsenparallele Polygon

$$\sigma := \sum_{j=1}^{N} m_j\, (\sigma_{j,0} + \sigma_{j,1})$$

die Behauptung des Lemmas. □

Beweis von Satz 4.12. Die Implikation "(i) $\Longrightarrow$ (ii)" folgt aus Satz 3.20, die Implikation "(ii) $\Longrightarrow$ (i)" folgt aus Korollar 3.35, und "(iii) $\Longrightarrow$ (ii)" ist offensichtlich. Wir beweisen "(i) $\Longrightarrow$ (iii)". Sei also $f : \Omega \to \mathbb{C}$ holomorph und $\gamma \in \mathscr{Z}(\Omega)$ ein Zyklus, so dass $\mathrm{w}(\gamma, z) = 0$ ist für alle $z \in \mathbb{C} \setminus \Omega$. Nach Lemma 4.20 gibt es ein achsenparalleles Polygon $\sigma \in \mathscr{Z}(\Omega)$, so dass (4.8) gilt für jede holomorphe Funktion $\phi : \Omega \to \mathbb{C}$. Mit $\phi(\zeta) = 1/(\zeta - z)$ folgt daraus

$$\mathrm{w}(\sigma, z) = \frac{1}{2\pi\mathbf{i}} \int_\sigma \frac{d\zeta}{\zeta - z} = \frac{1}{2\pi\mathbf{i}} \int_\gamma \frac{d\zeta}{\zeta - z} = \mathrm{w}(\gamma, z) = 0$$

für jedes $z \in \mathbb{C} \setminus \Omega$. Ausserdem verschwindet das Integral von f über dem Rand jedes abgeschlossenen Rechtecks $R \subset \Omega$ nach Satz 3.20. Also folgt aus Lemma 4.19, dass

$$\int_\sigma f(z)\, dz = 0$$

ist. Da f holomorph ist, können wir (4.8) auf $\phi = f$ anwenden und erhalten damit

$$\int_\gamma f(z)\, dz = 0,$$

was zu beweisen war. □

Homologie

Die allgemeine Integralformel von Cauchy in Satz 4.12 zeigt, dass für zusammenhängende offene Mengen Ω, die nicht einfach zusammenhängend sind, die Zyklen, deren Windungszahlen um alle Punkte im Komplement von Ω verschwinden, eine besondere Rolle spielen. Es sind dies genau die Zyklen, für die Cauchy's Integralformel gilt. Im einfach zusammenhängenden Fall sind es einfach alle Zyklen. Für allgemeine Mengen Ω führt dies zu folgender Definition.

Definition 4.21. *Ein Zyklus* $\gamma \in \mathscr{Z}(\Omega)$ *heisst* **null-homolog**, *wenn*

$$\mathrm{w}(\gamma, z) = 0 \qquad \forall\, z \in \mathbb{C} \setminus \Omega.$$

Zwei Zyklen $\alpha, \beta \in \mathscr{Z}(\Omega)$ *heissen* **homolog**, *wenn ihre Differenz null-homolog ist, das heisst,*

$$\mathrm{w}(\alpha, z) = \mathrm{w}(\beta, z) \qquad \forall\, z \in \mathbb{C} \setminus \Omega.$$

Für $\alpha, \beta \in \mathscr{Z}(\Omega)$ *schreiben wir* $\alpha \sim \beta$, *wenn* α *und* β *homolog sind.*

Für glatte geschlossene Kurven ist der Begriff *"null-homolog"* schwächer als *"zusammenziehbar"*. Mit anderen Worten, jede zusammenziehbare geschlossene Kurve ist null-homolog (Übung), aber die Umkehrung gilt nicht für jedes Gebiet Ω (siehe Abbildung 4.7).

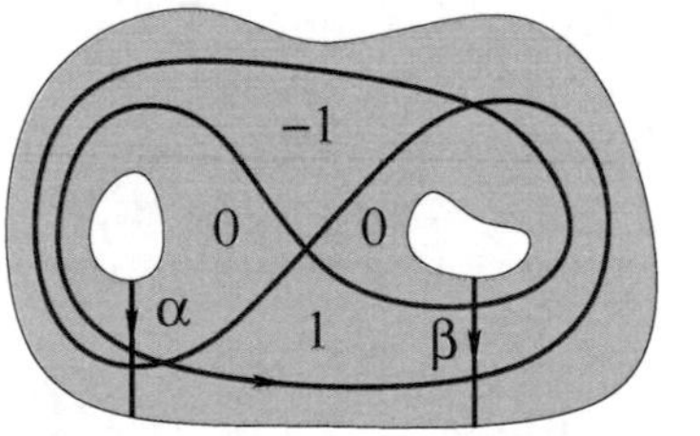

Abbildung 4.7: Eine nicht zusammenziehbare null-homologe Schleife

Bemerkung 4.22. Es ist gar nicht so einfach, zu zeigen, dass die in Abbildung 4.7 dargestellte glatte Schleife nicht zusammenziehbar ist. Ein Beweis mit den Methoden der Differentialtopologie kann etwa wie folgt geführt werden. Man wähle zwei disjunkte glatte eingebettete Kurven $\alpha, \beta : [0,1] \to \overline{\Omega}$, die die beiden inneren Randkomponenten mit der äusseren verbinden. Weiter wähle man zwei invertierbare Matrizen $A, B \in \mathrm{GL}(2, \mathbb{R})$, die nicht miteinander kommutieren. Eine Schleife $\gamma : \mathbb{R}/\mathbb{Z} \to \Omega$ heisst *zu* α *transversal*, wenn $\dot{\alpha}(s)$ und $\dot{\gamma}(t)$ immer dann linear unabhängig sind, wenn $\alpha(s) = \gamma(t)$ ist. Sei nun $\gamma : \mathbb{R}/\mathbb{Z} \to \Omega$ eine zu α und β transversale Schleife, und seien $0 \le t_1 < t_2 < \cdots < t_N < 1$ die Schnittpunkte von γ mit α und β. Ist $\gamma(t_i) = \alpha(s)$ und bilden $\dot{\alpha}(s), \dot{\gamma}(t_i)$ eine positive Basis von $\mathbb{C}$, so definieren wir $\Psi_i := A$, und im Falle einer negativen Basis definieren wir

$\Psi_i := A^{-1}$. Gilt das gleiche mit β statt α, so definieren wir $\Psi_i := B$ beziehungsweise $\Psi_i := B^{-1}$. Wir erhalten dann eine Matrix

$$\Psi(\gamma) := \Psi_1 \Psi_2 \cdots \Psi_N.$$

Schneidet γ die Kurven α und β nicht, so setzen wir $\Psi(\gamma) := \mathbb{1}$. Sind zwei glatte Schleifen $\gamma_0, \gamma_1 : \mathbb{R}/\mathbb{Z} \to \Omega$ zu α und β transversal und zueinander homotop, so sind $\Psi(\gamma_0)$ und $\Psi(\gamma_1)$ zueinander konjugiert:

$$\gamma_0 \sim \gamma_1 \qquad \Longrightarrow \qquad \Psi(\gamma_0) \sim \Psi(\gamma_1).$$

Für eine zusammenziehbare Schleife gilt daher

$$\Psi(\gamma) = \mathbb{1},$$

und für die in der Abbildung 4.7 dargestellte glatte Schleife $\gamma : \mathbb{R}/\mathbb{Z} \to \Omega$ erhalten wir die Matrix

$$\Psi(\gamma) = ABA^{-1}B^{-1} \neq \mathbb{1}.$$

Damit ist γ nicht zusammenziehbar. Der schwierige Teil dieses Arguments ist es, zu zeigen, dass die Konjugationsklasse der Matrix $\Psi(\gamma)$ tatsächlich eine Homotopieinvariante ist. Man kann, bei einer geschickten Wahl der Matrizen A und B, auch zeigen, dass zwei glatte Schleifen γ_0 und γ_1 genau dann ohne festen Endpunkt homotop sind, wenn $\Psi(\gamma_0)$ und $\Psi(\gamma_1)$ zueinander konjugiert sind, und dass sie genau dann mit festem Endpunkt homotop sind, wenn $\Psi(\gamma_0) = \Psi(\gamma_1)$ ist. Daraus folgt dann, dass die sogenannte *Fundamentalgruppe* des in 4.7 abgebildeten Gebietes Ω (die Gruppe der Homotopieklassen glatter Kurven in Ω mit einem festen Endpunkt) die *freie Gruppe* von zwei Erzeugern ist. Dies alles geht weit über das Thema des vorliegenden Manuskripts hinaus und die Beweise werden hier nicht erbracht.

Wir haben nun auf der Gruppe $\mathscr{Z}(\Omega)$ aller Zyklen in Ω zwei Äquivalenzrelationen $\equiv$ und $\sim$. Zwei Zyklen $\alpha, \beta \in \mathscr{Z}(\Omega)$ sind äquivalent, wenn die Integrale aller *stetigen* Funktionen $f : \Omega \to \mathbb{C}$ über α und β übereinstimmen:

$$\alpha \equiv \beta \qquad \Longleftrightarrow \qquad \int_\alpha f(z)\,dz = \int_\beta f(z)\,dz \quad \begin{array}{l}\text{für jede stetige}\\ \text{Funktion } f : \Omega \to \mathbb{C}.\end{array}$$

Diese Äquivalenzrelation hängt nicht von Ω ab (Übung!). Im Gegensatz dazu sind α und β homolog, wenn ihre Windungszahlen um jeden Punkt im Komplement von Ω übereinstimmen. Nach Satz 4.12 heisst das, dass die Integrale aller *holomorphen* Funktionen $f : \Omega \to \mathbb{C}$ über α und β übereinstimmen:

$$\alpha \sim \beta \qquad \Longleftrightarrow \qquad \int_\alpha f(z)\,dz = \int_\beta f(z)\,dz \quad \begin{array}{l}\text{für jede holomorphe}\\ \text{Funktion } f : \Omega \to \mathbb{C}.\end{array}$$

Diese Relation hängt sehr stark von Ω ab.

Die Menge der null-homologen Zyklen wird mit

$$\mathscr{B}(\Omega) := \{\gamma \in \mathscr{Z}(\Omega) \,|\, \mathrm{w}(\gamma, z) = 0 \; \forall z \in \mathbb{C} \setminus \Omega\}$$

bezeichnet. Dies ist eine Untergruppe von $\mathscr{Z}(\Omega)$. Für einen Zyklus α bezeichnen wir die Menge aller Zyklen, die zu α homolog sind, mit

$$[\alpha] := \{\beta \in \mathscr{Z}(\Omega) \,|\, \alpha \sim \beta\} = \alpha + \mathscr{B}(\Omega).$$

Diese Menge heisst **Homologieklasse** von α. Die Menge der Homologieklassen wird mit

$$\mathscr{H}(\Omega) := \{[\alpha] \,|\, \alpha \in \mathscr{Z}(\Omega)\} = \frac{\mathscr{Z}(\Omega)}{\mathscr{B}(\Omega)} = \mathscr{Z}(\Omega)/\sim \tag{4.12}$$

bezeichnet und heisst **(erste) Homologiegruppe von** Ω.

Da $\mathscr{B}(\Omega)$ eine Untergruppe von $\mathscr{Z}(\Omega)$ ist, ist auch der Quotient $\mathscr{H}(\Omega) = \mathscr{Z}(\Omega)/\mathscr{B}(\Omega)$ eine Gruppe. Man addiert zwei Homologieklassen, indem man zwei zugrundeliegende Repräsentanten addiert, d.h.,

$$[\alpha] + [\beta] := [\alpha + \beta],$$

und die Summe hängt nicht von der Wahl der Repräsentanten ab. Das neutrale Element ist die Klasse $[0] = \mathscr{B}(\Omega)$ der null-homologen Zyklen. Andere Bezeichnungen für die Homologiegruppe $\mathscr{H}(\Omega)$ sind $H_1(\Omega)$ oder $H_1(\Omega;\mathbb{Z})$.

Man kann nun die Frage stellen, ob sich diese Homologiegruppen auch berechnen lassen. Dies ist in der Tat sehr einfach, wie die folgenden repräsentativen Beispiele zeigen.

Beispiel 4.23. Sei $\Omega \subset \mathbb{C}$ eine zusammenhängende offene Menge. Nach Satz 4.11 ist Ω genau dann einfach zusammenhängend, wenn $\mathrm{w}(\gamma, z) = 0$ ist für alle $\gamma \in \mathscr{Z}(\Omega)$ und alle $z \in \mathbb{C} \setminus \Omega$. Nach Definition 4.21 heisst das, dass jeder Zyklus in Ω nullhomolog ist, was sich wiederum in der Formel $\mathscr{B}(\Omega) = \mathscr{Z}(\Omega)$ ausdrücken lässt. Also gilt

$$\Omega \text{ ist einfach zusammenhängend} \qquad \Longleftrightarrow \qquad \mathscr{H}(\Omega) = 0.$$

Beispiel 4.24. Wir betrachten den offenen Kreisring

$$U := \{z \in \mathbb{C} \,|\, R_0 < |z - a| < R_1\}, \qquad a \in \mathbb{C}, \qquad 0 \leq R_0 < R_1 \leq \infty.$$

(Siehe Abbildung 4.8.) In diesem Fall ist $\mathscr{H}(U) \cong \mathbb{Z}$.

Zum Beweis wählen wir eine Zahl $R_0 < r < R_1$ und betrachten den Zyklus $\gamma_0 : [0,1] \to U$, der durch $\gamma_0(t) := a + re^{2\pi \mathrm{i} t}$ definiert ist. Er hat die Windungszahl $\mathrm{w}(\gamma_0, a) = 1$, und für jeden Zyklus $\gamma \in \mathscr{Z}(U)$ gilt:

$$\gamma \sim \mathrm{w}(\gamma, a)\gamma_0. \tag{4.13}$$

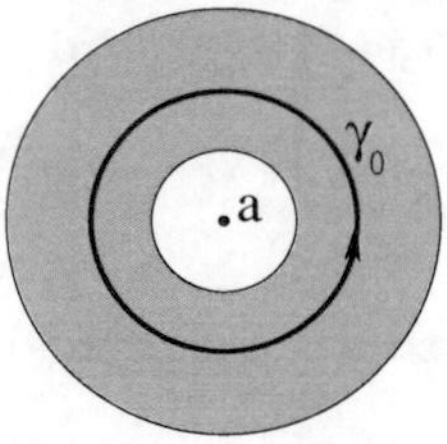

Abbildung 4.8: Die Homologie eines Kreisrings

In der Tat hat die Differenz

$$\widetilde{\gamma} := \gamma - \mathrm{w}(\gamma, a)\gamma_0$$

die Windungszahl $\mathrm{w}(\widetilde{\gamma}, a) = 0$. Hieraus folgt, dass $\mathrm{w}(\widetilde{\gamma}, z) = 0$ ist für jedes $z \in \mathbb{C}$ mit $|z - a| \leq R_0$; und im Fall $|z - a| \geq R_1$ ist $\mathrm{w}(\widetilde{\gamma}, z) = 0$ nach Lemma 3.25. Also ist $\widetilde{\gamma}$ null-homolog, wie behauptet. Daraus folgt, dass die Abbildung

$$\mathscr{H}(U) \to \mathbb{Z} : [\gamma] \mapsto \mathrm{w}(\gamma, a)$$

ein Gruppenisomorphismus ist. Nun folgt aus (4.13) und Satz 4.12, dass

$$\int_\gamma f(z)\,dz = \mathrm{w}(\gamma, a) \int_{\gamma_0} f(z)\,dz \tag{4.14}$$

für jede holomorphe Funktion $f : U \to \mathbb{C}$ und jeden Zyklus $\gamma \in \mathscr{Z}(U)$. Wenn also das Integral von f über γ_0 verschwindet, so verschwindet es über jedem Zyklus in U, und damit hat f eine holomorphe Stammfunktion, nach Satz 3.17. Zusammenfassend haben wir gezeigt:

Es existiert eine holomorphe Funktion $F : U \to \mathbb{C}$, so dass $F' = f$ $\iff$ $\displaystyle\int_{\gamma_0} f(z)\,dz = 0.$

Insbesondere ist das Integral der Funktion $f(z) := 1/z$ über γ_0 gleich $2\pi\mathbf{i}$. Also besitzt die Funktion $1/z$ keine Stammfunktion in $\mathbb{C}^*$; das heisst, die Logarithmusfunktion lässt sich nicht auf $\mathbb{C}^*$ definieren.

Beispiel 4.25. Sei $\Omega \subset \mathbb{C}$ eine offene Menge, deren Komplement $\overline{\mathbb{C}} \setminus \Omega$ genau $n+1$ Zusammenhangskomponenten hat, das heisst,

$$\overline{\mathbb{C}} \setminus \Omega = A_0 \cup A_1 \cup \cdots \cup A_n,$$

wobei jede der Mengen A_i abgeschlossen und zusammenhängend ist. Wir nehmen ohne Einschränkung der Allgemeinheit an, dass $\infty \in A_0$ ist. (Siehe Abbildung 4.9.) Ist $\gamma \in \mathscr{Z}(\Omega)$ ein Zyklus mit Bildmenge Γ, so ist jedes A_i in einer Zusammenhangskomponente von $\mathbb{C} \setminus \Gamma$ enthalten. Nach Lemma 3.25 ist also die Funktion

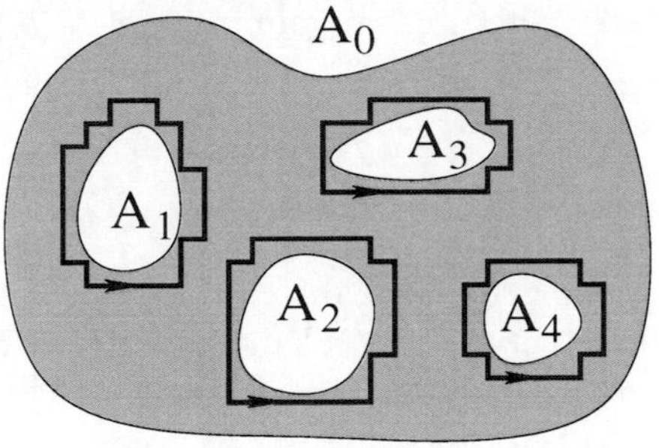

Abbildung 4.9: Eine fünf-fach zusammenhängende offene Menge

$a \mapsto \mathrm{w}(\gamma, a)$ auf A_i konstant. Da $\infty \in A_0$ ist, gilt $\mathrm{w}(\gamma, a) = 0$ für $a \in A_0 \cap \mathbb{C}$. Nun zeigt der Beweis von Satz 4.11 mit $A = A_i$ und $B = \bigcup_{j \neq i} A_j$, dass für jedes $i \in \{1, \ldots, n\}$ ein Zyklus $\gamma_i \in \mathscr{Z}(\Omega)$ existiert, so dass

$$\mathrm{w}(\gamma_i, a) = \begin{cases} 1, & \text{für } a \in A_i, \\ 0, & \text{für } a \in A_j,\ j \neq i. \end{cases}$$

Wählen wir nun Punkte $a_i \in A_i$ für $i = 1, \ldots, n$, so folgt wie in Beispiel 4.24, dass die Abbildung

$$\mathscr{H}(\Omega) \to \mathbb{Z}^n : \gamma \mapsto \big(\mathrm{w}(\gamma, a_1), \ldots, \mathrm{w}(\gamma, a_n)\big)$$

ein Gruppenisomorphismus ist. Mit anderen Worten, jeder Zyklus $\gamma \in \mathscr{Z}(\Omega)$ ist homolog zu $\sum_{i=1}^n \mathrm{w}(\gamma, a_i)\gamma_i$, und daher gilt, nach Satz 4.12, für jede holomorphe Funktion $f : \Omega \to \mathbb{C}$, dass

$$\int_\gamma f(z)\,dz = \sum_{i=1}^n \mathrm{w}(\gamma, a_i) \int_{\gamma_i} f(z)\,dz.$$

Nach Satz 3.17 folgt daraus

$$\begin{array}{l}\text{Es existiert eine holomorphe} \\ \text{Funktion } F : \Omega \to \mathbb{C}, \text{ so dass } F' = f\end{array} \iff \int_{\gamma_i} f(z)\,dz = 0,\ i = 1, \ldots, n.$$

Lemma 4.26. *Seien U und γ_0 wie in Beispiel 4.24. Sei $f : U \to \mathbb{C}$ eine holomorphe Funktion und $c \in \mathbb{C}$. Dann sind die folgenden Aussagen äquivalent.*

(i) *Es gibt eine holomorphe Funktion $F : U \to \mathbb{C}$, so dass*

$$F'(z) = f(z) - \frac{c}{z - a} \qquad \forall\, z \in U.$$

(ii) *Es gilt*

$$c = \frac{1}{2\pi\mathbf{i}} \int_{\gamma_0} f(z)\,dz.$$

Beweis. Nach Beispiel 4.24 gilt (i) genau dann, wenn

$$0 = \int_{\gamma_0} \left(f(z) - \frac{c}{z-a} \right) dz = \int_{\gamma_0} f(z)\, dz - 2\pi \mathbf{i} c,$$

und dies ist äquivalent zu (ii). □

Im Fall $R_0 = 0$ kann man die Zahl c in Lemma 4.26 (ii) als Obstruktion betrachten für die Existenz einer lokalen Stammfunktion in der punktierten Kreisscheibe $B_{R_1}(a) \setminus \{a\}$. Das führt zu der folgenden Definition.

Definition 4.27. *Sei $\Omega \subset \mathbb{C}$ eine offene Menge, $a \in \Omega$ und $r > 0$, so dass $\overline{B}_r(a) \subset \Omega$, und*

$$\gamma_0(t) := a + re^{2\pi \mathbf{i} t}, \qquad 0 \le t \le 1.$$

Ist $f : \Omega \setminus \{a\} \to \mathbb{C}$ eine holomorphe Funktion mit einer isolierten Singularität an der Stelle a, so heisst die Zahl

$$\mathrm{Res}(f, a) := \frac{1}{2\pi \mathbf{i}} \int_{\gamma_0} f(z)\, dz \tag{4.15}$$

das **Residuum von f an der Stelle** *a.*

Die Residuen isolierter Singularitäten spielen in der Funktionentheorie eine besondere Rolle. Im zweiten Teil dieses Kapitels (also in den nächsten drei Abschnitten) werden wir ausführlich der geometrischen und analytischen Bedeutung der Residuen nachgehen. Wir werden zeigen, wie man sie berechnet und werden den Residuensatz beweisen. In Anwendungen werden wir sehen, wie man diesen Satz unter anderem auf elegante Weise für die Berechnung von Integralen oder auch für die Bestimmung der Anzahl der Nullstellen einer holomorphen Funktion benutzen kann.

4.3 Laurentreihen

Für ein besseres Verständnis der Residuen ist es nützlich, holomorphe Funktionen lokal, in der Nähe einer Singularität, etwas genauer zu betrachten. Wie in Satz 3.43 gibt es auch hier eine Reihenentwicklung, bei der jedoch auch negative Exponenten von z zugelassen sind. Diese Reihenentwicklung hat sogar Gültigkeit für holomorphe Funktionen auf einem beliebigen Kreisring wie in Beispiel 4.24.

Satz 4.28 (Laurent). *Seien $a \in \mathbb{C}$ und $0 \le R_0 < R_1 \le \infty$ gegeben. Sei $U \subset \mathbb{C}$ der offene Kreisring*

$$U := \{z \in \mathbb{C} \mid R_0 < |z - a| < R_1\}$$

und $f : U \to \mathbb{C}$ eine holomorphe Funktion. Dann gilt folgendes.

(i) *Es gibt eine Familie komplexer Zahlen $c_k \in \mathbb{C}$, $k \in \mathbb{Z}$, so dass*

$$\limsup_{k\to\infty} |c_{-k}|^{1/k} \le R_0 < R_1 \le \frac{1}{\limsup_{k\to\infty} |c_k|^{1/k}} \tag{4.16}$$

und, für alle $z \in U$,

$$f(z) = \sum_{k=-\infty}^{\infty} c_k (z-a)^k = \lim_{n\to\infty} \sum_{k=-n}^{n} c_k (z-a)^k, \tag{4.17}$$

mit gleichmässiger Konvergenz auf jeder kompakten Teilmenge von U.

(ii) *Die Koeffizienten* c_k *in* (i) *sind durch* f *eindeutig bestimmt, und es gilt*

$$c_k = \frac{1}{2\pi\mathbf{i}} \int_{\gamma_r} \frac{f(\zeta)\, d\zeta}{(\zeta - a)^{k+1}} \tag{4.18}$$

für $k \in \mathbb{Z}$ *und* $R_0 < r < R_1$, *wobei* $\gamma_r : [0,1] \to U$ *durch* $\gamma_r(t) := a + re^{2\pi\mathbf{i}t}$ *für* $0 \le t \le 1$ *definiert ist.*

Definition 4.29. *Die Darstellung* (4.17) *heisst* **Laurentreihe** *oder die* **Laurententwicklung** *der Funktion* f.

Bemerkung 4.30. Seien $f : U \to \mathbb{C}$ und c_k wie in Satz 4.28. Nach Beispiel 4.24 gibt es eine holomorphe Funktion $F : U \to \mathbb{C}$ mit der Ableitung $F' = f$ genau dann, wenn $c_{-1} = 0$ ist. In diesem Fall hat F die Laurententwicklung

$$F(z) = \sum_{k\neq 0} \frac{c_{k-1}}{k} (z-a)^k, \qquad R_0 < |z-a| < R_1,$$

und diese Reihe konvergiert ebenfalls gleichmässig auf jeder kompakten Teilmenge von U.

Bemerkung 4.31. Wir betrachten den Spezialfall $R_0 = 0$, $R_1 = r$. Ist $f : B_r(a) \setminus \{a\} \to \mathbb{C}$ eine holomorphe Funktion mit einem Pol der Ordnung n an der Stelle a, so gibt es nach Satz 3.79 komplexe Zahlen $b_1, \dots, b_n \in \mathbb{C}$ mit $b_n \neq 0$ und eine holomorphe Funktion $\phi : B_r(a) \to \mathbb{C}$, so dass

$$f(z) = \frac{b_n}{(z-a)^n} + \cdots + \frac{b_1}{z-a} + \phi(z), \qquad \forall z \in B_r(a) \setminus \{a\}.$$

Nach Satz 3.43 hat ϕ eine Taylorentwicklung $\phi(z) = \sum_{k=0}^{\infty} c_k (z-a)^k$ mit Konvergenzradius $\rho \ge r$. Damit hat f die Laurententwicklung

$$f(z) = \sum_{k=-n}^{\infty} c_k (z-a)^k, \qquad z \in B_r(a) \setminus \{a\},$$

mit $c_{-k} := b_k$ für $k = 1, \dots, n$. Dies ist bereits der Beweis von Teil (i) in Satz 4.28 in einem Spezialfall.

Bemerkung 4.32. Wir betrachten nochmal den Fall $R_0 = 0$, $R_1 = r$ mit $f : B_r(a) \setminus \{a\} \to \mathbb{C}$ und c_k wie in Satz 4.28. Dann folgt aus Bemerkung 4.30 und Lemma 4.26, dass das Residuum von f an der Stelle a durch

$$\mathrm{Res}(f,a) = c_{-1} \tag{4.19}$$

gegeben ist. Ausserdem folgt aus Bemerkung 4.31, dass a genau dann eine wesentlich Singularität von f ist, wenn c_{-k} für unendlich viele $k \in \mathbb{N}$ von Null verschieden ist.

Beweis von Satz 4.28. Wir beweisen zunächst die Eindeutigkeit der Koeffizienten c_k. Nehmen wir also an, dass die Funktionenfolge

$$f_n(z) := \sum_{\ell=-n}^{n} c_\ell (z-a)^\ell$$

auf jeder kompakten Teilmenge von U gleichmässig gegen f konvergiert. Für $R_0 < r < R_1$ betrachten wir das Integral von f_n über γ_r. Da

$$\frac{1}{2\pi\mathbf{i}} \int_{\gamma_r} \frac{d\zeta}{(\zeta-a)^{k+1-\ell}} = \begin{cases} 1, & \text{für } k = \ell, \\ 0, & \text{für } k \neq \ell, \end{cases}$$

ist, ergibt sich für $n \geq |k|$ die Gleichung

$$\frac{1}{2\pi\mathbf{i}} \int_{\gamma_r} \frac{f_n(\zeta)\, d\zeta}{(\zeta-a)^{k+1}} = \sum_{\ell=-n}^{n} \frac{c_\ell}{2\pi\mathbf{i}} \int_{\gamma_r} \frac{d\zeta}{(\zeta-a)^{k+1-\ell}} = c_k.$$

Da die Folge $f_n \circ \gamma_r : [0,1] \to \mathbb{C}$ für $n \to \infty$ gleichmässig gegen $f \circ \gamma_r$ konvergiert, folgt daraus (4.18). Damit haben wir Teil (ii) des Satzes bewiesen.

Der Beweis von (i) besteht aus zwei Schritten. Im ersten Schritt konstruieren wir holomorphe Funktionen auf den offenen Mengen

$$U_0 := \{z \in \mathbb{C} \mid |z-a| > R_0\}, \qquad U_1 := \{z \in \mathbb{C} \mid |z-a| < R_1\},$$

deren Summe gleich f ist. Für $z \in U_0$, beziehungsweise $z \in U_1$, definieren wir f_0 und f_1 durch die Formeln

$$\begin{aligned} f_0(z) &:= -\frac{1}{2\pi\mathbf{i}} \int_{\gamma_r} \frac{f(\zeta)\, d\zeta}{\zeta - z}, \qquad && \min\{|z-a|, R_1\} > r > R_0, \\ f_1(z) &:= \frac{1}{2\pi\mathbf{i}} \int_{\gamma_r} \frac{f(\zeta)\, d\zeta}{\zeta - z}, \qquad && \max\{|z-a|, R_0\} < r < R_1. \end{aligned} \tag{4.20}$$

Nach Satz 4.15 sind diese Funktionen wohldefiniert, das heisst, unabhängig von der Wahl von r, denn für $R_0 < r < r' < R_1$ ist der Zyklus $\gamma := \gamma_{r'} - \gamma_r$ in U nullhomolog, und für $z \in \mathbb{C}$ mit $|z-a| < r$ (oder $|z-a| > r'$) ist die Windungszahl $\mathrm{w}(\gamma, z) = 0$. Ausserdem sind die Funktionen f_0 und f_1 beide holomorph nach Lemma 3.33, und es gilt

$$\lim_{z\to\infty} f_0(z) = 0. \tag{4.21}$$

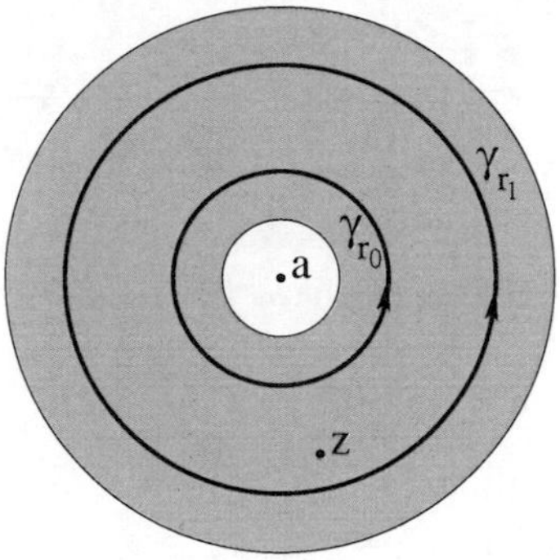

Abbildung 4.10: Die Konstruktion einer Laurentreihe

Für $z \in U$ wählen wir reelle Zahlen $R_0 < r_0 < |z-a| < r_1 < R_1$ (siehe Abbildung 4.10). Dann ist der Zyklus $\gamma := \gamma_{r_1} - \gamma_{r_0}$ null-homolog in U und hat die Windungszahl

$$\mathrm{w}(\gamma, z) = \mathrm{w}(\gamma_{r_1}, z) - \mathrm{w}(\gamma_{r_0}, z) = 1.$$

Nach Satz 4.15 erhalten wir also die Gleichung

$$\begin{aligned} f(z) &= \frac{1}{2\pi \mathbf{i}} \int_\gamma \frac{f(\zeta)\, d\zeta}{\zeta - z} \\ &= \frac{1}{2\pi \mathbf{i}} \int_{\gamma_{r_1}} \frac{f(\zeta)\, d\zeta}{\zeta - z} - \frac{1}{2\pi \mathbf{i}} \int_{\gamma_{r_0}} \frac{f(\zeta)\, d\zeta}{\zeta - z} \\ &= f_1(z) + f_0(z). \end{aligned}$$

Nun wenden wir den Satz 3.43 über Taylorreihen auf die Funktion f_1 an und erhalten eine Folge komplexer Zahlen $c_0, c_1, c_2, \ldots$, so dass

$$\rho_1 := \frac{1}{\limsup_{k\to\infty} |c_k|^{1/k}} \geq R_1$$

und

$$f_1(z) = \sum_{k=0}^\infty c_k \, (z-a)^k, \qquad |z-a| < R_1.$$

Da $f_0 : U_0 \to \mathbb{C}$ die Bedingung (4.21) erfüllt, erhalten wir durch invertieren eine holomorphe Funktion $g_0 : B_{1/R_0}(0) \to \mathbb{C}$, so dass $g_0(0) = 0$ ist und

$$g_0(\zeta) = f\left(a + \frac{1}{\zeta}\right), \qquad 0 < |\zeta| < \frac{1}{R_0}.$$

Wenden wir Satz 3.43 auf g_0 an, so erhalten wir eine Folge komplexer Zahlen

$b_1, b_2, b_3, \ldots$, so dass

$$\frac{1}{\limsup_{k\to\infty} |b_k|^{1/k}} \geq \frac{1}{R_0}, \qquad g_0(\zeta) = \sum_{k=1}^{\infty} b_k \zeta^k, \qquad |\zeta| < \frac{1}{R_0}.$$

Mit $c_{-k} := b_k$ für $k \in \mathbb{N}$ folgt daraus, dass

$$\rho_0 := \limsup_{k\to\infty} |c_{-k}|^{1/k} \leq R_0$$

und

$$f_0(z) = \sum_{k=-\infty}^{-1} c_k (z-a)^k, \qquad |z-a| > R_0.$$

Damit ist der Satz bewiesen. □

Nehmen wir einmal an, dass $\Omega \subset \mathbb{C}$ eine offene Umgebung von 0 ist und $f, g : \Omega \to \mathbb{C}$ zwei holomorphe Funktionen sind, so dass g eine Nullstelle der Ordnung n an der Stelle 0 hat. Wir bezeichnen die Taylorentwicklungen von f und g an der Stelle 0 mit

$$f(z) = \sum_{k=0}^{\infty} a_k z^k, \qquad g(z) = \sum_{\ell=n}^{\infty} b_\ell z^\ell.$$

Es ist also $b_n \neq 0$. Dann lässt sich die Laurentreihe des Quotienten

$$h := \frac{f}{g} = \sum_{k=-n}^{\infty} c_k z^k$$

durch Ausmultiplizieren der Laurententwicklungen in der Gleichung $gh = f$ bestimmen. Es ergibt sich

$$\begin{aligned} g(z)h(z) = b_n c_{-n} &+ (b_{n+1}c_{-n} + b_n c_{-n+1})\, z \\ &+ (b_{n+2}c_{-n} + b_{n+1}c_{-n+1} + b_n c_{-n+2})\, z^2 + \cdots, \end{aligned}$$

und daraus folgt die Rekursionsformel

$$\begin{aligned} c_{-n} &= \frac{a_0}{b_n} \\ c_{-n+1} &= \frac{a_1 - b_{n+1}c_{-n}}{b_n} \\ c_{-n+2} &= \frac{a_2 - b_{n+2}c_n - b_{n+1}c_{-n+1}}{b_n} \\ c_{-n+k} &= \frac{a_k - b_{n+k}c_n - b_{n+k-1}c_{-n+1} - \cdots - b_{n+1}c_{-n+k-1}}{b_n}. \end{aligned} \tag{4.22}$$

Beispiel 4.33. Die Laurentreihe der Funktion $z \mapsto 1/(e^z - 1)$ ist

$$\frac{1}{e^z - 1} = \frac{1}{z} - \frac{1}{2} + \sum_{k=1}^{\infty} \frac{B_{2k}}{(2k)!} z^{2k-1},$$

wobei die B_{2k} die Bernoulli-Zahlen sind (siehe Beispiel 3.51).

Beispiel 4.34. Die Laurentreihe des Cotangens ist

$$\cot(z) = \frac{1}{z} + \sum_{k=1}^{\infty} \frac{2^{2k}(-1)^k}{(2k)!} B_{2k} z^{2k-1},$$

wobei die B_{2k} die Bernoullizahlen sind. **Übung:** Beweisen sie diese Formel und benutzen Sie sie, um die Bernoulli-Zahlen B_2, B_4, B_6, B_8 zu berechnen.

4.4 Der Residuensatz

Definition 4.35. *Sei $\Omega \subset \mathbb{C}$ eine offene Menge. Eine Teilmenge $A \subset \Omega$ heisst* **diskret**, *wenn sie keine Häufungspunkte in Ω besitzt, das heisst, es gibt keine Folge paarweise verschiedener Punkte in A, die gegen einen Punkt in Ω konvergiert.*

Die Eigenschaft "*A ist diskret*" hängt von Ω ab. Mit anderen Worten, eine diskrete Menge $A \subset \Omega$ kann durchaus eine konvergente Folge paarweise verschiedener Punkte enthalten, jedoch darf ihr Grenzwert dann nicht in Ω liegen. Als logische Formel kann man die Bedingung, dass A eine diskrete Teilmenge von Ω ist, so formulieren:

$$\forall\, z \in \Omega \quad \exists\, \delta > 0 \quad \#(A \cap B_\delta(z)) < \infty.$$

Es gibt hier zwei Fälle zu unterscheiden:

(a) Ist $z \in \Omega \setminus A$, so gibt es ein $\delta > 0$ mit $B_\delta(z) \cap A = \emptyset$.

(b) Ist $z \in A$, so gibt es ein $\delta > 0$ mit $B_\delta(z) \cap A = \{z\}$.

Beispiel 4.36.

(i) Jede endliche Teilmenge $A \subset \Omega$ ist diskret.

(ii) Die Menge $A = \{1/n \,|\, n \in \mathbb{N}\}$ ist diskret in $\{\mathrm{Re}\, z > 0\}$, aber nicht in $\mathbb{C}$.

(iii) Die Menge $A = \{1/n \,|\, n \in \mathbb{N}\} \cup \{0\}$ ist nicht diskret in $\mathbb{C}$.

Übung 4.37. Sei $\Omega \subset \mathbb{C}$ eine offene Menge und $A \subset \Omega$. A ist genau dann diskret, wenn $A \cap K$ für jede kompakte Teilmenge $K \subset \Omega$ endlich ist.

Übung 4.38. Sei $\Omega \subset \mathbb{C}$ eine offene Menge und $A \subset \Omega$ eine diskrete Teilmenge. Dann ist A abzählbar und Ω-abgeschlossen (das heisst, A ist abgeschlossen bezüglich der Relativtopologie von Ω, beziehungsweise $\Omega \setminus A$ ist eine offene Teilmenge von $\mathbb{C}$). Hier gilt die Umkehrung nicht (siehe Beispiel 4.36).

Übung 4.39. Ist $f : \Omega \to \mathbb{C}$ eine nichtkonstante holomorphe Funktion auf einer zusammenhängenden offenen Teilmenge $\Omega \subset \mathbb{C}$, dann ist die Menge der Nullstellen von f eine diskrete Teilmenge von Ω.

Beispiel 4.40. Sei $\Omega := \mathbb{C} \setminus \{0\}$ und $f : \Omega \to \mathbb{C}$ gegeben durch

$$f(z) := \sin\left(\frac{1}{z}\right) = \frac{1}{z} - \frac{1}{3!z^3} + \frac{1}{5!z^7} - \frac{1}{7!z^7} \pm \cdots$$

für $z \neq 0$. Dann ist genau dann $f(z) = 0$, wenn $z = 1/\pi k$ ist für ein $k \in \mathbb{Z}$. Die Menge $A := \{1/\pi k \,|\, k \in \mathbb{Z}\}$ der Nullstellen ist diskret in Ω, aber nicht in $\mathbb{C}$, und $z_0 = 0$ ist eine wesentliche Singularität von f.

Satz 4.41 (Residuensatz). *Sei $\Omega \subset \mathbb{C}$ eine offene Menge, $A \subset \Omega$ eine diskrete Teilmenge und $f : \Omega \setminus A \to \mathbb{C}$ eine holomorphe Funktion. Sei $\gamma \in \mathcal{B}(\Omega)$ ein nullhomologer Zyklus, dessen Bildmenge Γ zu A disjunkt ist, das heisst, $\Gamma \cap A = \emptyset$ (siehe Abbildung* 4.11*). Dann gilt*

$$\#\{a \in A \,|\, \mathrm{w}(\gamma, a) \neq 0\} < \infty \tag{4.23}$$

und

$$\frac{1}{2\pi\mathbf{i}} \int_\gamma f(z)\,dz = \sum_{a \in A} \mathrm{w}(\gamma, a)\mathrm{Res}(f, a). \tag{4.24}$$

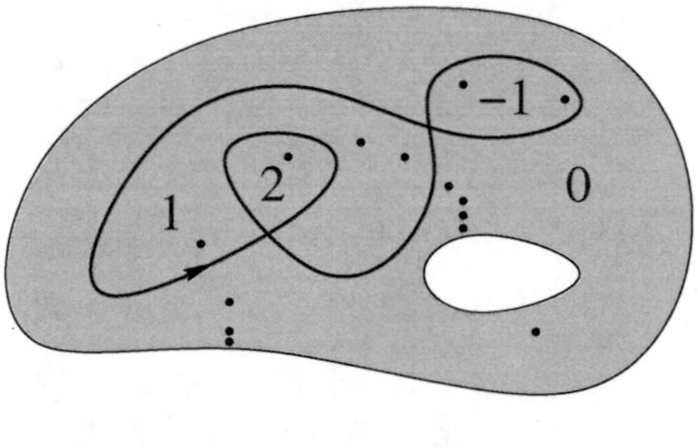

Abbildung 4.11: Windungszahl und Residuen

Beweis. Wir beweisen zunächst, dass die Menge $A_1 := \{a \in A \,|\, \mathrm{w}(\gamma, a) \neq 0\}$ endlich ist. Nach Lemma 3.25 ist die Menge

$$U := \{a \in \mathbb{C} \setminus \Gamma \,|\, \mathrm{w}(\gamma, a) = 0\}$$

offen, und es gibt ein $c > 0$, so dass $\{z \in \mathbb{C} \,|\, |z| > c\} \subset U$ ist. Da γ null-homolog ist, gilt ausserdem $\mathbb{C} \setminus \Omega \subset U$. Daraus folgt, dass $K := \mathbb{C} \setminus U$ eine abgeschlossene und beschränkte und damit kompakte Teilmenge von Ω ist. Nach Übung 4.37 ist daher die Menge $A \cap K = \{a \in A \,|\, \mathrm{w}(\gamma, a) \neq 0\}$ endlich, wie behauptet. Wir schreiben

$$\{a \in A \,|\, \mathrm{w}(\gamma, a) \neq 0\} = \{a_1, \ldots, a_N\}.$$

Nun wählen wir $\delta > 0$ so, dass die abgeschlossenen Kreisscheiben $\overline{B}_\delta(a_j)$ paarweise disjunkt und in Ω enthalten sind, und dass $\overline{B}_\delta(a_j) \cap A = \{a_j\}$ ist. Für $j = 1, \ldots, N$ definieren wir den Zyklus $\gamma_j : [0,1] \to \Omega \setminus A$ durch $\gamma_j(t) := a_j + \delta e^{2\pi \mathbf{i} t}$ für $0 \le t \le 1$. Sei nun $\gamma \in \mathscr{B}(\Omega)$ ein null-homologer Zyklus, der A nicht trifft und

$$\widetilde{\gamma} := \gamma - \sum_{j=1}^{N} \mathrm{w}(\gamma, a_j)\gamma_j \in \mathscr{Z}(\Omega \setminus A).$$

Wir zeigen, dass $\widetilde{\gamma}$ null-homolog in $\Omega \setminus A$ ist. In der Tat gilt für jeden Punkt $z \in \mathbb{C} \setminus \Omega$ und jeden Punkt $z \in A \setminus \{a_1, \ldots, a_N\}$, dass $\mathrm{w}(\gamma, z) = \mathrm{w}(\gamma_j, z) = 0$ ist. Für $k = 1, \ldots, N$ gilt

$$\mathrm{w}(\gamma, a_k) = 1, \qquad \mathrm{w}(\gamma_j, a_k) - \delta_{jk},$$

und damit

$$\mathrm{w}(\widetilde{\gamma}, a_k) = \mathrm{w}(\gamma, a_k) - \sum_{j=1}^{N} \mathrm{w}(\gamma, a_j)\mathrm{w}(\gamma_j, a_k) = 0.$$

Also ist $\mathrm{w}(\widetilde{\gamma}, a) = 0$ für alle $a \in \mathbb{C} \setminus \Omega$ und alle $a \in A$, so dass $\widetilde{\gamma} \in \mathscr{B}(\Omega \setminus A)$ ist, wie behauptet. Nach Satz 4.12 gilt daher

$$\begin{aligned} 0 &= \frac{1}{2\pi\mathbf{i}} \int_{\widetilde{\gamma}} f(z)\,dz \\ &= \frac{1}{2\pi\mathbf{i}} \int_{\gamma} f(z)\,dz - \sum_{j=1}^{N} \mathrm{w}(\gamma, a_j) \frac{1}{2\pi\mathbf{i}} \int_{\gamma_j} f(z)\,dz \\ &= \frac{1}{2\pi\mathbf{i}} \int_{\gamma} f(z)\,dz - \sum_{j=1}^{N} \mathrm{w}(\gamma, a_j)\mathrm{Res}(f, a_j), \end{aligned}$$

was zu beweisen war. □

Übung 4.42. Die Integralformel von Cauchy in Satz 4.15 folgt aus dem Residuensatz 4.41 für die Funktion $F(z) := f(z)/(z-a)$.

Für Anwendungen des Residuensatzes ist es von entscheidender Bedeutung, dass wir Residuen explizit berechnen können. In vielen Fällen sind die folgenden drei Lemmas dazu hilfreich.

Lemma 4.43. *Sei $\Omega \subset \mathbb{C}$ offen, $a \in \Omega$ und $f : \Omega \setminus \{a\} \to \mathbb{C}$ eine holomorphe Funktion. Dann gilt*

$$\mathrm{Res}(f, a) = \lim_{z \to a} (z - a) f(z), \tag{4.25}$$

sofern dieser Grenzwert existiert und nicht gleich ∞ ist. Das ist genau dann der Fall, wenn $\lim_{z \to a} (z-a)^2 f(z) = 0$ ist.

Beweis. Ist der Grenzwert auf der rechten Seite von (4.25) gleich Null, so ist a eine hebbare Singularität von f, und daher ist $\mathrm{Res}(f,a) = 0$. Ist der Grenzwert ungleich Null, so ist a ein Pol erster Ordnung und f hat, nach Bemerkung 4.31, die Laurententwicklung

$$f(z) = \sum_{k=-1}^{\infty} c_k (z-a)^k = \frac{c_{-1}}{z-a} + \phi(z),$$

wobei $\phi : \Omega \to \mathbb{C}$ holomorph ist. Also folgt aus Bemerkung 4.32, dass

$$\mathrm{Res}(f,a) = c_{-1} = \lim_{z\to a}(z-a)f(z)$$

ist. Gilt $\lim_{z\to a}(z-a)^2 f(z) = 0$, so hat die Funktion $z \mapsto (z-a)f(z)$ an der Stelle a eine hebbare Singularität (siehe Korollar 3.37). Also existiert der Grenzwert in (4.25) und ist ungleich ∞. Damit ist das Lemma bewiesen. □

Lemma 4.44. *Sei $\Omega \subset \mathbb{C}$ offen, $p, q : \Omega \to \mathbb{C}$ holomorphe Funktionen und $Z := \{\zeta \in \Omega \,|\, q(\zeta) = 0\}$. Definiere $f : \Omega \setminus Z \to \mathbb{C}$ durch*

$$f(z) := \frac{p(z)}{q(z)}, \qquad z \in \Omega \setminus Z.$$

Sei $a \in Z$ eine einfache Nullstelle von q, so dass $q'(a) \neq 0$ ist. Dann gilt

$$\mathrm{Res}(f,a) = \frac{p(a)}{q'(a)}. \tag{4.26}$$

Beweis. Da $q(a) = 0$ und $q'(a) \neq 0$ ist, erhalten wir

$$\lim_{z\to a}(z-a)f(z) = \lim_{z\to a} p(z)\frac{z-a}{q(z)-q(a)} = \frac{p(a)}{q'(a)}.$$

Damit folgt (4.26) aus Lemma 4.43. □

Lemma 4.45. *Sei $\Omega \subset \mathbb{C}$ offen, $\phi : \Omega \to \mathbb{C}$ eine holomorphe Funktion, $a \in \Omega$ und $n \in \mathbb{N}$. Sei $f : \Omega \setminus \{a\} \to \mathbb{C}$ die holomorphe Funktion*

$$f(z) := \frac{\phi(z)}{(z-a)^n}, \qquad z \in \Omega \setminus \{a\}.$$

Dann ist

$$\mathrm{Res}(f,a) = \frac{\phi^{(n-1)}(a)}{(n-1)!}. \tag{4.27}$$

Beweis. Nach Satz 3.43 hat f die Laurententwicklung

$$f(z) = \sum_{k=-n}^{\infty} \frac{\phi^{(n+k)}(a)}{(n+k)!} z^k$$

an der Stelle a. Also folgt die Behauptung aus Bemerkung 4.32. □

Beispiel 4.46. Wir betrachten die Funktion

$$f(z) := \frac{e^{cz}}{(z-a)(z-b)}$$

mit $a, b, c \in \mathbb{C}$. Im Fall $a \neq b$ folgt aus Lemma 4.43, dass

$$\mathrm{Res}(f, a) = \frac{e^{ca}}{a-b}, \qquad \mathrm{Res}(f, b) = \frac{e^{cb}}{b-a}.$$

Im Fall $a = b$ ist $f(z) := e^{cz}/(z-a)^2$, und wir können Lemma 4.43 nicht anwenden. In diesem Fall folgt aus Lemma 4.45, dass $\mathrm{Res}(f, a) = ce^{ca}$ ist.

Berechnung von Integralen

Beispiel 4.47. Wir beweisen die Formel

$$\int_0^\pi \frac{d\theta}{a + \cos(\theta)} = \frac{\pi}{\sqrt{a^2 - 1}}, \qquad a > 1. \tag{4.28}$$

Die Grundidee ist es, die Formel

$$\cos(\theta) = \frac{e^{\mathrm{i}\theta} + e^{-\mathrm{i}\theta}}{2}$$

zu verwenden und das Integral damit in das Kurvenintegral einer geeigneten holomorphen Funktion über dem Rand des Einheitskreis zu verwandeln. Wir repräsentieren diesen Rand durch den Zyklus $\gamma(\theta) := e^{\mathrm{i}\theta}$, $0 \leq \theta \leq 2\pi$. Damit ergibt sich

$$\begin{aligned}
\int_0^\pi \frac{d\theta}{a + \cos(\theta)} &= \int_0^{2\pi} \frac{d\theta}{2a + 2\cos(\theta)} \\
&= \int_0^{2\pi} \frac{d\theta}{2a + e^{\mathrm{i}\theta} + e^{-\mathrm{i}\theta}} \\
&= \frac{1}{\mathrm{i}} \int_0^{2\pi} \frac{\mathrm{i}e^{\mathrm{i}\theta} d\theta}{e^{2\mathrm{i}\theta} + 2ae^{\mathrm{i}\theta} + 1} \\
&= \frac{1}{\mathrm{i}} \int_\gamma \frac{dz}{z^2 + 2az + 1} \\
&= 2\pi \sum_{a \in \mathbb{D}} \mathrm{Res}(f, a),
\end{aligned}$$

wobei die letzte Gleichung aus Satz 4.41 folgt mit

$$f(z) := \frac{1}{z^2 + 2az + 1}.$$

Die singulären Punkte von f sind die Nullstellen des Nenners. Es gilt aber $z^2 + 2az + 1 = 0$ genau dann, wenn $(z + a)^2 = a^2 - 1$ ist, und die Lösungen dieser quadratischen Gleichung sind

$$\alpha := -a + \sqrt{a^2 - 1}, \qquad \beta := -a - \sqrt{a^2 - 1}.$$

Also hat $f(z) = 1/\,(z - \alpha)\,(z - \beta)$ nur einen singulären Punkt in $\mathbb{D}$, und zwar an der Stelle α. Dies ist ein einfacher Pol, und nach Lemma 4.43 erhalten wir

$$\int_0^\pi \frac{d\theta}{a + \cos(\theta)} = 2\pi \mathrm{Res}(f, \alpha) = 2\pi \lim_{z \to \alpha} (z - \alpha)\, f(z) = \frac{2\pi}{\alpha - \beta} = \frac{\pi}{\sqrt{a^2 - 1}}.$$

Hier ist das allgemeine Prinzip hinter Beispiel 4.47. Sei R eine Funktion zweier komplexer Variablen, wobei wir hier zunächst den genauen Definitionsbereich und die Eigenschaften dieser Funktion dahingestellt sein lassen. Wir interessieren uns für das Integral

$$I := \int_0^{2\pi} R(\cos(\theta), \sin(\theta))\, d\theta.$$

Dazu setzen wir die Ausdrücke

$$\cos(\theta) = \frac{e^{\mathbf{i}\theta} + e^{-\mathbf{i}\theta}}{2}, \qquad \sin(\theta) = \frac{e^{\mathbf{i}\theta} - e^{-\mathbf{i}\theta}}{2\mathbf{i}}$$

in den Integranden ein und erhalten, wiederum mit $\gamma(\theta) := e^{\mathbf{i}\theta}$, die Formel

$$\begin{aligned} I &= \int_0^{2\pi} R\left(\frac{e^{\mathbf{i}\theta} + e^{-\mathbf{i}\theta}}{2}, \frac{e^{\mathbf{i}\theta} - e^{-\mathbf{i}\theta}}{2\mathbf{i}}\right) d\theta \\ &= \frac{1}{\mathbf{i}} \int_0^{2\pi} R\left(\frac{\gamma(\theta) + 1/\gamma(\theta)}{2}, \frac{\gamma(\theta) - 1/\gamma(\theta)}{2\mathbf{i}}\right) \frac{\dot\gamma(\theta)}{\gamma(\theta)}\, d\theta \\ &= \frac{1}{\mathbf{i}} \int_0^{2\pi} R\left(\frac{z + 1/z}{2}, \frac{z - 1/z}{2\mathbf{i}}\right) \frac{dz}{z} \\ &= 2\pi \sum_{a \in \mathbb{D}} \mathrm{Res}(f, a), \end{aligned}$$

wobei f durch

$$f(z) := \frac{1}{z} R\left(\frac{z + 1/z}{2}, \frac{z - 1/z}{2\mathbf{i}}\right) \tag{4.29}$$

definiert ist. Hieraus ergibt sich also die Bedingung an R, dass dieser Ausdruck (4.29) eine holomorphe Funktion auf einer Umgebung des abgeschlossenen Einheitskreises mit endlich vielen singulären Ausnahmepunkten definiert. Die Summe ist dann über diese Ausnahmepunkte zu verstehen.

Beispiel 4.48. Wir berechnen das Integral

$$I := \int_0^{2\pi} \frac{d\theta}{\cos^4(\theta) + \sin^4(\theta)} = \pi\sqrt{8}. \tag{4.30}$$

In diesem Beispiel ist

$$R(\cos(\theta),\sin(\theta)) = \frac{1}{\cos^4(\theta)+\sin^4(\theta)}$$

und daher

$$\begin{aligned} f(z) &= \frac{1}{z}R\left(\frac{z+1/z}{2},\frac{z-1/z}{2\mathbf{i}}\right) \\ &= \frac{1}{z}\frac{16}{(z+1/z)^4+(z-1/z)^4} \\ &= \frac{16z^3}{(z^2+1)^4+(z^2-1)^4} \\ &= \frac{8z^3}{z^8+6z^4+1}. \end{aligned}$$

Die Pole dieser Funktion sind die vierten Wurzeln der Lösungen w der quadratischen Gleichung

$$w^2+6w+1=0.$$

Die Lösungen sind $w=-3\pm\sqrt{8}$, und nur die Lösung $w=\sqrt{8}-3$ liegt in $\mathbb{D}$. Ist

$$z^4=\sqrt{8}-3,$$

so erhalten wir, nach Lemma 4.44, mit

$$p(z):=8z^3, \qquad q(z):=z^8+6z^4+1,$$

dass

$$\mathrm{Res}(f,z)=\frac{p(z)}{q'(z)}=\frac{8z^3}{8z^7+24z^3}=\frac{1}{z^4+3}=\frac{1}{\sqrt{8}}.$$

Also sind alle vier Residuen gleich, und damit ergibt sich

$$I=2\pi\sum_{z\in\mathbb{D}}\mathrm{Res}(f,z)=\frac{8\pi}{\sqrt{8}}=\pi\sqrt{8},$$

wie eingangs behauptet.

Korollar 4.49. *Seien $p,q:\mathbb{C}\to\mathbb{C}$ Polynome, so dass*

$$\deg(q)\ge\deg(p)+2, \qquad q(x)\ne 0 \quad \forall\, x\in\mathbb{R}. \tag{4.31}$$

Dann gilt

$$\int_{-\infty}^{\infty} f(x)\,dx = 2\pi\mathbf{i}\sum_{\mathrm{Im}\, z>0}\mathrm{Res}(f,z), \qquad f(z):=\frac{p(z)}{q(z)}. \tag{4.32}$$

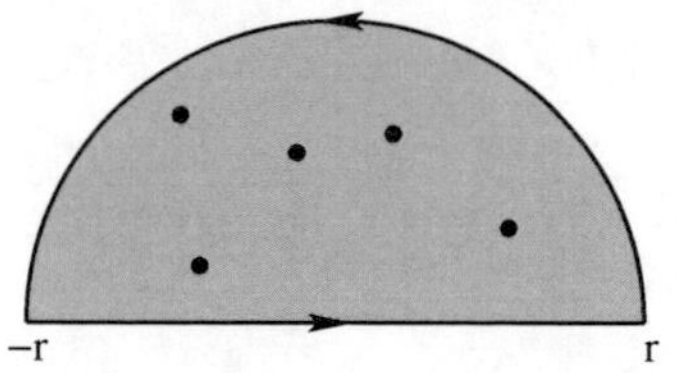

Abbildung 4.12: Lokalisierung eines Integrals

Beweis. Wir betrachten den Zyklus $\gamma_r := \gamma_{r,0} + \gamma_{r,1}$, wobei $\gamma_{r,0} : [-r, r] \to \mathbb{C}$ und $\gamma_{r,1} : [0, \pi] \to \mathbb{C}$ die folgenden Kurven sind (siehe Abbildung 4.12):

$$\begin{aligned} \gamma_{r,0}(t) &:= t, & -r \le t \le r, \\ \gamma_{r,1}(t) &:= re^{\mathbf{i}t}, & 0 \le t \le \pi. \end{aligned}$$

Für $r > 0$ hinreichend gross sind alle Nullstellen von q mit positivem Imaginärteil in dem von γ_r eingeschlossenen Gebiet

$$G_r := \{z \in \mathbb{C} \,|\, \operatorname{Im} z > 0,\ |z| < r\}$$

enthalten. Nach Satz 4.41 erhalten wir damit folgende Gleichung

$$\begin{aligned} 2\pi\mathbf{i} \sum_{\operatorname{Im} z > 0} \operatorname{Res}(f, z) &= \int_{\gamma_r} f(z)\, dz \\ &= \int_{-r}^{r} f(x)\, dx + \int_0^{\pi} \frac{p(re^{\mathbf{i}t})\mathbf{i}re^{\mathbf{i}t}}{q(re^{\mathbf{i}t})}\, dt. \end{aligned}$$

Da $\deg(q) \ge \deg(p) + 2$ ist, gilt $\lim_{z\to\infty} p(z)z/q(z) = 0$. Daraus folgt

$$2\pi\mathbf{i} \sum_{\operatorname{Im} z > 0} \operatorname{Res}(f, z) = \lim_{r\to\infty} \int_{-r}^{r} f(x)\, dx = \int_{-\infty}^{\infty} f(x)\, dx,$$

was zu beweisen war. □

Beispiel 4.50. Wir betrachten die rationale Funktion

$$f(z) := \frac{1}{1 + z^2} = \frac{\mathbf{i}/2}{z + \mathbf{i}} - \frac{\mathbf{i}/2}{z - \mathbf{i}}.$$

Diese hat einen einfachen Pol $a = \mathbf{i}$ in der oberen Halbebene mit Residuum $-\mathbf{i}/2$. Daher folgt aus Korollar 4.49, dass

$$\int_{-\infty}^{\infty} \frac{dx}{1 + x^2} = 2\pi\mathbf{i}\operatorname{Res}(f, \mathbf{i}) = \pi. \qquad (4.33)$$

Beispiel 4.51. Die rationale Funktion

$$f(z) = \frac{1}{(z^2+z+1)^2} = \frac{1}{(z-\omega)^2(z-\overline{\omega})^2}$$

mit

$$\omega := e^{2\pi\mathbf{i}/3} = -\frac{1}{2} + \frac{\sqrt{3}}{2}\mathbf{i}, \qquad \overline{\omega} = e^{-2\pi\mathbf{i}/3} = -\frac{1}{2} - \frac{\sqrt{3}}{2}\mathbf{i}$$

hat ebenfalls einen Pol ω in der oberen Halbebene. Es gilt

$$f(z) = \frac{\phi(z)}{(z-\omega)^2}, \qquad \phi(z) := \frac{1}{(z-\overline{\omega})^2},$$

und daher folgt aus Lemma 4.45, dass

$$\operatorname{Res}(f,\omega) = \phi'(\omega) = -\frac{2}{(\omega-\overline{\omega})^3} = -\frac{2}{\left(\sqrt{3}\mathbf{i}\right)^3} = \frac{2}{3\sqrt{3}\mathbf{i}}.$$

Damit ergibt sich aus Korollar 4.49, dass

$$\int_{-\infty}^{\infty} \frac{dx}{(x^2+x+1)^2} = 2\pi\mathbf{i}\operatorname{Res}(f,\omega) = \frac{4\pi}{3\sqrt{3}}. \tag{4.34}$$

Korollar 4.52. *Seien $p, q : \mathbb{C} \to \mathbb{C}$ Polynome, so dass*

$$\deg(q) > \deg(p), \qquad q(x) \neq 0 \quad \forall\, x \in \mathbb{R}. \tag{4.35}$$

Dann gilt

$$\int_{-\infty}^{\infty} f(x)\,dx = 2\pi\mathbf{i} \sum_{\operatorname{Im} z>0} \operatorname{Res}(f,z), \qquad f(z) := \frac{p(z)}{q(z)}e^{\mathbf{i}z}. \tag{4.36}$$

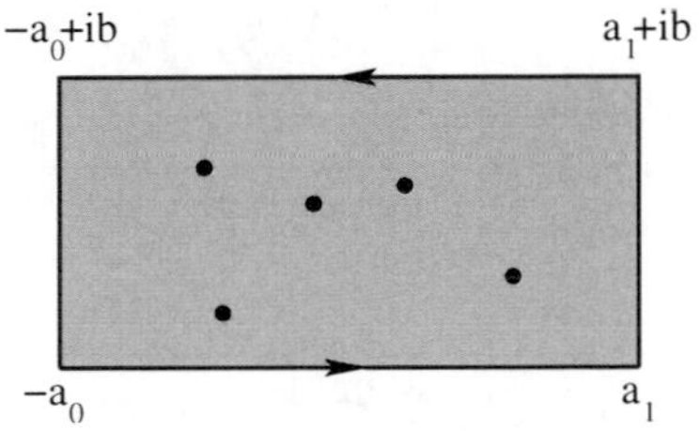

Abbildung 4.13: Lokalisierung eines Integrals

Beweis. Für positive reelle Zahlen a_0, a_1, b betrachten wir das Rechteck $R(a_0, a_1, b)$ mit den Ecken $-a_0$, a_1, $-a_0+\mathbf{i}b$, $a_1+\mathbf{i}b$ (siehe Abbildung 4.13). Wählen wir a_0, a_1, b hinreichend gross, so liegen alle Nullstellen von q mit positivem Imaginärteil in

$R(a_0, a_1, b)$. In dem Fall erhalten wir für das Integral von f über den Rand dieses Rechtecks den Wert

$$2\pi\mathbf{i} \sum_{\operatorname{Im} z>0} \operatorname{Res}(f,z) = \int_{-a_0}^{a_1} f(x)\,dx + \int_0^b f(a_1 + \mathbf{i}y)\mathbf{i}\,dy \\ - \int_0^b f(-a_0 + \mathbf{i}y)\mathbf{i}\,dy - \int_{-a_0}^{a_1} f(x + \mathbf{i}b)\,dx.$$

Da der Grad des Polynoms q grösser ist als der Grad von p, gibt es positive reelle Zahlen c, r, so dass für alle $z \in \mathbb{C}$ gilt, dass

$$|z| > r \qquad \Longrightarrow \qquad \left|\frac{p(z)}{q(z)}\right| \le \frac{c}{|z|}.$$

Daraus folgt

$$|f(x + \mathbf{i}b)| = \left|\frac{p(x + \mathbf{i}b)}{q(x + \mathbf{i}b)} e^{\mathbf{i}x - b}\right| \le \frac{c}{b} e^{-b}$$

für $b \ge r$ und daher

$$\lim_{b\to\infty} \left|\int_{-a_0}^{a_1} f(x + \mathbf{i}b)\,dx\right| \le \lim_{b\to\infty} \frac{c(a_0 + a_1)}{b} e^{-b} = 0.$$

Damit ergibt sich

$$2\pi\mathbf{i} \sum_{\operatorname{Im} z>0} \operatorname{Res}(f,z) = \int_{-a_0}^{a_1} f(x)\,dx + \int_0^\infty f(a_1 + \mathbf{i}y)\mathbf{i}\,dy - \int_0^\infty f(-a_0 + \mathbf{i}y)\mathbf{i}\,dy.$$

Nun gilt

$$\lim_{|a|\to\infty} \left|\int_0^\infty f(a + \mathbf{i}y)\mathbf{i}\,dy\right| \le \lim_{|a|\to\infty} \frac{c}{|a|} \int_0^\infty e^{-y}\,dy = \lim_{|a|\to\infty} \frac{c}{|a|} = 0,$$

und daraus folgt die Behauptung mit $a_0, a_1 \to \infty$. □

Übung 4.53. Beweisen Sie, dass die Formel (4.36) auch für die Funktion

$$f(z) := \frac{p(z)}{q(z)} e^{\mathbf{i}mz}$$

mit $m > 0$ gilt. **Hinweis:** Verwenden Sie die Gleichung

$$\int_{-\infty}^\infty \frac{p(x)}{q(x)} e^{\mathbf{i}mx}\,dx = \frac{1}{m} \int_{-\infty}^\infty \frac{p(x/m)}{q(x/m)} e^{\mathbf{i}x}\,dx.$$

Welche Formel ergibt sich im Fall $m < 0$?

Beispiel 4.54. Nach Korollar 4.52 gilt

$$\int_{-\infty}^{\infty} \frac{x}{1+x^2} e^{\mathbf{i}x}\, dx = 2\pi\mathbf{i}\mathrm{Res}\left(\frac{ze^{\mathbf{i}z}}{1+z^2}, \mathbf{i}\right) = 2\pi\mathbf{i}\lim_{z\to\mathbf{i}} \frac{ze^{\mathbf{i}z}}{z+\mathbf{i}} = \frac{\pi\mathbf{i}}{e}.$$

Daraus folgt

$$\int_{-\infty}^{\infty} \frac{x\cos(x)}{1+x^2}\, dx = 0, \qquad \int_{-\infty}^{\infty} \frac{x\sin(x)}{1+x^2}\, dx = \frac{\pi}{e}. \tag{4.37}$$

4.5 Das Prinzip vom Argument

Es ist manchmal nützlich, Kurven zu betrachten, deren Windungszahlen alle 0 oder 1 sind (siehe Abbildung 4.14).

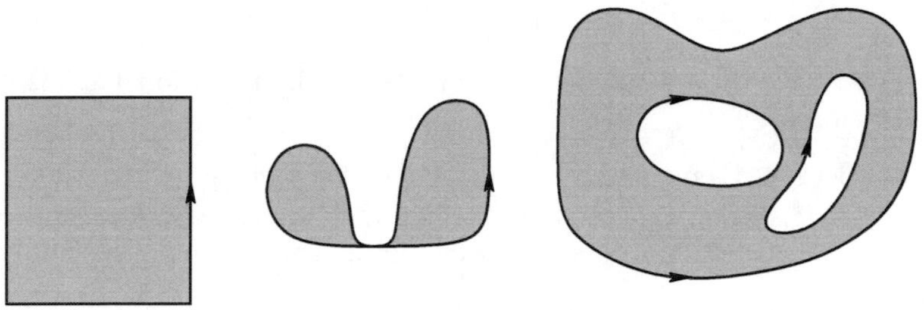

Abbildung 4.14: γ berandet G

Definition 4.55. *Sei $G \subset \mathbb{C}$ eine beschränkte offene Menge und $\gamma \in \mathscr{Z}(\mathbb{C})$ ein Zyklus in $\mathbb{C}$ mit Bildmenge Γ. Wir sagen γ* **berandet** *G, wenn gilt:*

$$G \cap \Gamma = \emptyset, \qquad \mathrm{w}(\gamma, z) = \begin{cases} 1, & \text{für } z \in G, \\ 0, & \text{für } z \in \mathbb{C} \setminus (G \cup \Gamma). \end{cases}$$

Übung 4.56. Sind Γ und G wie in Definition 4.55, so gilt $\partial G \subset \Gamma$. Konstruieren Sie ein Beispiel mit $\partial G \neq \Gamma$.

Übung 4.57. Sei $G \subset \mathbb{C}$ eine offene beschränkte Teilmenge, deren Rand $\Gamma := \partial G$ eine glatte 1-dimensionale Untermannigfaltigkeit von $\mathbb{C} \cong \mathbb{R}^2$ ist. Sei Γ so orientiert, dass G *"links von Γ liegt"*, und sei $\gamma \in \mathscr{Z}(\mathbb{C})$ ein Zyklus, der Γ in positiver Richtung durchläuft. Dann wird G von γ berandet.

Das folgende Korollar ist die klassische Version des Residuensatzes.

Korollar 4.58. *Seien $G, \Omega \subset \mathbb{C}$ offene Mengen, so dass $\overline{G} \subset \Omega$. Sei $\gamma \in \mathscr{B}(\Omega)$ ein null-homologer Zyklus mit Bildmenge Γ, der G berandet. Sei $A \subset \Omega$ eine diskrete Teilmenge mit $A \cap \Gamma = \emptyset$ und $f : \Omega \setminus A \to \mathbb{C}$ eine holomorphe Funktion. Dann gilt*

$$\frac{1}{2\pi\mathbf{i}} \int_\gamma f(z)\, dz = \sum_{a \in A \cap G} \mathrm{Res}(f, a). \tag{4.38}$$

Beweis. Dies folgt sofort aus Satz 4.41 und Definition 4.55. □

Definition 4.59. *Sei $\Omega \subset \mathbb{C}$ eine offene Menge. Eine stetige Funktion $f : \Omega \to \overline{\mathbb{C}}$ heisst* **meromorph**, *wenn die Menge $A := \{a \in \Omega \mid f(a) = \infty\}$ diskret und die Einschränkung von f auf $\Omega \setminus A$ holomorph ist.*

Bemerkung 4.60. Sei $\Omega \subset \mathbb{C}$ offen und $A \subset \Omega$ diskret. Eine holomorphe Funktion $f : \Omega \setminus A \to \mathbb{C}$ lässt sich genau dann zu einer meromorphen Funktion $\Omega \to \overline{\mathbb{C}}$ erweitern, wenn jedes $a \in A$ entweder ein Pol oder eine hebbare Singularität ist. Umgekehrt, ist $f : \Omega \to \overline{\mathbb{C}}$ meromorph und $A := \{a \in \Omega \mid f(a) = \infty\}$, so ist jeder Punkt $a \in A$ ein Pol von $f|_{\Omega \setminus A}$.

Übung 4.61. Sei $f : \Omega \to \overline{\mathbb{C}}$ eine von Null verschiedene meromorphe Funktion auf einer zusammenhängenden offene Menge $\Omega \subset \mathbb{C}$. Sei

$$A := \{a \in \Omega \mid f(a) = 0\}, \qquad B := \{b \in \Omega \mid f(b) = \infty\}.$$

Dann ist $A \cup B$ eine diskrete Teilmenge von Ω, und die Funktion $1/f : \Omega \to \overline{\mathbb{C}}$ ist wieder meromorph.

Übung 4.62. Sei $\Omega \subset \mathbb{C}$ eine zusammenhängende offene Menge. Dann ist der Raum $\mathscr{M}(\Omega) := \{f : \Omega \to \overline{\mathbb{C}} \mid f \text{ ist meromorph}\}$ ein Körper. Insbesondere sind Summe und Produkt zweier meromorpher Funktionen auf Ω wieder meromorph.

Übung 4.63. Eine meromorphe Funktion $f : \mathbb{C} \to \overline{\mathbb{C}}$ ist genau dann rational, wenn der Grenzwert $\lim_{z \to \infty} f(z)$ in $\overline{\mathbb{C}}$ existiert.

Satz 4.64 (Prinzip vom Argument). *Sei $\Omega \subset \mathbb{C}$ eine zusammenhängende offene Menge und $f : \Omega \to \overline{\mathbb{C}}$ eine von Null verschiedene meromorphe Funktion mit Nullstellen a_j der Multiplizitäten m_j und Polstellen b_k der Multiplizitäten n_k. Sei $\gamma \in \mathscr{B}(\Omega)$ ein null-homologer Zyklus, dessen Bildmenge keine Nullstelle und keinen Pol von f enthält. Dann gilt*

$$\frac{1}{2\pi \mathbf{i}} \int_\gamma \frac{f'(z)}{f(z)}\, dz = \sum_j \mathrm{w}(\gamma, a_j) m_j - \sum_k \mathrm{w}(\gamma, b_k) n_k. \tag{4.39}$$

Beweis. Nach Übung 4.61 bilden die Nullstellen und Pole von f eine diskrete Teilmenge $A := \{a_j\} \cup \{b_k\} \subset \Omega$, und $f'/f : \Omega \setminus A \to \mathbb{C}$ ist holomorph. Wir zeigen, dass f'/f an jeder Stelle $a \in A$ einen einfachen Pol hat.

Ist $a_j \in \Omega$ eine Nullstelle von f mit der Multiplizität m_j, so existiert (nach Satz 3.43) ein $r_j > 0$ und eine holomorphe Funktion $g_j : B_{r_j}(a_j) \to \mathbb{C}$, so dass $B_{r_j}(a_j) \subset \Omega$ und

$$f(z) = (z - a_j)^{m_j} g_j(z), \qquad g_j(z) \neq 0$$

für alle $z \in B_{r_j}(a_j)$. Daraus folgt

$$\frac{f'(z)}{f(z)} = \frac{m_j}{z - a_j} + \frac{g_j'(z)}{g_j(z)}$$

für alle $z \in B_{r_j}(a_j) \setminus \{a_j\}$ und daher

$$\operatorname{Res}\left(\frac{f'}{f}, a_j\right) = m_j. \tag{4.40}$$

Ist $b_k \in \Omega$ ein Pol von f mit der Multiplizität n_k, so existiert (nach Satz 3.79) ein $s_k > 0$ und eine holomorphe Funktion $h_k : B_{s_k}(b_k) \to \mathbb{C}$, so dass $B_{s_k}(a_k) \subset \Omega$ und

$$f(z) = \frac{h_k(z)}{(z - b_k)^{n_k}}, \qquad h_k(z) \neq 0$$

für alle $z \in B_{s_k}(b_k) \setminus \{b_k\}$. Daraus folgt

$$\frac{f'(z)}{f(z)} = -\frac{n_k}{z - b_k} + \frac{h_k'(z)}{h_k(z)}$$

für alle $z \in B_{s_k}(b_k) \setminus \{b_k\}$ und daher

$$\operatorname{Res}\left(\frac{f'}{f}, b_k\right) = -n_k. \tag{4.41}$$

Die Behauptung folgt nun aus dem Residuensatz 4.41 für f'/f und den Gleichungen (4.40) und (4.41). □

Lemma 4.65. *Sei $\Omega \subset \mathbb{C}$ eine offene Menge, $f : \Omega \to \overline{\mathbb{C}}$ eine meromorphe Funktion und $\gamma \in \mathscr{Z}(\Omega)$ ein Zyklus, deren Bildmenge Γ die Nullstellen und Pole von f nicht trifft. Dann gilt*

$$\frac{1}{2\pi \mathbf{i}} \int_\gamma \frac{f'(z)}{f(z)}\, dz = \mathrm{w}(f \circ \gamma, 0). \tag{4.42}$$

Beweis. Sei $\gamma = \sum_{j=1}^N m_j \gamma_j$ mit $m_j \in \mathbb{Z}$ und $\gamma_j : [0,1] \to \Omega$. Nach Voraussetzung ist $f \circ \gamma_j$ überall ungleich 0 und ∞ und ist eine glatte Funktion mit Werten in $\mathbb{C}^* = \mathbb{C} \setminus \{0\}$. Es gilt für jedes j

$$\begin{aligned}
\int_{f\circ\gamma_j} \frac{dz}{z} &= \int_0^1 \frac{1}{f(\gamma_j(t))} \frac{d}{dt} f(\gamma_j(t))\, dt \\
&= \int_0^1 \frac{f'(\gamma_j(t))\dot{\gamma}_j(t)}{f(\gamma_j(t))}\, dt \\
&= \int_{\gamma_j} \frac{f'(z)\, dz}{f(z)}.
\end{aligned}$$

Multiplizieren wir diese Identität mit $1/2\pi\mathbf{i}$ und summieren über j, so erhalten wir die gewünschte Gleichung (4.42). □

Lemma 4.65 zeigt, dass wir die Formel (4.39) in Satz 4.64 auch in der Form

$$\mathrm{w}(f \circ \gamma, 0) = \sum_j \mathrm{w}(\gamma, a_j) m_j - \sum_k \mathrm{w}(\gamma, b_k) n_k \tag{4.43}$$

schreiben können. Hieraus wird ersichtlich, warum Satz 4.64 das *Prinzip vom Argument* genannt wird. Ist nämlich $\gamma : [0,1] \to \Omega$ eine geschlossene Kurve, die ein Gebiet G berandet (siehe Definition 4.55), so ist die Anzahl der Nullstellen minus die Anzahl der Pole von f in G, nach (4.43), gleich der Windungszahl von $f \circ \gamma$ um 0. Diese Zahl lässt sich über das Argument von $f(\gamma(t))$ bestimmen: Wählen wir eine glatte Funktion $\alpha : [0,1] \to \mathbb{R}$ so, dass

$$\arg(f(\gamma(t)) = \alpha(t),$$

oder, was das gleiche bedeutet, $f(\gamma(t))/\left|f(\gamma(t))\right| = e^{\mathbf{i}\alpha(t)}$, so ist

$$\mathrm{w}(f \circ \gamma) = \frac{\alpha(1) - \alpha(0)}{2\pi}.$$

Insbesondere ist α genau dann eine geschlossene Kurve in $\mathbb{R}$, wenn die Anzahl der Nullstellen von f mit der Anzahl der Polstellen von f in dem von γ eingeschlossenen Gebiet übereinstimmt. Eine besonders nützliche Anwendung des Prinzips vom Argument ist der Satz von Rouché.

Satz 4.66 (Rouché). *Sei $\Omega \subset \mathbb{C}$ eine zusammenhängende offene Menge und $G \subset \mathbb{C}$ eine offene Menge, so dass $\overline{G} \subset \Omega$. Sei $\gamma \in \mathscr{B}(\Omega)$ ein null-homologer Zyklus mit Bildmenge Γ, der G berandet. Seien $f, g : \Omega \to \mathbb{C}$ holomorphe Funktionen, so dass*

$$|f(z) - g(z)| < |f(z)| + |g(z)| \qquad \forall\, z \in \Gamma. \tag{4.44}$$

Dann haben f und g die gleiche Anzahl Nullstellen (mit Multiplizität) in G.

Beweis. Aus der Ungleichung (4.44) folgt insbesondere, dass f und g keine Nullstellen auf Γ haben können, denn sonst wäre die Ungleichung nicht strikt. Wir betrachten die meromorphe Funktion

$$h := \frac{f}{g} : \Omega \to \overline{\mathbb{C}}.$$

Diese Funktion hat keine Nullstellen und Pole auf Γ, und es gilt

$$\frac{h'}{h} = \frac{f'}{f} - \frac{g'}{g}.$$

Nach Lemma 4.65 ist

$$\mathrm{w}(h \circ \gamma, 0) = \frac{1}{2\pi\mathbf{i}} \int_\gamma \frac{f'(z)}{f(z)}\, dz - \frac{1}{2\pi\mathbf{i}} \int_\gamma \frac{g'(z)}{g(z)}\, dz.$$

Nach Satz 4.64 ist dieser Ausdruck die Differenz der Anzahl der Nullstellen von f in G und der Anzahl der Nullstellen von g in G. Es bleibt also zu zeigen, dass

$$\mathrm{w}(h \circ \gamma, 0) = 0$$

ist. Nun folgt aber aus (4.44), dass

$$|h(z) - 1| < |h(z)| + 1 \qquad \forall\, z \in \Gamma.$$

Das heisst, dass h auf Γ keine negativen reellen Werte annehmen kann:

$$h(z) \in \mathbb{C} \setminus (-\infty, 0] \qquad \forall\, z \in \Gamma.$$

Damit ist $h \circ \gamma$ ein Zyklus in der einfach zusammenhängenden offenen Menge $\mathbb{C} \setminus (-\infty, 0]$. Also folgt aus Satz 4.11, dass $\mathrm{w}(h\circ\gamma, a) = 0$ ist für jedes a im Komplement dieser Menge, insbesondere also für $a = 0$. Damit ist der Satz bewiesen. □

Beispiel 4.67. Sei $f : \mathbb{C} \to \mathbb{C}$ ein Polynom vom Grade $n \geq 1$ mit führendem Koeffizienten 1, das heisst,

$$f(z) = z^n + a_{n-1}z^{n-1} + \cdots + a_1 z + a_0$$

mit $a_0, a_1, \ldots, a_{n-1} \in \mathbb{C}$. Wähle $r \geq 1$ so, dass $r > |a_0| + |a_1| + \cdots + |a_{n-1}|$. Mit $g(z) := z^n$, $G := \{z \in \mathbb{C} \mid |z| < r\}$ und $\Gamma := \partial G = \{z \in \mathbb{C} \mid |z| = r\}$ erhalten wir $|f(z) - g(z)| < r^n = |g(z)|$ für alle $z \in \Gamma$. Also folgt aus dem Satz von Rouché, dass die Anzahl der Nullstellen von f in G gleich der Anzahl der Nullstellen von g in G, also gleich n, ist.

Übung 4.68. Wie viele Nullstellen z mit $|z| < 1$ hat das Polynom $f(z) = z^7 - 2z^5 + 6z^3 - z + 1$? Wie viele Nullstellen z mit $1 < |z| < 2$ hat das Polynom $f(z) = z^4 - 6z + 3$?

Übung 4.69. Sei $\Omega \subset \mathbb{C}$ eine offene Menge, die die Einheitskreisscheibe $\overline{\mathbb{D}}$ enthält, und $h : \Omega \to \mathbb{C}$ eine holomorphe Funktion, so dass $|h(z)| < 1$ für $|z| = 1$. Dann hat h in $\mathbb{D}$ genau einen Fixpunkt $z = h(z)$.

Übung 4.70. Für $\lambda > 1$ hat die Gleichung $ze^{\lambda - z} = 1$ genau eine Lösung, und diese ist reell und positiv.

Übung 4.71. Wie viele Nullstellen mit positivem Realteil hat das Polynom $f(z) := z^4 + 8z^3 + 3z^2 + 8z + 3$? **Hinweis:** Skizzieren Sie das Bild der imaginären Achse, und wenden Sie das Prinzip vom Argument auf einen grossen Halbkreis an.

Übung 4.72. Sei $\Omega \subset \mathbb{C}$ eine offene Menge, die die Einheitskreisscheibe $\overline{\mathbb{D}}$ enthält, und $f : \Omega \to \mathbb{C}$ eine holomorphe Funktion, die auf dem Rand von $\mathbb{D}$ nirgends verschwindet. Erfüllt f die Bedingung

$$\int_{|z|=1} \frac{f'(z)\,dz}{f(z)} = 1,$$

so hat die Gleichung $f(z) = 0$, nach Satz 4.64, in der Einheitskreisscheibe genau eine Lösung $z_0 \in \mathbb{D}$. Beweisen Sie, dass z_0 durch die Formel

$$z_0 = \int_{|z|=1} \frac{zf'(z)\,dz}{f(z)}$$

gegeben ist.

Übung 4.73. Für jede beschränkte holomorphe Funktion $f : \mathbb{D} \to \mathbb{C}$ gilt die **Bergmannsche Formel**

$$f(\zeta) = \frac{1}{\pi} \int_{\mathbb{D}} \frac{f(z)}{1 - \bar{z}\zeta}\,dxdy, \qquad \zeta \in \mathbb{D}.$$

Hinweis: Verwenden Sie Polarkoordinaten und den Residuensatz.

Übung 4.74 (Der Logarithmus einer Funktion). Sei $f : \Omega \to \mathbb{C}$ eine holomorphe Funktion ohne Nullstellen auf einer zusammenhängenden offenen Menge $\Omega \subset \mathbb{C}$. Zeigen Sie, dass es genau dann eine Funktion $g : \Omega \to \mathbb{C}$ mit $e^g = f$ gibt, wenn die Windungszahl $\mathrm{w}(f \circ \gamma, 0)$ für jeden Zyklus $\gamma \in \mathscr{Z}(\Omega)$ verschwindet. Eine solche Funktion g wird auch mit $\log f$ bezeichnet, ist aber durch f nicht eindeutig bestimmt. **Hinweis:** Satz 4.17 und Lemma 4.65.

Übung 4.75 (Die n-te Wurzel einer Funktion). Sei $f : \Omega \to \mathbb{C}$ eine holomorphe Funktion ohne Nullstellen auf einer zusammenhängenden offenen Menge $\Omega \subset \mathbb{C}$. Sei $n \in \mathbb{N}$. Zeigen Sie, dass es genau dann eine Funktion $h : \Omega \to \mathbb{C}$ mit $h^n = f$ gibt, wenn die Windungszahl $\mathrm{w}(f \circ \gamma, 0)$ für jeden Zyklus $\gamma \in \mathscr{Z}(\Omega)$ durch n teilbar ist. Eine solche Funktion h wird auch mit $\sqrt[n]{f}$ bezeichnet, ist aber durch f nicht eindeutig bestimmt. **Hinweis:** Seien $z_0 \in \Omega$ und $w_0 \in \mathbb{C}$ so gewählt, dass $w_0^n = f(z_0)$ ist. Für $z \in \Omega$ sei

$$h(z) := w_0 \exp\left(\frac{1}{n} \int_\gamma \frac{f'(z)\,dz}{f(z)}\right),$$

wobei $\gamma : [0,1] \to \Omega$ eine glatte Kurve ist mit $\gamma(0) = z_0$ und $\gamma(1) = z$.

Übung 4.76. Sei $f : \mathbb{C} \to \overline{\mathbb{C}}$ eine meromorphe Funktion und

$$Z := \{\zeta \in \mathbb{C} \mid f(\zeta) = 0 \text{ oder } f(\zeta) = \infty\}$$

die (diskrete) Menge der Nullstellen und Pole von f. Für eine Polstelle $\zeta \in Z$ sei $m(\zeta)$ die Ordnung der Polstelle, und für eine Nullstelle $\zeta \in Z$ sei $-m(\zeta)$ die Ordnung der Nullstelle. Sei $\Omega \subset \mathbb{C}$ eine zusammenhängende offene Menge mit $\Omega \cap Z = \emptyset$. Beweisen Sie folgendes.

(a) Es gibt genau dann eine holomorphe Funktion $g : \Omega \to \mathbb{C}$, so dass $e^g = f$ ist, wenn für jede beschränkte Zusammenhangskomponente $A \subset \mathbb{C}$ von $\overline{\mathbb{C}} \setminus \Omega$ gilt, dass

$$\sum_{\zeta \in A \cap Z} m(\zeta) = 0$$

ist, das heisst, dass die Anzahl der Nullstellen von f in A gleich der Anzahl der Polstellen von f in A ist. **Hinweis:** Übung 4.74 und das Prinzip vom Argument.

(b) Sei $n \in \mathbb{N}$. Es gibt genau dann eine holomorphe Funktion $h : \Omega \to \mathbb{C}$, so dass $h^n = f$ ist, wenn die Zahl $\sum_{\zeta \in A \cap Z} m(\zeta)$ für jede beschränkte Zusammenhangskomponente $A \subset \mathbb{C}$ von $\overline{\mathbb{C}} \setminus \Omega$ durch n teilbar ist. **Hinweis:** Übung 4.75 und das Prinzip vom Argument.

Übung 4.77.

(a) Existiert der Logarithmus $\log f$ der Funktion

$$f(z) := \frac{z-1}{z+1}$$

in dem Gebiet $\Omega \setminus \{\pm 1\}$? Gleiche Frage für $\Omega := \mathbb{C} \setminus [-1, 1]$.

(b) Existiert die Quadratwurzel $\sqrt{f}$ der Funktion

$$f(z) := \frac{1}{z^2 - 1}$$

in dem Gebiet $\Omega \setminus \{\pm 1\}$? Gleiche Frage für $\Omega := \mathbb{C} \setminus [-1, 1]$.

Übung 4.78. Sei $\Omega \subset \mathbb{C}$ eine offene Menge mit $\overline{\mathbb{D}} \subset \Omega$ und $f, g : \Omega \to \mathbb{C}$ holomorphe Funktionen, so dass $f(z) \neq 0$ ist für alle $z \in \partial\mathbb{D}$. Sei $z_1, \ldots, z_n$ die Nullstellen von f in $\mathbb{D}$ und $m_1, \ldots, m_n \in \mathbb{N}$ ihre Multiplizitäten. Dann gilt

$$\frac{1}{2\pi \mathbf{i}} \int_{|z|=1} g(z) \frac{f'(z)}{f(z)} dz = \sum_{i=1}^{n} g(z_i) m_i.$$

Übung 4.79. Seien Ω und Ω' offene Teilmengen von $\mathbb{C}$, $\phi : \Omega' \to \Omega$ eine biholomorphe Abbildung und $f : \Omega \to \overline{\mathbb{C}}$ eine meromorphe Funktion. Dann ist auch $f \circ \phi : \Omega' \to \overline{\mathbb{C}}$ meromorph. Besitzt f einen Pol (bzw. eine Nullstelle) der Ordnung m an der Stelle $z_0 \in \Omega$, so besitzt $f \circ \phi$ einen Pol (bzw. eine Nullstelle) der Ordnung m an der Stelle $z_0' := \phi^{-1}(z_0) \in \Omega'$.

Übung 4.80. (Diese Übung hat mir Paul Biran erklärt.) Sei $\gamma : \mathbb{R}/\mathbb{Z} \to \mathbb{C}$ eine glatte Einbettung mit Bildmenge Γ und

$$G := \{z \in \mathbb{C} \setminus \Gamma \,|\, \mathrm{w}(\gamma, z) \neq 0\}$$

die von γ eingeschlossene beschränkte zusammenhängende einfach zusammenhängende offene Menge. (Siehe Übung 3.29 und Beispiel 4.9.) Sei $\Omega \subset \mathbb{C}$ eine offene Menge, so dass $\overline{G} = G \cup \Gamma \subset \Omega$. Ist $f : \Omega \to \mathbb{C}$ eine holomorphe Funktion, die auf Γ injektiv ist, dann ist f auch auf $\overline{G}$ injektiv.

Hinweis: Zeigen Sie folgendes.

(a) $f \circ \gamma : [0, 1] \to \mathbb{C}$ ist eine stückweise glatte injektive geschlossene Kurve.

(b) Die Mengen $W_i := \{b \in \mathbb{C} \setminus f(\Gamma) \,|\, |\mathrm{w}(f \circ \gamma, b)| = i\}$, $i = 0, 1$, sind zusammenhängend, und ihre Vereinigung ist $\mathbb{C} \setminus f(\Gamma)$.

(c) Es gilt $W_0 \cap f(G) = \emptyset$, $f(\Gamma) \cap f(G) = \emptyset$ und $W_1 = f(G)$.

4.6 Die Riemannsche Zeta-Funktion

Unendliche Produkte

Sei $(p_n)_{n\in\mathbb{N}}$ eine Folge komplexer Zahlen. Wir sagen, das **unendliche Produkt** $\prod_{n=1}^{\infty} p_n$ **konvergiert**, wenn höchstens endlich viele p_n gleich Null sind und die Folge $\prod_{k\le n, p_k\ne 0} p_k$ gegen eine von Null verschiedene komplexe Zahl konvergiert. In diesem Fall konvergiert auch die Folge $\prod_{k=1}^{n} p_k$, und ihr Grenzwert wird mit

$$\prod_{n=1}^{\infty} p_n := \lim_{n\to\infty} \prod_{k=1}^{n} p_k$$

bezeichnet. (Dieser Grenzwert kann auch Null sein.) Wir sagen, das Produkt $\prod_{n=1}^{\infty} p_n$ **konvergiert absolut**, wenn gilt:

$$\lim_{n\to\infty} p_n = 1, \qquad \sum_{\substack{n=1 \\ |p_n-1|<1}}^{\infty} |\log(p_n)| < \infty.$$

Hier ist log der Hauptzweig des Logarithmus.

Übung 4.81. Beweisen Sie folgendes.

(a) Wenn das Produkt $\prod_{n=1}^{\infty} p_n$ konvergiert, dann konvergiert p_n gegen 1.

(b) Wenn das Produkt $\prod_{n=1}^{\infty} p_n$ absolut konvergiert, dann konvergiert es, und der Grenzwert ist unabhängig von der Reihenfolge der p_n.

(c) Sei $(z_n)_{n\in\mathbb{N}}$ eine Nullfolge in $\mathbb{C}$. Das Produkt $\prod_{n=1}^{\infty}(1+z_n)$ konvergiert genau dann (absolut), wenn die Reihe $\sum_{n=1}^{\infty} z_n$ (absolut) konvergiert.

Übung 4.82. Beweisen Sie

$$\prod_{n=2}^{\infty}\left(1-\frac{1}{n^2}\right) = \frac{1}{2}, \qquad \prod_{n=1}^{\infty}\left(1+z^{2n}\right) = \frac{1}{1-z} \quad \text{für} \quad |z|<1.$$

Übung 4.83. Sei $h \in \mathbb{C}$ mit $|h| < 1$. Zeigen Sie, dass das unendliche Produkt

$$\theta(z) := \prod_{n=1}^{\infty}\left(1+h^{2n-1}e^{z}\right)\left(1+h^{2n-1}e^{-z}\right) \tag{4.45}$$

eine holomorphe Funktion $\theta : \mathbb{C} \to \mathbb{C}$ auf der ganzen komplexen Ebene darstellt und dass diese Funktion die folgende Gleichung erfüllt:

$$\theta(z + 2\log(h)) = h^{-1}e^{-z}\theta(z). \tag{4.46}$$

Die Gamma-Funktion

Übung 4.84. Zeigen Sie, dass das unendliche Produkt

$$G(z) := \prod_{n=1}^{\infty} \left(1 + \frac{z}{n}\right) e^{-z/n} \tag{4.47}$$

absolut und gleichmässig auf jeder kompakten Teilmenge von $\mathbb{C}$ konvergiert. Zeigen Sie, dass jede negative ganze Zahl eine einfache Nullstelle von G ist (und dass G keine anderen Nullstellen hat). Beweisen Sie:

$$\frac{G'(z)}{G(z)} = \sum_{n=1}^{\infty} \left(\frac{1}{z+n} - \frac{1}{n}\right). \tag{4.48}$$

Übung 4.85. Beweisen Sie die Formeln

$$\frac{\pi^2}{\sin^2(\pi z)} = \sum_{n=-\infty}^{\infty} \frac{1}{(z-n)^2} \tag{4.49}$$

und

$$\pi \cot(\pi z) = \frac{1}{z} + \sum_{n \neq 0} \left(\frac{1}{z-n} + \frac{1}{n}\right). \tag{4.50}$$

Hinweis: Die rechte Seite in (4.49) konvergiert gleichmässig auf jeder kompakten Teilmenge $K \subset \mathbb{C}$, nach Fortlassen der Summanden mit $n \in K$. Zeigen Sie, dass die Differenz g der beiden Seiten in (4.49) an jeder Stelle $n \in \mathbb{Z}$ eine hebbare Singularität hat und daher auf ganz $\mathbb{C}$ holomorph ist. Zeigen Sie, dass $g(z)$ für $|\mathrm{Im}\, z| \to \infty$ gleichmässig gegen Null konvergiert. Schliessen Sie daraus, dass g beschränkt und daher konstant ist. Führen Sie (4.50) auf (4.49) zurück, indem Sie den Cotangens differenzieren.

Übung 4.86 (Das Eulersche Sinus-Produkt). Beweisen Sie die Formel

$$\sin(\pi z) = \pi z \prod_{n \neq 0} \left(1 - \frac{z^2}{n^2}\right). \tag{4.51}$$

Hinweis: Zeigen Sie, dass eine holomorphe Funktion $g : \mathbb{C} \to \mathbb{C}$ existiert, die die Gleichung

$$\frac{\sin(\pi z)}{\pi} = e^{g(z)} z G(z) G(-z)$$

für alle $z \in \mathbb{C}$ erfüllt, wobei $G : \mathbb{C} \to \mathbb{C}$ durch (4.47) definiert ist. Verwenden Sie (4.48) und (4.50), um zu zeigen, dass g konstant ist.

Übung 4.87 (Die Eulersche Konstante). Zeigen Sie, dass die holomorphe Funktion $G : \mathbb{C} \to \mathbb{C}$ in (4.47) die Gleichung

$$G(z-1) = e^{\gamma} z G(z) \tag{4.52}$$

für alle $z \in \mathbb{C}$ erfüllt, wobei γ die **Eulersche Konstante** ist:

$$\gamma := \lim_{n\to\infty}\left(1 + \frac{1}{2} + \frac{1}{3} + \cdots + \frac{1}{n} - \log(n)\right). \tag{4.53}$$

Diese hat genähert den Wert $\gamma = 0{,}5772156649015328606065l209$. **Hinweis:** Zeigen Sie zunächst unter Betrachtung der Nullstellen, dass es eine holomorphe Funktion $\gamma : \mathbb{C} \to \mathbb{C}$ gibt, die die Gleichung (4.52) erfüllt. Zeigen Sie dann durch Differentiation, dass diese Funktion konstant ist. Beweisen Sie, dass die Konstante γ durch (4.53) gegeben ist, indem Sie die Gleichung (4.52) an der Stelle $z = 1$ auswerten.

Sei $G : \mathbb{C} \to \mathbb{C}$ die durch (4.47) definierte Funktion und $\gamma \in \mathbb{R}$ die Eulersche Konstante. Die **Gamma-Funktion** ist die durch

$$\Gamma(z) := \frac{1}{e^{\gamma z} z G(z)} = \frac{e^{-\gamma z}}{z} \prod_{n=1}^{\infty} \left(1 + \frac{z}{n}\right)^{-1} e^{z/n} \tag{4.54}$$

definierte meromorphe Funktion $\Gamma : \mathbb{C} \to \overline{\mathbb{C}}$.

Übung 4.88. Beweisen Sie, dass die Gamma-Funktion die Gleichungen

$$\Gamma(z+1) = z\Gamma(z), \qquad \Gamma(z)\Gamma(1-z) = \frac{\pi}{\sin(\pi z)}, \tag{4.55}$$

$$\Gamma(n) = (n-1)! \quad \forall n \in \mathbb{N}, \qquad \Gamma\left(\frac{1}{2}\right) = \sqrt{\pi} \tag{4.56}$$

erfüllt.

Übung 4.89. Beweisen Sie die Identität

$$\frac{d}{dz}\left(\frac{\Gamma'(z)}{\Gamma(z)}\right) = \sum_{n=0}^{\infty} \frac{1}{(z+n)^2}. \tag{4.57}$$

Beweisen Sie, dass die aus der Analysis bekannte Formel

$$\Gamma(z) = \int_0^{\infty} t^{z-1} e^{-t}\, dt \tag{4.58}$$

für $\operatorname{Re} z > 0$ dieselbe Funktion definiert. (**Hinweis:** Verwenden Sie die Charakterisierung der Gamma-Funktion durch den Satz von Bohr–Mollerup als die einzige logarithmisch konvexe Funktion $F : (0,\infty) \to (0,\infty)$, die die Bedingungen $F(x+1) = xF(x)$ und $F(1) = 1$ erfüllt.)

Übung 4.90. Zeigen Sie, dass die Gamma-Funktion keine Nullstellen hat. Zeigen Sie, dass jede nichtpositive ganze Zahl ein einfacher Pol der Gamma-Funktion ist und dass sie keine weiteren Pole hat. Beweisen Sie, dass die Residuen der Gamma-Funktion durch

$$\operatorname{Res}(\Gamma, -n) = \lim_{z\to n}(z+n)\Gamma(z) = \frac{(-1)^n}{n!}$$

für $n \in \mathbb{N} \cup \{0\}$ gegeben sind. **Hinweis:** Gleichung (4.55) und $\Gamma(1) = 1$.

Übung 4.91. Beweisen Sie die **Legendresche Verdoppelungsformel**

$$\sqrt{\pi}\Gamma(2z) = 2^{2z-1}\Gamma(z)\Gamma(z+1/2) \tag{4.59}$$

für $z \in \mathbb{C}$. **Hinweis:** Beweisen Sie mit Hilfe von (4.57) die Gleichung

$$\frac{d}{dz}\left(\frac{\Gamma'(z)}{\Gamma(z)}\right) + \frac{d}{dz}\left(\frac{\Gamma'(z+1/2)}{\Gamma(z+1/2)}\right) = 2\frac{d}{dz}\left(\frac{\Gamma'(2z)}{\Gamma(2z)}\right), \tag{4.60}$$

integrieren Sie diese, und substituieren Sie $z = 1$ und $z = 1/2$.

Das Buch von Ahlfors [1] enthält einen Beweis der **Stirling-Formel**

$$\lim_{\substack{z\to\infty \\ \mathrm{Re}\, z \geq c > 0}} \frac{\Gamma(z)\sqrt{z}}{(z/e)^z} = \sqrt{2\pi}, \tag{4.61}$$

der auf der Gleichung (4.57) und dem Residuensatz beruht. Ahlfors verwendet dann die Stirling-Formel, um die Gleichung (4.58) herzuleiten.

Die Riemannsche Zeta-Funktion

Für $\mathrm{Re}\, s > 1$ ist der Wert der Riemannschen Zeta-Funktion an der Stelle s durch

$$\zeta(s) := \sum_{n=1}^{\infty} n^{-s} \tag{4.62}$$

definiert.

Übung 4.92. Beweisen Sie die Produkt-Formel

$$\zeta(s) := \prod_p \frac{1}{1-p^{-s}} \tag{4.63}$$

für $\mathrm{Re}\, s > 1$, wobei das Produkt über alle Primzahlen p zu verstehen ist. (**Hinweis:** Multipliziert man $\zeta(s)$ mit dem endlichen Produkt $\prod_{p\leq N}(1-p^{-s})$, so erhält man die Summe $\sum_m m^{-s}$ über alle natürlichen Zahlen m, die keinen Primfaktor $p \leq N$ enthalten.)

Übung 4.93. Beweisen Sie die Formel

$$\zeta(s)\Gamma(s) = \int_0^\infty \frac{x^{s-1}}{e^x - 1}\, dx \tag{4.64}$$

für $s \in \mathbb{C}$ mit $\mathrm{Re}\, s > 1$. (**Hinweis:** Multiplizieren Sie die Formel (4.58) mit n^{-s}, und summieren Sie über alle $n \in \mathbb{N}$.)

Übung 4.94. Für $0 < \varepsilon < 2\pi$ sei $\gamma_\varepsilon : \mathbb{R} \to \mathbb{C}$ die stückweise glatte Kurve, die durch

$$\gamma_\varepsilon(t) := \begin{cases} -1 - t + \varepsilon\mathbf{i}, & \text{für } t \le -1, \\ \varepsilon \exp\left(\pi\mathbf{i}\left(1 + \frac{t}{2}\right)\right), & \text{für } -1 \le t \le 1, \\ 1 - t - \varepsilon\mathbf{i}, & \text{für } t \ge 1, \end{cases} \tag{4.65}$$

gegeben ist. Beweisen Sie die Formel

$$\zeta(s) = -\frac{\Gamma(1-s)}{2\pi\mathbf{i}} \int_{\gamma_\varepsilon} \frac{(-z)^{s-1}}{e^z - 1}\, dz \tag{4.66}$$

für $s \in \mathbb{C}$ mit $\operatorname{Re} s > 1$, wobei $(-z)^{s-1} := e^{(s-1)\log(-z)}$ für $z \in \mathbb{C} \setminus [0, \infty)$ mit $|\operatorname{Im} \log(-z)| < \pi$. Schliessen Sie daraus, dass ζ sich zu einer meromorphen Funktion auf der ganzen komplexen Ebene fortsetzen lässt. (**Hinweis:** betrachten Sie den Grenzwert $\varepsilon \to 0$.)

Übung 4.95. Beweisen Sie, dass ζ ihren einzigen Pol an der Stelle $s = 1$ hat und dass dies ein einfacher Pol mit Residuum 1 ist:

$$\operatorname{Res}(\zeta, 1) = \lim_{s \to 1} (s-1)\zeta(s) = 1. \tag{4.67}$$

Übung 4.96. Beweisen Sie die Formel

$$\zeta(-n) = (-1)^n \frac{n!}{2\pi\mathbf{i}} \int_{|z|=1} \frac{dz}{z^{n+1}(e^z - 1)} = (-1)^n \frac{B_{n+1}}{n+1}, \tag{4.68}$$

für $n \in \mathbb{N} \cup \{0\}$, wobei die B_{n+1} die Bernoulli-Zahlen sind (siehe Beispiel 3.51). Insbesondere gilt $\zeta(0) = -1/2$ und

$$\zeta(-2n) = 0$$

für alle $n \in \mathbb{N}$. Dies sind die **trivialen Nullstellen** der Riemannschen Zeta-Funktion.

Die Zeta-Funktion erfüllt eine wichtige **Funktionalgleichung**

$$\zeta(s) = 2^s \pi^{s-1} \sin\left(\frac{\pi s}{2}\right) \Gamma(1-s)\zeta(1-s) \tag{4.69}$$

für alle $s \in \mathbb{C}$. Diese Gleichung liefert eine Symmetrie, die es erlaubt, das Verhalten der Zeta-Funktion in dem Gebiet $\operatorname{Re} s < 0$ in Bezug zu setzen zu ihrem Verhalten in dem Gebiet $\operatorname{Re} s > 1$, wo die Formeln (4.62) und (4.63) gelten. Noch deutlicher wird diese Symmetrie, wenn man die Funktion

$$\xi(s) := \frac{1}{2} s(1-s)\pi^{-s/2}\Gamma\left(\frac{s}{2}\right)\zeta(s) \tag{4.70}$$

betrachtet. Es folgt leicht aus (4.69), dass ξ eine holomorphe Funktion auf ganz $\mathbb{C}$ ist und die Gleichung

$$\xi(s) = \xi(1-s) \tag{4.71}$$

für alle $s \in \mathbb{C}$ erfüllt. Das Buch von Ahlfors [1, Seite 216] enthält einen Beweis von (4.69), der auf dem Residuensatz beruht, und den wir hier wiederholen.

Beweis von Gleichung (4.69). Da beide Seiten der Gleichung (4.69) meromorphe Funktionen auf ganz $\mathbb{C}$ sind, genügt es nach dem Identitätssatz (Korollar 3.57), diese Gleichung für $\mathrm{Re}\, s < 0$ zu beweisen. Wir betrachten dazu die meromorphe Funktion $f_s : \mathbb{C} \setminus [0, \infty) \to \overline{\mathbb{C}}$, die durch

$$f_s(z) := \frac{(-z)^{s-1}}{e^z - 1}$$

definiert ist, wobei $(-z)^{s-1} := e^{(s-1)\log(-z)}$ und $\log : \mathbb{C} \setminus (-\infty, 0] \to \mathbb{C}$ der Hauptzweig des Logarithmus ist mit $|\mathrm{Im} \log(-z)| < \pi$. Nach Übung 4.94 gilt dann

$$\zeta(s) = -\frac{\Gamma(1-s)}{2\pi\mathbf{i}} \int_\gamma f_s(z)\, dz,$$

wobei $\gamma = \gamma_\pi : \mathbb{R} \to \mathbb{C} \setminus [0, \infty)$ durch (4.65) mit $\varepsilon = \pi$ definiert ist. Wir ersetzen nun das Integral über γ durch das Integral über einer Kurve γ_n in $\mathbb{C} \setminus [0, \infty)$, die die Pole $\pm 2\pi\mathbf{i}k$ von f_s mit $|k| \le n$ umläuft. Diese Kurve setzt sich zusammen aus den Halbachsen

$$\gamma_n^- : (-\infty, -(2n+1)\pi] \to \mathbb{C}, \qquad \gamma_n^-(t) := -t + \pi\mathbf{i},$$

$$\gamma_n^+ : [(2n+1)\pi, \infty) \to \mathbb{C}, \qquad \gamma_n^+(t) := t - \pi\mathbf{i}$$

und der Kette γ_n', welche den Rand des Quadrats

$$Q_n := \{z \in \mathbb{C} \,|\, |\mathrm{Re} z| \le (2n+1)\pi,\ |\mathrm{Im} z| \le (2n+1)\pi\}$$

mit Ausnahme des Intervalls $\mathrm{Re}\, z = (2n+1)\pi$, $|\mathrm{Im}\, z| < \pi$ durchläuft (siehe Abbildung 4.15). Da sich das Integral über γ auch als Summe von Integralen über γ_n^-, γ_n^+ und einer Kette $\gamma_{n,0}$ schreiben lässt, ist die Differenz der Integrale von f_s

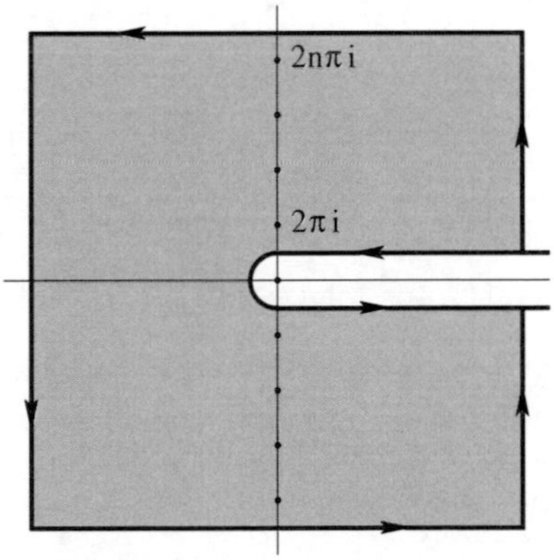

Abbildung 4.15: Beweis der Funktionalgleichung

über γ_n und γ das Integral über dem Zyklus $\gamma_n' - \gamma_{n,0}$, welcher die Pole $\pm 2\pi \mathbf{i} k$ von f_s mit $0 < |k| \le n$ umläuft. Damit erhalten wir aus dem Residuensatz 4.41 die Formel

$$\begin{aligned}\frac{1}{2\pi\mathbf{i}} \int_{\gamma_n - \gamma} f_s(z)\, dz &= \sum_{k=1}^{n} \big(\mathrm{Res}(f_s, -2\pi\mathbf{i}k) + \mathrm{Res}(f_s, 2\pi\mathbf{i}k)\big) \\ &= \sum_{k=1}^{n} \left((-2\pi\mathbf{i}k)^{s-1} + (2\pi\mathbf{i}k)^{s-1}\right) \\ &= \sum_{k=1}^{n} \left(e^{(s-1)\log(2\pi\mathbf{i}k)} + e^{(s-1)\log(-2\pi\mathbf{i}k)}\right) \\ &= 2\sum_{k=1}^{n} (2\pi k)^{s-1} \sin\left(\frac{\pi s}{2}\right).\end{aligned}$$

Hier haben wir die Gleichung $\log(\pm 2\pi\mathbf{i}k) = \log(2\pi k) \pm \pi\mathbf{i}/2$ verwendet. Für $\mathrm{Re}\, s < 0$ folgt damit aus der Definition der Riemannschen Zeta-Funktion die Gleichung

$$\lim_{n\to\infty} \frac{1}{2\pi\mathbf{i}} \left(\int_{\gamma_n} f_s(z)\, dz - \int_{\gamma} f_s(z)\, dz\right) = 2^s \pi^{s-1} \zeta(1-s) \sin\left(\frac{\pi s}{2}\right). \tag{4.72}$$

Darüber hinaus überzeugt man sich leicht davon, dass der Betrag des Nenners $e^z - 1$ der Funktion f_s auf dem Rand von Q_n gleichmässig von unten beschränkt ist durch eine Konstante, die nicht von n abhängt. Andererseits gibt es eine Konstante c, so dass

$$\left|(-z)^{s-1}\right| = e^{\mathrm{Re}((s-1)\log(-z))} \le c n^{\mathrm{Re}\, s - 1}$$

ist für alle $z \in \partial Q_n \setminus \{(2n+1)\pi\}$. Da die Länge von γ_n' durch eine Konstante mal n beschränkt ist, folgt daraus im Fall $\mathrm{Re}\, s < 0$, dass

$$\lim_{n\to\infty} \int_{\gamma_n} f_s(z)\, dz = \lim_{n\to\infty} \int_{\gamma_n'} f_s(z)\, dz = 0$$

ist. Verbinden wir diese Beobachtung mit den Gleichungen (4.66) und (4.72), so ergibt sich

$$\frac{\zeta(s)}{\Gamma(1-s)} = -\frac{1}{2\pi\mathbf{i}} \int_{\gamma} f_s(z)\, dz = 2^s \pi^{s-1} \zeta(1-s) \sin\left(\frac{\pi s}{2}\right)$$

für alle $s \in \mathbb{C}$ mit $\mathrm{Re}\, s < 0$. Daraus folgt sofort die Gleichung (4.69) □

Übung 4.97. Beweisen Sie, dass die meromorphe Funktion ξ in (4.70) keine Pole hat (also auf ganz $\mathbb{C}$ holomorph ist) und die Gleichung (4.71) erfüllt. **Hinweis:** Ersetzen Sie s durch $1-s$ in (4.69) und beweisen Sie, mit Hilfe der Legendreschen Verdoppelungsformel (4.59), die Gleichung

$$\cos\left(\frac{\pi s}{2}\right) \Gamma\left(\frac{1-s}{2}\right) \Gamma\left(\frac{1+s}{2}\right) = \pi. \tag{4.73}$$

Es folgt aus der Produktformel (4.63), dass $\zeta(s) \neq 0$ ist für $\mathrm{Re}\, s > 1$. Mit Hilfe der Funktionalgleichung (4.69) folgt daraus, dass die Zeta-Funktion neben den trivialen keine weiteren Nullstellen mit $\mathrm{Re}\, s < 0$ haben kann. Also liegen alle nichttrivialen Nullstellen der Riemannschen Zeta-Funktion in dem so genannten *kritischen Streifen* $0 \leq \mathrm{Re}\, s \leq 1$. Die **Riemannsche Vermutung** besagt, dass alle nichttrivialen Nullstellen der Zeta-Funktion den Realteil $1/2$ haben. Dies ist eines der wichtigsten offenen Probleme in der Mathematik. In einer Arbeit von 1896 zeigte Hadamard, dass die Riemannsche Zeta-Funktion keine Nullstellen mit $\mathrm{Re}\, s = 1$ hat, und gründete darauf seinen Beweis des **Primzahlensatzes**. Dieser sagt, dass

$$\lim_{x \to \infty} \frac{\pi(x) \log(x)}{x} = 1$$

ist, wobei $\pi(x)$ für $x > 0$ die Anzahl der Primzahlen p mit $p \leq x$ bezeichnet.

Kapitel 5

Der Riemannsche Abbildungssatz

Der Ausgangspunkt dieses Kapitels ist ein tiefliegender Satz von Riemann, der sagt, dass sich jede zusammenhängende einfach zusammenhängende offene Teilmenge der komplexen Ebene, die nicht gleich $\mathbb{C}$ ist, biholomorph auf die Einheitskreisscheibe abbilden lässt. Man kann diesen Satz verstehen als einen grundlegenden Schritt hin zur Klassifizierung eindimensionaler komplexer Mannigfaltigkeiten. Der Uniformisierungssatz sagt, allgemeiner, dass jede zusammenhängende einfach zusammenhängende 1-dimensionale komplexe Mannigfaltigkeit zu $\mathbb{C}$, S^2, oder $\mathbb{D}$ biholomorph ist. Eine wichtige Klasse 1-dimensionaler komplexer Mannigfaltigkeiten bilden die offenen Teilmengen von $\mathbb{C}$, und um diesen Fall geht es im Riemannschen Abbildungssatz. Wir untersuchen dann das Randverhalten der Riemannschen Abbildung mit Hilfe des Schwarzschen Spiegelungsprinzips und beweisen eine explizite Formel von Schwarz und Christoffel für Mengen mit polygonalen Rändern. Diese führt hin zur Theorie der elliptischen Funktionen, die hier nur kurz andiskutiert wird. Wir zeigen schliesslich, wie sich der Riemannsche Abbildungssatz auf mehrfach zusammenhängende Gebiete ausdehnen lässt.

5.1 Der Riemannsche Abbildungssatz

Satz 5.1 (Der Riemannsche Abbildungssatz). *Sei $\Omega \subset \mathbb{C}$ eine zusammenhängende einfach zusammenhängende offene Menge, so dass $\Omega \neq \emptyset$ und $\Omega \neq \mathbb{C}$ ist. Dann gibt es für jeden Punkt $z_0 \in \Omega$ genau eine biholomorphe Abbildung $f : \Omega \to \mathbb{D}$ auf die Einheitskreisscheibe, so dass*

$$f(z_0) = 0, \qquad f'(z_0) > 0. \tag{5.1}$$

Beispiel 5.2. Ist

$$\Omega = \mathbb{D} = \{z \in \mathbb{C} \mid |z| < 1\}$$

und $z_0 \in \mathbb{D}$, so ist die gesuchte Abbildung

$$f(z) = \frac{z - z_0}{1 - \bar{z}_0 z}, \qquad f'(z_0) = \frac{1}{1 - |z_0|^2}.$$

D.A. Salamon, *Funktionentheorie*, Grundstudium Mathematik, DOI 10.1007/978-3-0348-0169-0_5,

Beispiel 5.3. Ist Ω die rechte Halbebene, das heisst,

$$\Omega = \{z \in \mathbb{C} \,|\, \mathrm{Re}\, z > 0\}, \qquad z_0 = 1,$$

so ist die gesuchte Abbildung

$$f(z) = \frac{z-1}{z+1}, \qquad f'(1) = \frac{1}{2}.$$

Beispiel 5.4. Ist Ω die obere Halbebene, das heisst,

$$\Omega = \mathbb{H} = \{z \in \mathbb{C} \,|\, \mathrm{Im}\, z > 0\}, \qquad z_0 = \mathbf{i},$$

so ist die gesuchte Abbildung

$$f(z) = \mathbf{i}\frac{z-\mathbf{i}}{z+\mathbf{i}}, \qquad f'(\mathbf{i}) = \frac{1}{2}.$$

Diese Abbildung ergibt sich als Komposition der Multiplikation mit $-\mathbf{i}$, die die obere auf die rechte Halbebene abbildet, mit der Abbildung von Beispiel 5.3, gefolgt von einer weiteren Multiplikation mit $\mathbf{i}$, so dass die Abbildung der Normalisierungsbedingung (5.1) genügt.

Beispiel 5.5. Ist Ω der erste Quadrant, das heisst,

$$\Omega = \{z \in \mathbb{C} \,|\, \mathrm{Re}\, z > 0,\, \mathrm{Im}\, z > 0\}, \qquad z_0 = \frac{1+\mathbf{i}}{\sqrt{2}},$$

so ist die gesuchte Abbildung

$$f(z) = \frac{1+\mathbf{i}}{\sqrt{2}}\frac{z^2-\mathbf{i}}{z^2+\mathbf{i}}, \qquad f'(z_0) = 1.$$

Die Abbildung $z \mapsto z^2$ bildet Ω biholomorph auf $\mathbb{H}$ und z_0 auf $\mathbf{i}$ ab. Also folgt aus Beispiel 5.4, dass f diese Form haben muss (bis auf den Faktor der durch die Bedingung $f'(z_0) > 0$ bestimmt wird).

Beispiel 5.6. Ist Ω der offene obere Halbkreis, das heisst,

$$\Omega = \mathbb{H} \cap \mathbb{D} = \{z \in \mathbb{C} \,|\, |z| < 1,\, \mathrm{Im}\, z > 0\}, \qquad z_0 := \left(\sqrt{2}-1\right)\mathbf{i},$$

so ist die gesuchte Abbildung

$$f(z) = \frac{1}{\mathbf{i}}\frac{z^2+2\mathbf{i}z+1}{z^2-2\mathbf{i}z+1}, \qquad f'(z_0) = 2+\sqrt{2}.$$

Diese Abbildung ergibt sich als Komposition der inversen Abbildung aus Beispiel 5.3, die $\mathbb{D} \cap \mathbb{H}$ auf den rechten oberen Quadranten abbildet, mit der Abbildung aus Beispiel 5.5. Ein alternative Konstruktion wäre, die inverse Abbildung aus dem folgenden Beispiel 5.7 zu verwenden, die den oberen Halbkreis auf den oberen Halbstreifen $\{0 \le \mathrm{Im}\, z \le 1\}$ abbildet, und anschliessend die Abbildung aus Beispiel 5.8 zu verwenden.

Beispiel 5.7. Ist Ω der Streifen

$$\Omega = \{z \in \mathbb{C} \mid -1 < \operatorname{Im} z < 1\}, \qquad z_0 = 0,$$

so ist die gesuchte Abbildung

$$f(z) = \frac{e^{\pi z/2} - 1}{e^{\pi z/2} + 1}, \qquad f'(0) = \frac{\pi}{4}.$$

Diese Abbildung ist die Komposition der Abbildung $z \mapsto e^{\pi z/2}$, die den Streifen auf die rechte Halbebene abbildet, mit der Abbildung aus Beispiel 5.3.

Beispiel 5.8. Ist Ω der Streifen

$$\Omega = \{z \in \mathbb{C} \mid 0 < \operatorname{Im} z < 1\}, \qquad z_0 = \frac{\mathbf{i}}{2},$$

so ist die gesuchte Abbildung

$$f(z) = \frac{e^{\pi z} - \mathbf{i}}{e^{\pi z} + \mathbf{i}}, \qquad f'\left(\frac{\mathbf{i}}{2}\right) = \frac{\pi}{2}.$$

In diesem Fall wird Ω durch $z \mapsto e^{\pi z}$ auf die obere Halbebene abgebildet und $\mathbf{i}/2$ auf $\mathbf{i}$, so dass wir f durch Komposition mit der Abbildung aus Beispiel 5.4 erhalten.

Beispiel 5.9. Ist Ω die geschlitzte Ebene

$$\Omega = \mathbb{C} \setminus (-\infty, 0], \qquad z_0 = 1,$$

so ist die gesuchte Abbildung

$$f(z) = \frac{\sqrt{z} - 1}{\sqrt{z} + 1}, \qquad f'(1) = \frac{1}{4}.$$

Hier ist $\sqrt{z}$ als der Hauptzweig der Quadratwurzel zu verstehen, der die geschlitzte Ebene $\mathbb{C} \setminus (-\infty, 0]$ auf die rechte Halbebene abbildet. Die Komposition mit der Abbildung aus Beispiel 5.3 liefert dann die gesuchte Formel.

Beispiel 5.10. Ist

$$\Omega = \mathbb{C} \setminus (-\infty, -1/4], \qquad z_0 = 0,$$

so ergibt sich leicht aus Beispiel 5.9, dass die gesuchte Abbildung die folgende Form hat

$$f(z) = \frac{\sqrt{4z+1} - 1}{\sqrt{4z+1} + 1}, \qquad f'(0) = 1.$$

Es ist hier interessant, die Umkehrabbildung zu betrachten. Eine kurze Rechnung zeigt, dass $F := f^{-1} : \mathbb{D} \to \Omega$ durch

$$F(\zeta) = \frac{\zeta}{(1-\zeta)^2} = \zeta + 2\zeta^2 + 3\zeta^3 + 4\zeta^4 + \cdots$$

gegeben ist. Dies ist die **Koebe-Abbildung** (siehe Beispiel 3.56). Nach Konstruktion ist die Abbildung $F : \mathbb{D} \to \mathbb{C}$ injektiv, aber man kann das auch leicht direkt zeigen. Darüber hinaus enthält das Bild von F die Kreisscheibe vom Radius $1/4$, aber keine grössere. In der Tat stellt es sich heraus, dass das Bild jeder injektiven holomorphen Abbildung $F : \mathbb{D} \to \mathbb{C}$ mit $F(0) = 0$ und $F'(0) = 1$ die Kreisscheibe vom Radius $1/4$ enthalten muss. Diese Abbildung ist aus noch einem weiteren Grund interessant. **Bieberbach** hatte 1916 die **Vermutung** aufgestellt, dass jede injektive holomorphe Abbildung $F : \mathbb{D} \to \mathbb{C}$ mit $F(0) = 0$ und $F'(0) = 1$ die Ungleichung

$$\left|F^{(n)}(0)\right| \le n! \cdot n \qquad \forall\, n \in \mathbb{N} \tag{5.2}$$

erfüllt, dass also die Koeffizienten in der Taylorreihe

$$F(z) = z + a_2 z^2 + a_3 z^3 + \cdots, \qquad a_n := \frac{F^{(n)}(0)}{n!}$$

der Bedingung $|a_n| \le n$ genügen. Die Koebe-Abbildung zeigt, dass diese Abschätzung scharf ist und nicht verbessert werden kann. Die Bieberbach-Vermutung wurde 1985 von De Branges bewiesen.

Übung 5.11. (Diese Übung hat mir Theo Bühler erklärt.) Sei $f : \mathbb{D} \to \mathbb{C}$ eine injektive holomorphe Funktion mit

$$f(0) = 0, \qquad f'(0) = 1.$$

Beweisen Sie folgende Aussagen.

(i) Es gibt eine holomorphe Funktion $h : \mathbb{D} \to \mathbb{C}$, so dass

$$h(z)^2 = f(z^2) \quad \forall\, z \in \mathbb{D}, \qquad h'(0) = 1.$$

Diese Funktion ist injektiv und erfüllt die Bedingung

$$h(-z) = -h(z) \quad \forall\, z \in \mathbb{D}.$$

Hinweis: Übung 4.75.

(ii) Sei $\phi : \mathbb{D} \setminus \{0\} \to \mathbb{C}$ eine injektive holomorphe Funktion mit der Laurentreihenentwicklung

$$\phi(z) = \frac{1}{z} + \sum_{n=1}^{\infty} a_n z^n.$$

Dann gilt

$$\sum_{n=1}^{\infty} n\,|a_n| \le 1.$$

Hinweis: Berechnen Sie den Flächeninhalt der Menge $S_r := \phi(B_1(0) \setminus B_r(0))$ mit Hilfe des Satzes von Stokes und betrachten Sie den Grenzwert $r \to 1$.

(iii) Es gilt

$$|f''(0)| \leq 4. \tag{5.3}$$

Hinweis: Wenden Sie (ii) auf die Funktion $\phi(z) = 1/h(z)$ an.

(iv) Es gilt $B_{1/4}(0) \subset f(\mathbb{D})$. **Hinweis:** Für $\zeta \notin f(\mathbb{D})$ betrachten Sie die Funktion

$$f_\zeta : \mathbb{D} \to \mathbb{C}, \qquad f_\zeta(z) := \frac{\zeta f(z)}{\zeta - f(z)}.$$

Zeigen Sie, dass diese Funktion injektiv ist und ebenfalls die Bedingungen $f_\zeta(0) = 0$ und $f'_\zeta(0) = 0$ erfüllt. Benutzen Sie die Formel 5.3 für f_ζ statt f.

Übung 5.12. Sei $m \geq 1/2$ und $\Delta \subset \mathbb{C}$ der offene Kreissektor aller komplexen Zahlen mit $0 < |z| < 1$ und $0 < \arg(z) < \pi/m$. Zeigen Sie, dass die Abbildung

$$f : \Delta \to \mathbb{H}, \qquad f(z) = \left(\frac{1 + z^m}{1 - z^m}\right)^2$$

biholomorph ist. Finden Sie eine biholomorphe Abbildung von Δ nach $\mathbb{D}$.

5.2 Normale Familien

Wir nehmen in diesem gesamten Abschnitt an, dass $\Omega \subset \mathbb{C}$ eine zusammenhängende offene Menge ist und bezeichnen mit

$$\mathcal{C}(\Omega) := \{f : \Omega \to \mathbb{C} \,|\, f \text{ ist stetig}\}$$

den Raum der stetigen komplexwertigen Funktionen auf Ω. Wir diskutieren die Frage, wann eine Folge in $\mathcal{C}(\Omega)$ eine Teilfolge besitzt, die auf jeder kompakten Teilmenge von Ω gleichmässig konvergiert. Diese Frage führt zunächst zu folgender Definition.

Definition 5.13.

(i) *Eine Teilmenge $\mathcal{F} \subset \mathcal{C}(\Omega)$ heisst* **normal**, *oder* **normale Familie**, *wenn jede Folge $f_n \in \mathcal{F}$, $n = 1, 2, 3, \ldots$, eine Teilfolge besitzt, die auf jeder kompakten Teilmenge von Ω gleichmässig konvergiert.*

(ii) *Eine Teilmenge $\mathcal{F} \subset \mathcal{C}(\Omega)$ heisst* **lokal beschränkt**, *wenn es für jede kompakte Teilmenge $K \subset \Omega$ eine Konstante $c_K > 0$ gibt, so dass*

$$|f(z)| \leq c_K \quad \forall\, f \in \mathcal{F} \;\; \forall\, z \in K.$$

(iii) *Eine Teilmenge $\mathcal{F} \subset \mathcal{C}(\Omega)$ heisst* **lokal gleichgradig stetig**, *wenn es für jede kompakte Teilmenge $K \subset \Omega$ und jedes $\varepsilon > 0$ eine Konstante $\delta > 0$ gibt, so dass für alle $f \in \mathcal{F}$ und alle $z, w \in K$ folgendes gilt:*

$$|z - w| < \delta \qquad \Longrightarrow \qquad |f(z) - f(w)| < \varepsilon.$$

Der folgende Satz charakterisiert die normalen Familien in $\mathcal{C}(\Omega)$.

Satz 5.14. *Eine Teilmenge $\mathcal{F} \subset \mathcal{C}(\Omega)$ ist genau dann eine normale Familie, wenn sie lokal beschränkt und lokal gleichgradig stetig ist.*

Beweis. Der Beweis beruht auf dem Satz von Arzéla–Ascoli (siehe Satz C.5 im Anhang C). Dieser Satz sagt folgendes.

Satz von Arzéla–Ascoli. *Sei K ein kompakter metrischer Raum und $\mathcal{C}(K)$ der Banachraum der stetigen komplexwertigen Funktionen auf K mit der Supremumsnorm. Eine Teilmenge*

$$\mathcal{K} \subset \mathcal{C}(K)$$

ist genau dann kompakt, wenn sie abgeschlossen, beschränkt, und gleichgradig stetig ist.

Wir nehmen zunächst an, dass $\mathcal{F} \subset \mathcal{C}(\Omega)$ eine normale Familie ist. Sei $K \subset \Omega$ eine kompakte Teilmenge und

$$\mathcal{F}_K := \{f|_K \mid f \in \mathcal{F}\}. \tag{5.4}$$

Dann besitzt jede Folge in $\mathcal{F}_K$ eine konvergente Teilfolge (deren Grenzwert aber nicht notwendigerweise ein Element von $\mathcal{F}_K$ sein muss). Hieraus folgt, dass der Abschluss $\overline{\mathcal{F}}_K$ bezüglich der Supremumsnorm kompakt ist (siehe Bemerkung C.2). Damit ist dieser Abschluss, nach Satz C.5, beschränkt und gleichgradig stetig. Das gilt natürlich auch für $\mathcal{F}_K$. Also ist jede normale Familie $\mathcal{F} \subset \mathcal{C}(\Omega)$ lokal beschränkt und lokal gleichgradig stetig.

Für die Umkehrung nehmen wir an, dass $\mathcal{F}$ lokal beschränkt und lokal gleichgradig stetig ist. Wir beweisen in drei Schritten, dass $\mathcal{F}$ eine normale Familie ist.

Schritt 1. *Es gibt eine Folge kompakter Teilmengen*

$$K_1 \subset K_2 \subset K_3 \subset \cdots \subset \Omega,$$

so dass für jede kompakte Teilmenge $K \subset \Omega$ ein $m \in \mathbb{N}$ existiert, so dass $K \subset K_m$ ist.

Für $m \in \mathbb{N}$ definieren wir

$$K_m := \left\{z \in \mathbb{C} \mid |z| \le m,\, B_{1/m}(z) \subset \Omega\right\}.$$

Diese Menge ist abgeschlossen (Übung) und beschränkt und daher, nach Heine–Borel, kompakt. Ist $K \subset \Omega$ eine beliebige kompakte Teilmenge, gibt es Konstanten $\varepsilon > 0$ und $c > 0$, so dass

$$|z| \le c, \qquad B_\varepsilon(z) \subset \Omega \qquad \forall z \in K.$$

Für c folgt das aus Heine–Borel und für ε aus Lemma 3.42. Wählen wir nun $m > \max\{c, 1/\varepsilon\}$, so ist $K \subset K_m$.

Schritt 2. *Ist $K \subset \Omega$ kompakt und $f_1, f_2, f_3, \cdots$ eine Folge in $\mathcal{F}$, so gibt es eine Teilfolge $(f_{n_k})_{k\in\mathbb{N}}$, die auf K gleichmässig konvergiert.*

Die in (5.4) definierte Menge $\mathcal{F}_K$ ist, nach Voraussetzung, beschränkt und gleichgradig stetig. Daraus folgt, dass der Abschluss $\overline{\mathcal{F}}_K$ bezüglich der Supremumsnorm ebenfalls beschränkt und gleichgradig stetig ist (Übung). Also ist dieser Abschluss, nach Arzéla–Ascoli, eine kompakte Teilmenge von $\mathcal{C}(K)$. Daher hat die Folge $(f_n|_K)_{n\in\mathbb{N}}$ eine gleichmässig konvergente Teilfolge.

Schritt 3. *Die Teilfolge in Schritt 2 kann unabhängig von K gewählt werden.*

Der Beweis ist das Standardargument mit Diagonalfolgen. Wir wählen zunächst, nach Schritt 2, eine Teilfolge $\left(f_{n_{k,1}}\right)_{k\in\mathbb{N}}$, die auf K_1 gleichmässig konvergiert. Dann wählen wir, wieder nach Schritt 2, eine Teilfolge $\left(f_{n_{k,2}}\right)_{k\in\mathbb{N}}$ der vorherigen Teilfolge, die auf K_2 gleichmässig konvergiert. Mit vollständiger Induktion erhalten wir auf diese Weise eine Folge von Teilfolgen

$$\left(f_{n_{k,m}}\right)_{k\in\mathbb{N}},$$

die auf K_m gleichmässig konvergieren und, so dass für jedes $m \in \mathbb{N}$, die Folge $\left(f_{n_{k,m}}\right)_{k\in\mathbb{N}}$ eine Teilfolge von $\left(f_{n_{k,m-1}}\right)_{k\in\mathbb{N}}$ ist. Schliesslich betrachten wir die Diagonalfolge

$$f_{n_k} := f_{n_{k,k}}, \qquad k = 1, 2, 3, \ldots.$$

Diese Folge ist für $k \geq m$ eine Teilfolge von $\left(f_{n_{k,m}}\right)_{k\in\mathbb{N}}$ und konvergiert daher gleichmässig auf K_m für jedes $m \in \mathbb{N}$. Nach Schritt 1 konvergiert diese Teilfolge daher gleichmässig auf jeder kompakten Teilmenge $K \subset \Omega$, was zu beweisen war. □

Satz 5.15. *Sei $\mathcal{F} \subset \mathcal{C}(\Omega)$ eine Teilmenge mit der Eigenschaft, dass jedes $f \in \mathcal{F}$ holomorph ist. Dann gilt*

$$\mathcal{F} \text{ ist normal} \quad \Longleftrightarrow \quad \mathcal{F} \text{ ist lokal beschränkt.}$$

Beweis. Dass jede normale Familie lokal beschränkt ist, wurde bereits in Satz 5.14 bewiesen. Wir nehmen also an, dass $\mathcal{F}$ eine lokal beschränkte Teilmenge von $\mathcal{C}(\Omega)$ ist, die nur aus holomorphen Funktionen besteht.

Behauptung: *Für jede kompakte Teilmenge $K \subset \Omega$ gibt es eine Konstante $L_K > 0$, so dass*

$$|f(z) - f(w)| \leq L_K \, |z - w|$$

für alle $f \in \mathcal{F}$ und alle $z, w \in K$.

Ist dies bewiesen, so ist $\mathcal{F}$ auch lokal gleichgradig stetig (mit $\delta := \varepsilon / L_K$) und damit, nach Satz 5.14 normal.

Wir führen den Beweis der Behauptung indirekt und nehmen an, dass es eine kompakte Teilmenge $K \subset \Omega$ gibt, für die sie falsch ist. Dann gibt es für jedes $n \in \mathbb{N}$ eine Funktion $f_n \in \mathcal{F}$ und zwei Punkte $z_n, w_n \in K$ mit

$$|f(w_n) - f(z_n)| > n\,|w_n - z_n|\,.$$

Insbesondere ist also $w_n \neq z_n$ für alle $n \in \mathbb{N}$. Ist $c_K > 0$ die Konstante in der Definition der lokalen Beschränktheit von $\mathcal{F}$, so gilt

$$|w_n - z_n| \leq \frac{|f(w_n) - f(z_n)|}{n} \leq \frac{2c_K}{n}$$

und damit $\lim_{n\to\infty}(w_n - z_n) = 0$. Da K kompakt ist, gibt es eine Teilfolge z_{n_k}, die gegen ein Element $z^* \in K$ konvergiert; also gilt

$$\lim_{k\to\infty} w_{n_k} = \lim_{k\to\infty} z_{n_k} = z^* \in K \subset \Omega.$$

Wähle nun $\delta > 0$ so, dass $\overline{B}_{2\delta}(z^*) \subset \Omega$ und wähle $c > 0$ so, dass

$$|f(z)| \leq c \qquad \forall\, f \in \mathcal{F}\ \ \forall\, z \in B_{2\delta}(z^*).$$

Dann folgt aus Cauchy's Ungleichung in Satz 3.38, dass

$$|f'(z)| \leq \frac{c}{\delta} \qquad \forall\, f \in \mathcal{F}\ \ \forall\, z \in B_{\delta}(z^*).$$

Nach dem Schrankensatz in [7] gilt nun

$$|f(w) - f(z)| \leq \frac{c}{\delta}\,|w - z| \qquad \forall\, f \in \mathcal{F}\ \ \forall\, z, w \in B_{\delta}(z^*).$$

Man kann dies auch leicht mit Hilfe von (3.3) zeigen. Wählen wir nun k so gross, dass $z_{n_k}, w_{n_k} \in B_\delta(z^*)$ und $n_k \geq c/\delta$, so folgt daraus

$$|f_{n_k}(w_{n_k}) - f_{n_k}(z_{n_k})| \leq \frac{c}{\delta}\,|w_{n_k} - z_{n_k}| \leq n_k\,|w_{n_k} - z_{n_k}|\,,$$

im Widerspruch zur Wahl unserer Folge. Damit ist der Satz bewiesen. □

Übung 5.16. Sei $\Omega \subset \mathbb{C}$ eine offene Menge und $K_1 \subset K_2 \subset K_3 \subset \cdots$ eine wachsende Folge kompakter Teilmengen von Ω wie in Schritt 1 des Beweises von Satz 5.14. Für $f, g \in \mathcal{C}(\Omega)$ definieren wir

$$d(f,g) := \sum_{m=1}^{\infty} \frac{1}{2^m} \frac{\sup_{K_m}|f-g|}{1 + \sup_{K_m}|f-g|}.$$

Diese Funktion hat folgende Eigenschaften.

(i) Die Funktion $d : \mathcal{C}(\Omega) \times \mathcal{C}(\Omega) \to \mathbb{R}$ ist eine Metrik auf $\mathcal{C}(\Omega)$.

(ii) Eine Folge $f_n \in \mathcal{C}(\Omega)$ konvergiert genau dann bezüglich der Metrik d, wenn sie gleichmässig auf jeder kompakten Teilmenge von Ω konvergiert.

(iii) Eine Teilmenge $\mathcal{F} \subset \mathcal{C}(\Omega)$ ist genau dann eine normale Familie, wenn ihr Abschluss bezüglich der Metrik d kompakt ist.

5.3 Beweis des Riemannschen Abbildungssatzes

Wir beginnen diesen Abschnitt mit einem vorbereitenden Resultat, das auch unabhängig von unserer speziellen Anwendung für sich interessant ist.

Satz 5.17 (Hurwitz). *Sei $\Omega \subset \mathbb{C}$ eine zusammenhängende offene Menge und $f_n : \Omega \to \mathbb{C}$ eine Folge holomorpher Funktionen, die gleichmässig auf jeder kompakten Teilmenge von Ω gegen eine Funktion $f : \Omega \to \mathbb{C}$ konvergiert. Wir nehmen an, dass die Funktionen f_n keine Nullstellen haben:*

$$f_n(z) \neq 0 \qquad \forall n \in \mathbb{N}\ \forall z \in \Omega.$$

Dann ist f entweder auf ganz Ω gleich Null, oder f hat keine Nullstelle.

Beweis. Wir nehmen an, dass f nicht überall auf Ω verschwindet. Nach Satz 3.41 ist f holomorph, und die Folge der Ableitungen f_n' konvergiert gleichmässig auf jeder kompakten Teilmenge von Ω gegen f'. Da $f \not\equiv 0$ ist, ist die Menge

$$A := \{z \in \Omega \mid f(z) = 0\}$$

der Nullstellen von f diskret (siehe Korollar 3.58 und Definition 4.35).

Sei nun $z_0 \in \Omega$ und wähle $r > 0$ so, dass

$$\overline{B}_r(z_0) \subset \Omega, \qquad \partial B_r(z_0) \cap A = \emptyset.$$

Mit $\Gamma := \partial B_r(z_0)$ gilt

$$\inf_\Gamma |f| > 0.$$

Hieraus folgt, dass auch die Funktionenfolge $1/f_n$ auf Γ gleichmässig gegen $1/f$ konvergiert. Also konvergiert die Folge f_n'/f_n auf Γ gleichmässig gegen f'/f. Mit

$$\gamma(t) := z_0 + re^{2\pi \mathbf{i} t}, \qquad 0 \leq t \leq 1$$

folgt daraus

$$\frac{1}{2\pi\mathbf{i}} \int_\gamma \frac{f'(z)}{f(z)}\, dz = \lim_{n\to\infty} \frac{1}{2\pi\mathbf{i}} \int_\gamma \frac{f_n'(z)}{f_n(z)}\, dz = 0.$$

Die letzte Gleichheit folgt aus Korollar 3.21. Hieraus folgt wiederum, nach dem Prinzip vom Argument in Satz 4.64, dass f keine Nullstellen in $B_r(z_0)$ haben kann und insbesondere, dass $f(z_0) \neq 0$ ist. Da aber $z_0 \in \Omega$ beliebig gewählt war, haben wir den Satz damit bewiesen. □

Beweis von Satz 5.1. Wir beweisen zunächst die Eindeutigkeit der biholomorphen Abbildung $f : \Omega \to \mathbb{D}$, die (5.1) erfüllt. Seien also $f_0, f_1 : \Omega \to \mathbb{D}$ zwei biholomorphe Abbildungen mit

$$f_0(z_0) = f_1(z_0) = 0, \qquad f_0'(z_0) > 0, \qquad f_1'(z_0) > 0.$$

Wir betrachten die Abbildung

$$f := f_1 \circ f_0^{-1} : \mathbb{D} \to \mathbb{D}.$$

Diese ist ebenfalls biholomorph und erfüllt die Bedingungen

$$f(0) = 0, \qquad f'(0) = \frac{f_1'(z_0)}{f_0'(z_0)} > 0.$$

Daraus folgt nach Satz 3.68, dass $|f(z)| \le |z|$ ist für alle $z \in \mathbb{D}$. Nun lässt sich dieser Satz ebenso auf die Umkehrabbildung $f^{-1} : \mathbb{D} \to \mathbb{D}$ anwenden, und wir erhalten

$$|f(z)| = |z| \qquad \forall z \in \mathbb{D}.$$

Daraus folgt nach Satz 3.68, dass es eine Konstante $c \in \mathbb{C}$ gibt, so dass $|c| = 1$ und $f(z) = cz$ ist für alle $z \in \mathbb{D}$. Da $c = f'(z) > 0$ ist, kann diese Konstante nur $c = 1$ sein. Damit ist die Eindeutigkeit von f bewiesen.

Wir beweisen die Existenz einer biholomorphen Abbildung $f : \Omega \to \mathbb{D}$, die die Normalisierungsbedingung (5.1) erfüllt. Dazu nehmen wir an, dass $\Omega \subset \mathbb{C}$ eine zusammenhängende einfach zusammenhängende offene Menge ist, $z_0 \in \Omega$ und $\Omega \ne \mathbb{C}$ ist. Sei $\mathcal{F} \subset \mathcal{C}(\Omega)$ die Menge

$$\mathcal{F} := \left\{ f : \Omega \to \mathbb{C} \,\middle|\, \begin{array}{l} f \text{ ist holomorph und injektiv,} \\ |f(z)| \le 1 \text{ für alle } z \in \Omega, \\ f(z_0) = 0,\ f'(z_0) > 0 \end{array} \right\}. \tag{5.5}$$

Wir zeigen in fünf Schritten, dass $\mathcal{F}$ eine biholomorphe Abbildung $f : \Omega \to \mathbb{D}$ enthält.

Schritt 1. $\mathcal{F} \ne \emptyset$.

Wähle ein Element $a \in \mathbb{C} \setminus \{0\}$. Dann ist die Funktion

$$\Omega \to \mathbb{C} : z \mapsto z - a$$

holomorph und hat keine Nullstellen. Da Ω einfach zusammenhängend ist, folgt aus Satz 4.17, dass es eine holomorphe Abbildung $h : \Omega \to \mathbb{C}$ gibt, so dass

$$h(z)^2 = z - a \qquad \forall\, z \in \Omega.$$

Differenzieren wir diese Identität, so ergibt sich

$$2h(z)h'(z) = 1 \qquad \forall\, z \in \Omega.$$

Hieraus folgt, dass h folgende Bedingungen erfüllt

$$h(z) \ne 0, \quad h'(z) \ne 0, \quad h(z) \ne \pm h(w) \quad \forall z, w \in \Omega \text{ mit } z \ne w. \tag{5.6}$$

Ausserdem ist die Bildmenge $h(\Omega)$ offen, nach Satz 2.26. Also gibt es eine Zahl $\rho > 0$, so dass

$$B_\rho(h(z_0)) \subset h(\Omega), \qquad B_\rho(-h(z_0)) \cap h(\Omega) = \emptyset.$$

Hier folgt die zweite Gleichung aus der ersten unter Verwendung von (5.6). Da $0 \notin h(\Omega)$ ist, ebenfalls nach (5.6), erhalten wir die Ungleichungen

$$|h(z_0)| \geq \rho, \qquad |h(z) + h(z_0)| \geq \rho \quad \forall\, z \in \Omega. \tag{5.7}$$

Sei nun $g : \Omega \to \mathbb{C}$ definiert durch

$$g(z) := \frac{\rho}{4} \frac{|h'(z_0)|}{|h(z_0)|^2} \frac{h(z_0)}{h'(z_0)} \frac{h(z) - h(z_0)}{h(z) + h(z_0)}. \tag{5.8}$$

Diese Funktion ist wohldefiniert, da $h(z) + h(z_0)$ stets ungleich Null ist. Sie ist holomorph nach Satz 2.15, und sie ist injektiv, da h injektiv ist und jede Möbiustransformation injektiv ist. Ausserdem ist offensichtlich

$$g(z_0) = 0, \qquad g'(z_0) = \frac{\rho}{8} \frac{|h'(z_0)|}{|h(z_0)|^2} > 0.$$

Es bleibt also zu zeigen, dass $g(\Omega) \subset \mathbb{D}$ ist. Für jedes $z \in \Omega$ gilt nach (5.8)

$$\begin{aligned}
|g(z)| &= \frac{\rho}{4\,|h(z_0)|} \left| \frac{h(z) - h(z_0)}{h(z) + h(z_0)} \right| \\
&= \frac{\rho}{4} \left| \frac{1}{h(z_0)} - \frac{2}{h(z) + h(z_0)} \right| \\
&\leq \frac{1}{4} \left(\frac{\rho}{|h(z_0)|} + \frac{2\rho}{|h(z) + h(z_0)|} \right) \\
&\leq \frac{3}{4}.
\end{aligned}$$

Hier folgt die letzte Ungleichung aus (5.7). Damit ist Schritt 1 bewiesen.

Schritt 2. *Sei*

$$b := \sup_{f \in \mathcal{F}} f'(z_0).$$

Dann ist $0 < b < \infty$.

Da $\mathcal{F} \neq \emptyset$ ist, nach Schritt 1, gilt offensichtlich $b > 0$. Zum Beweis der Endlichkeit von b wählen wir $r > 0$ so, dass $B_r(z_0) \subset \Omega$. Dann folgt aus Cauchy's Ungleichung in Satz 3.38, dass

$$|f'(z_0)| \leq \frac{1}{r} \sup_{B_r(z_0)} |f| \leq \frac{1}{r}$$

für alle $f \in \mathcal{F}$. Also ist $b \leq 1/r$. Damit ist Schritt 2 bewiesen.

Schritt 3. *Es gibt eine Abbildung* $f \in \mathcal{F}$ *mit* $f'(z_0) = b$.

Nach Definition von b existiert eine Folge $f_n \in \mathcal{F}$, so dass

$$b = \lim_{n\to\infty} f_n'(z_0).$$

Nach Satz 5.15 ist die Menge $\mathcal{F}$ eine normale Familie. Also existiert eine Teilfolge $(f_{n_k})_{k\in\mathbb{N}}$, die auf jeder kompakten Teilmenge von Ω gleichmässig konvergiert. Wir bezeichnen den Grenzwert mit

$$f(z) := \lim_{k\to\infty} f_{n_k}(z), \qquad z \in \Omega.$$

Nach Satz 3.41 ist f holomorph und die Folge der Ableitungen f_{n_k}' konvergiert auf jeder kompakten Teilmenge von Ω gleichmässig gegen f'. Insbesondere gilt

$$f(z_0) = \lim_{k\to\infty} f_{n_k}(z_0) = 0, \qquad f'(z_0) = \lim_{k\to\infty} f_{n_k}'(z_0) = b$$

und

$$|f(z)| = \lim_{k\to\infty} |f_{n_k}(z)| \le 1 \qquad \forall\, z \in \Omega.$$

Es bleibt zu zeigen, dass f injektiv ist. Dazu wählen wir einen Punkt $z_1 \in \Omega$ und betrachten die Funktionen

$$g(z) := f(z) - f(z_1), \qquad g_n(z) := f_n(z) - f_n(z_1)$$

auf der zusammenhängenden offenen Menge $\Omega \setminus \{z_1\}$. Da jede der Funktionen f_n injektiv ist, hat g_n keine Nullstellen in $\Omega \setminus \{z_1\}$. Ausserdem konvergiert die Teilfolge g_{n_k} gleichmässig auf jeder kompakten Teilmenge von $\Omega \setminus \{z_1\}$ gegen g, und g ist nichtkonstant, da $g'(z_0) = b \ne 0$ ist. Also hat g nach dem Satz 5.17 von Hurwitz keine Nullstelle in $\Omega \setminus \{z_1\}$. Das heisst aber, $f(z) \ne f(z_1)$ für alle $z \in \Omega \setminus \{z_1\}$. Da $z_1 \in \Omega$ beliebig gewählt war, haben wir gezeigt, dass f injektiv und damit $f \in \mathcal{F}$ ist.

Schritt 4. *Die Abbildung* f *aus Schritt* 3 *erfüllt* $f'(z) \ne 0$ *für alle* $z \in \Omega$.

Das folgt sofort aus dem Biholomorphiesatz (Korollar 3.63) und der Tatsache, dass f injektiv ist.

Schritt 5. *Die Abbildung* f *aus Schritt* 3 *erfüllt* $f(\Omega) = \mathbb{D}$.

Zunächst folgt aus dem Maximumprinzip (Satz 3.67), dass $f(\Omega) \subset \mathbb{D}$ ist. Wir nehmen an, dass es ein Element $w_0 \in \mathbb{D}$ gibt, so dass $f(z) \ne w_0$ ist für alle $z \in \Omega$. Da Ω einfach zusammenhängend ist, gibt es nach Satz 4.17 eine holomorphe Funktion $F : \Omega \to \mathbb{C}$, so dass

$$F(z)^2 = \frac{f(z) - w_0}{1 - \bar{w}_0 f(z)} \qquad \forall\, z \in \Omega. \tag{5.9}$$

Diese Funktion ist holomorph, injektiv und erfüllt die Bedingung $|F(z)| < 1$ für alle $z \in \Omega$ (siehe Übung 1.16). Wir definieren nun $G : \Omega \to \mathbb{C}$ durch

$$G(z) := \frac{|F'(z_0)|}{F'(z_0)} \frac{F(z) - F(z_0)}{1 - \overline{F(z_0)}F(z)}, \qquad z \in \Omega. \tag{5.10}$$

Dann ist G wiederum holomorph und injektiv, nimmt Werte in $\mathbb{D}$ an und erfüllt unsere Normalisierungsbedingungen

$$G(z_0) = 0, \qquad G'(z_0) = \frac{|F'(z_0)|}{1 - |F(z_0)|^2} > 0. \tag{5.11}$$

Also ist $G \in \mathcal{F}$. Wir zeigen, dass $G'(z_0) > b$ ist. Dazu differenzieren wir zunächst die Gleichung (5.9) und erhalten

$$2F(z)F'(z) = \frac{f'(z)(1 - |w_0|^2)}{(1 - \bar{w}_0 f(z))^2}.$$

Mit $z = z_0$ und $f'(z_0) = b$ folgt daraus $2F(z_0)F'(z_0) = b(1 - |w_0|^2)$. Da $|F(z_0)|^2 = |w_0|$ ist, gibt das

$$|F'(z_0)| = b\,\frac{1 - |w_0|^2}{2\sqrt{|w_0|}}$$

und damit, nach (5.11),

$$G'(z_0) = \frac{|F'(z_0)|}{1 - |F(z_0)|^2} = b\,\frac{1 - |w_0|^2}{2\sqrt{|w_0|}\,(1 - |w_0|)} = b\,\frac{1 + |w_0|}{2\sqrt{|w_0|}} > b.$$

Das steht im Widerspruch zur Definition von b, und damit ist der Riemannsche Abbildungssatz bewiesen. □

Bemerkung 5.18. Zunächst mag es ein bisschen nach Glücksache aussehen, dass am Schluss des Beweises die Ungleichung $G'(z_0) > b$ steht, die zu dem gewünschten Widerspruch führt. Jedoch ergeben die Gleichungen (5.9) und (5.10) zusammen einen Ausdruck der Form

$$f = \phi \circ G,$$

wobei $\phi : \mathbb{D} \to \mathbb{D}$ eine holomorphe Abbildung mit $\phi(0) = 0$ ist. Da ϕ einen quadratischen Term (aus der invertierten Gleichung (5.9)) enthält, ist ϕ keine Möbiustransformation. Daher folgt aus dem Schwarzschen Lemma 3.68, dass ϕ die strikte Ungleichung $|\phi'(0)| < 1$ erfüllt, und daraus ergibt sich die gewünschte Abschätzung

$$b = |f'(z_0)| = |\phi'(0)|\,|G'(z_0)| < |G'(z_0)|\,.$$

Korollar 5.19 (Einfach zusammenhängende Mengen). *Sei $\Omega \subset \mathbb{C}$ eine zusammenhängende offene Menge. Dann sind folgende Aussagen äquivalent.*

(i) *Das Komplement $\overline{\mathbb{C}} \setminus \Omega$ ist zusammenhängend.*

(ii) *Für jeden Zyklus $\gamma \in \mathscr{Z}(\Omega)$ und jeden Punkt $z \in \mathbb{C} \setminus \Omega$ gilt $\mathrm{w}(\gamma, z) = 0$.*

(iii) *Jede glatte geschlossene Kurve in Ω ist zusammenziehbar.*

Beweis. Die Äquivalenz von (i) und (ii) wurde in Satz 4.11 gezeigt.

Wir beweisen "(iii) $\Longrightarrow$ (ii)". Jeder Zyklus $\gamma \in \mathscr{Z}(\Omega)$ ist zu einer endlichen Summe $\widetilde{\gamma}$ stückweise glatter geschlossener Kurven äquivalent und hat damit dieselben Windungszahlen wie $\widetilde{\gamma}$ (Bemerkung 4.5). Durch reparametrisieren können wir nun diese stückweise glatten Kurven in glatte geschlossene Kurven verwandeln (Bemerkung 3.26). Nach (iii) sind diese glatten geschlossenen Kurven zusammenziehbar, und, da die Windungszahl eine Homotopie-Invariante ist (Bemerkung 3.27), folgt daraus (ii).

Wir beweisen "(i) $\Longrightarrow$ (iii)". Für $\Omega = \mathbb{C}$ oder $\Omega = \emptyset$ ist (iii) offensichtlich erfüllt. Andernfalls folgt aus (i) nach dem Riemannschen Abbildungssatz 5.1, dass es einen (holomorphen) Diffeomorphismus $f : \Omega \to \mathbb{D}$ gibt mit $f(z_0) = 0$. Ist nun $\gamma : [0,1] \to \Omega$ eine glatte geschlossene Kurve mit $\gamma(0) = \gamma(1) = z_0$, so liefert die Formel

$$\gamma_\lambda(t) := f^{-1}(\lambda f(\gamma(t))), \qquad 0 \leq \lambda, t \leq 1,$$

eine glatte Homotopie mit

$$\gamma_0(t) = z_0, \qquad \gamma_1(t) = \gamma(t), \qquad \gamma_\lambda(0) = \gamma_\lambda(1) = z_0$$

für alle t und λ. Damit ist das Korollar bewiesen. □

Mit Hilfe des Riemannschen Abbildungssatzes haben wir in Korollar 5.19 gezeigt, dass der hier verwendete Begriff einer einfach zusammenhängenden Menge zu dem in der Topologie üblichen Begriff äquivalent ist.

5.4 Regularität am Rand

Wir untersuchen in diesem Abschnitt das Randverhalten der biholomorphen Abbildung $f : \Omega \to \mathbb{D}$ im Riemannschen Abbildungssatz. Am Anfang steht eine einfache Beobachtung, die ohne jede Einschränkung für jedes Ω gilt.

Definition 5.20. *Sei $\Omega \subset \mathbb{C}$ offen und $(z_n)_{n\in\mathbb{N}}$ eine Folge in Ω. Wir sagen, z_n* **konvergiert gegen den Rand von** *Ω, wenn für jede kompakte Teilmenge $K \subset \Omega$ eine Zahl $n_0 \in \mathbb{N}$ existiert, so dass für alle $n \in \mathbb{N}$ gilt*

$$n \geq n_0 \qquad \Longrightarrow \qquad z_n \in \Omega \setminus K.$$

Wenn diese Bedingung erfüllt ist, schreiben wir abkürzend $z_n \longrightarrow \partial\Omega$.

Übung 5.21. Eine Folge $z_n \in \Omega$ konvergiert genau dann gegen den Rand von Ω, wenn sie keine Teilfolge hat, die gegen ein Element von Ω konvergiert.

Übung 5.22. Sei $f : \Omega \to \widetilde{\Omega}$ ein Homöomorphismus zwischen zwei offenen Teilmengen von $\mathbb{C}$, und sei $(z_n)_{n\in\mathbb{N}}$ eine Folge in Ω. Dann gilt

$$z_n \longrightarrow \partial\Omega \qquad \Longleftrightarrow \qquad f(z_n) \longrightarrow \partial\widetilde{\Omega}.$$

Übung 5.23. Für jede Folge $(z_n)_{n\in\mathbb{N}}$ in $\mathbb{D}$ gilt

$$z_n \longrightarrow \partial\mathbb{D} \qquad \Longleftrightarrow \qquad \lim_{n\to\infty} |z_n| = 1.$$

Satz 5.24. *Sei $\Omega \subset \mathbb{C}$ eine offene Menge und $f : \Omega \to \mathbb{D}$ ein Homöomorphismus. Dann gilt für jede Folge $(z_n)_{n\in\mathbb{N}}$ in Ω, dass*

$$z_n \longrightarrow \partial\Omega \qquad \Longleftrightarrow \qquad \lim_{n\to\infty} |f(z_n)| = 1.$$

Beweis. Übung 5.22 und Übung 5.23. □

So elementar dieser Satz auch erscheinen mag, stellt er sich doch als sehr nützlich heraus. Er gibt uns eine erste Information über das Verhalten von gegen den Rand konvergierenden Folgen unter unserer biholomorphen Abbildung. Unser Ziel in diesem Abschnitt ist es jedoch, eine wesentlich stärkere Aussage zu beweisen für offene Mengen mit besonders *regulärem* Rand. Dazu benötigen wir das Schwarzsche Spiegelungsprinzip.

Das Schwarzsche Spiegelungsprinzip

Sei $\Omega \subset \mathbb{C}$ eine zusammenhängende offene Menge, die symmetrisch ist unter Konjugation, das heisst,

$$z \in \Omega \qquad \Longleftrightarrow \qquad \bar{z} \in \Omega. \tag{5.12}$$

Wir bezeichnen die *obere Hälfte* von Ω mit

$$\Omega^+ := \Omega \cap \mathbb{H} = \{z \in \Omega \,|\, \operatorname{Im} z > 0\}.$$

(Siehe Abbildung 5.1.)

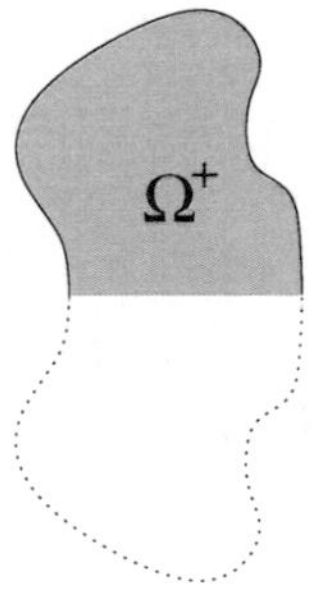

Abbildung 5.1: Ein spiegelsymmetrisches Gebiet

Satz 5.25 (Schwarz). *Sei $f : \Omega^+ \to \mathbb{C}$ eine holomorphe Funktion, so dass*

$$\lim_{\Omega^+ \ni z \to x} \operatorname{Re} f(z) = 0 \qquad \forall x \in \Omega \cap \mathbb{R}. \tag{5.13}$$

Dann gibt es eine holomorphe Funktion $\widetilde{f} : \Omega \to \mathbb{C}$, *so dass*

$$\widetilde{f}|_{\Omega^+} = f, \qquad \widetilde{f}(\bar{z}) = -\overline{\widetilde{f}(z)} \quad \forall\, z \in \Omega. \tag{5.14}$$

Beweis. Sei $u := \operatorname{Re} f : \Omega^+ \to \mathbb{R}$, und definiere $\widetilde{u} : \Omega \to \mathbb{R}$ durch

$$\widetilde{u}(z) := \begin{cases} u(z), & \text{falls } \operatorname{Im} z > 0, \\ 0, & \text{falls } \operatorname{Im} z = 0, \\ -u(\bar{z}), & \text{falls } \operatorname{Im} z < 0. \end{cases}$$

Dann folgt aus unserer Voraussetzung (5.13), dass $\widetilde{u}$ stetig ist.

Behauptung 1. $\widetilde{u}$ *ist harmonisch, das heisst,* $\widetilde{u} : \Omega \to \mathbb{R}$ *ist eine* C^2*-Funktion und erfüllt in* Ω *die Laplace-Gleichung*

$$\Delta \widetilde{u} := \frac{\partial^2 \widetilde{u}}{\partial x^2} + \frac{\partial^2 \widetilde{u}}{\partial y^2} = 0.$$

Behauptung 2. *Es gibt eine harmonische Funktion* $\widetilde{v} : \Omega \to \mathbb{R}$, *so dass*

$$\frac{\partial \widetilde{v}}{\partial x} = -\frac{\partial \widetilde{u}}{\partial y}, \qquad \frac{\partial \widetilde{v}}{\partial y} = \frac{\partial \widetilde{u}}{\partial x}, \qquad \text{in } \Omega, \tag{5.15}$$

$$\widetilde{v}(\bar{z}) = \widetilde{v}(z) \qquad \forall\, z \in \Omega, \tag{5.16}$$

$$\widetilde{v}(z) = \operatorname{Im} f(z) \qquad \forall\, z \in \Omega^+. \tag{5.17}$$

Die Aussage von Satz 5.25 folgt aus diesen Behauptungen mit $\widetilde{f} := \widetilde{u} + \mathbf{i}\widetilde{v}$.

Wir beweisen Behauptung 1. Die Funktion $\widetilde{u}$ ist offensichtlich harmonisch auf $\Omega \setminus \mathbb{R}$. Sei also $x_0 \in \Omega \cap \mathbb{R}$. Wir wählen $r > 0$ so, dass $\overline{B}_r(x_0) \subset \Omega$ ist und definieren $\widehat{u} : \overline{B}_r(x_0) \to \mathbb{R}$ durch $\widehat{u}(z) := \widetilde{u}(z)$ für $z \in \partial B_r(x_0)$ und durch

$$\widehat{u}(z) := \frac{1}{2\pi} \int_{-\pi}^{\pi} \frac{r^2 - |z - x_0|^2}{|x_0 + re^{\mathbf{i}t} - z|^2} \widetilde{u}(x_0 + re^{\mathbf{i}t})\, dt, \qquad z \in B_r(x_0). \tag{5.18}$$

Diese Funktion ist harmonisch in $B_r(z_0)$ und stetig auf $\overline{B}_r(x_0)$ (Satz A.11). Ausserdem gilt

$$\widehat{u}(z) = 0 \qquad \forall z \in B_r(x_0) \cap \mathbb{R},$$

denn für $z = x \in \mathbb{R}$ ist der Integrand in (5.18) eine ungerade Funktion von t. Daraus folgt, dass $\widehat{u} - \widetilde{u}$ auf $B_r(x_0) \cap \mathbb{H}$ harmonisch ist und auf dem Rand diese Gebietes verschwindet. Dasselbe gilt für den unteren Halbkreis von $B_r(x_0)$. Nach dem Maximumprinzip für harmonische Funktionen (Satz A.5) stimmen $\widetilde{u}$ und $\widehat{u}$ auf $B_r(x_0)$ überein, und daher ist $\widetilde{u}$ auf diesem Gebiet harmonisch. Da $x_0 \in \Omega \cap \mathbb{R}$ beliebig gewählt war, folgt daraus Behauptung 1.

Wir beweisen Behauptung 2. Die Funktion $\widetilde{v}$ ist auf $\Omega \setminus \mathbb{R}$ durch (5.16) und (5.17) eindeutig bestimmt und erfüllt dort auch die Bedingung (5.15), nach Satz 2.13. Wir wählen nun x_0 und r wie im Beweis der Behauptung 1. Für $\zeta = \xi + \mathbf{i}\eta \in \mathbb{C}$ mit $|\zeta| < r$ betrachten wir die Funktion

$$\widetilde{v}(x_0 + \zeta) := c + \int_0^1 \left(\eta \frac{\partial \widetilde{u}}{\partial x}(x_0 + t\zeta) - \xi \frac{\partial \widetilde{u}}{\partial y}(x_0 + t\zeta) \right) dt.$$

Diese Funktion erfüllt die Gleichung (5.15), nach Übung 2.46. Daraus folgt, dass $\widetilde{v} - \operatorname{Im} f$ in $B_r(z_0) \cap \mathbb{H}$ konstant ist. Wir können also c so wählen, dass $\widetilde{v} = \operatorname{Im} f$ ist in $B_r(z_0) \cap \mathbb{H}$. Damit erfüllt $\widetilde{v}$ also (5.15) und (5.17) in $B_r(z_0)$. Nun betrachten wir die folgenden Funktionen $U, V : B_r(x_0) \to \mathbb{R}$:

$$U(x,y) := \widetilde{u}(x,y) + \widetilde{u}(x,-y), \qquad V(x,y) := \widetilde{v}(x,y) - \widetilde{v}(x,-y).$$

Da $\widetilde{u}$ und $\widetilde{v}$ die Cauchy–Riemann-Gleichungen in $B_r(x_0)$ erfüllen, gilt dies auch für U und V. Nun ist aber $U \equiv 0$, und daraus folgt, dass V in $B_r(x_0)$ konstant ist. Da $V(x,0) = 0$ ist, folgt daraus $V \equiv 0$. Damit erfüllt $\widetilde{v}$ auch die Bedingung (5.16) in $B_r(x_0)$. Wir haben also gezeigt, dass sich die Funktion

$$\Omega \setminus \mathbb{R} \to \mathbb{C} : z \mapsto \begin{cases} \operatorname{Im} f(z), & \text{falls } \operatorname{Im} z > 0, \\ \operatorname{Im} f(\bar{z}), & \text{falls } \operatorname{Im} z < 0, \end{cases}$$

zu einer harmonischen Funktion auf $(\Omega \setminus \mathbb{R}) \cup B_r(x_0)$ fortsetzen lässt, die dort (5.15), (5.16) und (5.17) erfüllt. Da $x_0 \in \Omega \cap \mathbb{R}$ beliebig gewählt war, folgt daraus Behauptung 2. Damit ist der Satz bewiesen. □

Bemerkung 5.26. Im Beweis von Satz 5.25 ist es nötig, auf die Theorie der harmonischen Funktionen zurückzugreifen, weil wir keinerlei Bedingungen an das Verhalten des Imaginärteils von $f(z)$ für $z \to x \in \Omega \cap \mathbb{R}$ stellen. Falls dieser Limes für jedes x existiert, so folgt daraus, dass die durch $\widetilde{f}(z) := f(z)$ für $\operatorname{Im} z > 0$ und $\widetilde{f}(z) := -\overline{f(\bar{z})}$ für $\operatorname{Im} z < 0$ definierte Funktion auf $\Omega \setminus \mathbb{R}$ sich auf Ω stetig fortsetzen lässt, und dann kann man mit Hilfe von Satz 4.12 beweisen, dass diese Fortsetzung holomorph ist.

Übung 5.27. Welche Schlussfolgerung ergibt sich in Satz 5.25, wenn der Realteil von $f(z)$ in (5.13) durch den Imaginärteil ersetzt wird?

Übung 5.28. Sei $f : \mathbb{C} \to \mathbb{C}$ eine holomorphe Funktion, so dass $f(\mathbb{R}) \subset \mathbb{R}$ und $f(\mathbf{i}\mathbb{R}) \subset \mathbf{i}\mathbb{R}$ ist. Zeigen Sie, dass f ungerade ist (das heisst, $f(-z) = -f(z)$ für alle $z \in \mathbb{C}$).

Übung 5.29. Sei $\Omega \subset \mathbb{C}$ eine offene Menge, die (5.12) erfüllt. Dann lässt sich jede holomorphe Funktion $f : \Omega \to \mathbb{C}$ als Summe $f = f_1 + \mathbf{i} f_2$ schreiben, wobei jedes f_i eine holomorphe Funktion auf Ω mit $f_i(\Omega \cap \mathbb{R}) \subset \mathbb{R}$ ist.

Übung 5.30. Sei $f : \mathbb{H} \to \mathbb{C}$ eine beschränkte holomorphe Funktion, so dass $\lim_{z \to x} \operatorname{Re} f(z) = 0$ ist für alle $x \in \mathbb{R}$. Dann ist f konstant.

Übung 5.31. Sei $f : \mathbb{D} \to \mathbb{C}$ eine holomorphe Funktion, die der Bedingung

$$\lim_{z \to e^{\mathrm{i}\theta}} |f(z)| = 1 \qquad \forall \theta \in \mathbb{R}$$

genügt. Beweisen Sie, dass f rational ist. **Hinweis:** Beweisen Sie zuerst, dass eine holomorphe Funktion $\widetilde{f} : \mathbb{C} \to \mathbb{C}$ existiert, die auf $\mathbb{D}$ mit f übereinstimmt und die Bedingung

$$\widetilde{f}(1/\bar{z}) = 1/\overline{\widetilde{f}(z)} \qquad \forall z \in \mathbb{C} \setminus \{0\}$$

erfüllt.

Regularität am Rand

Definition 5.32. *Sei $\Omega \subset \mathbb{C}$ eine offene Menge. Ein Randpunkt $\zeta \in \partial\Omega$ heisst* **regulär**, *wenn es eine offene Umgebung $U \subset \mathbb{C}$ von ζ und eine injektive holomorphe Funktion $\phi : U \to \mathbb{C}$ gibt, so dass*

$$\phi(U \cap \Omega) = \phi(U) \cap \mathbb{H}, \qquad \phi(U \cap \partial\Omega) = \phi(U) \cap \mathbb{R}. \tag{5.19}$$

(*Siehe Abbildung* 5.2.)

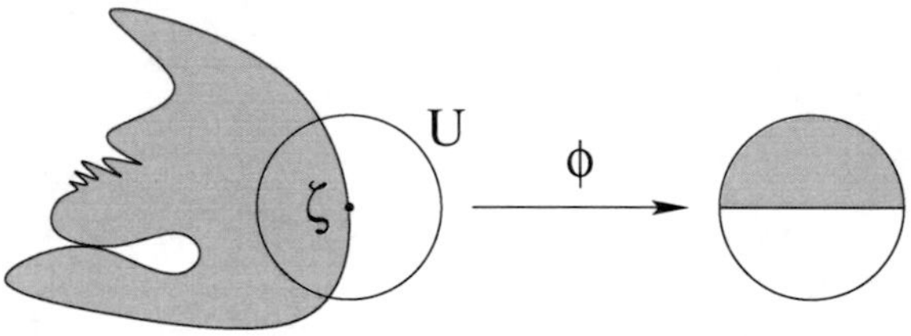

Abbildung 5.2: Ein regulärer Randpunkt

Satz 5.33. *Sei $\Omega \subset \mathbb{C}$ eine zusammenhängende einfach zusammenhängende offene Menge und*

$$\Gamma := \{\zeta \in \partial\Omega \,|\, \zeta \text{ ist regulär}\}$$

die Menge der regulären Randpunkte. Ist $f : \Omega \to \mathbb{D}$ eine biholomorphe Abbildung, so existiert eine offene Menge $\widetilde{\Omega} \subset \mathbb{C}$ und eine injektive holomorphe Abbildung $\widetilde{f} : \widetilde{\Omega} \to \mathbb{C}$, so dass $\Omega \cup \Gamma \subset \widetilde{\Omega}$ und $\widetilde{f}|_\Omega = f$ ist.

Beweis. Der Beweis hat vier Schritte.

Schritt 1. *Für jedes $\zeta \in \Gamma$ gibt es eine offene Umgebung $U_\zeta \subset \mathbb{C}$ von ζ und eine injektive holomorphe Funktion $f_\zeta : \Omega \cup U_\zeta \to \mathbb{C}$, so dass*

$$\partial\Omega \cap U_\zeta \subset \Gamma, \qquad f_\zeta|_\Omega = f,$$

und, für alle $z \in \Omega \cup U_\zeta$,

$$\begin{aligned} z \in \Omega \quad &\Longleftrightarrow \quad |f_\zeta(z)| < 1, \\ z \in \partial\Omega \quad &\Longleftrightarrow \quad |f_\zeta(z)| = 1, \\ z \notin \overline{\Omega} \quad &\Longleftrightarrow \quad |f_\zeta(z)| > 1. \end{aligned} \tag{5.20}$$

Insbesondere lässt sich f *stetig auf* $\Omega \cup \Gamma$ *fortsetzen, und wir definieren*

$$C := \left\{ \lim_{z \to \zeta} f(z) \,\middle|\, \zeta \in \Gamma \right\} = \{ f_\zeta(\zeta) \,|\, \zeta \in \Gamma \} \subset S^1. \tag{5.21}$$

Sei $U \subset \mathbb{C}$ eine offene Umgebung von ζ und $\phi : U \to \mathbb{C}$ eine injektive holomorphe Funktion wie in Definition 5.32, so dass (5.19) gilt. Wir können U und ϕ so wählen, dass

$$\phi(U) = \mathbb{D}, \qquad \phi(\zeta) = 0, \qquad z_0 := f^{-1}(0) \notin U. \tag{5.22}$$

Dazu verkleinern wir U, wenn nötig, so dass $z_0 \notin U$ und $\phi(U) = B_\varepsilon(\phi(\zeta))$ eine kleine Kreisscheibe mit Mittelpunkt $\phi(\zeta)$ ist, und ersetzen dann ϕ durch die Abbildung $z \mapsto (\phi(z) - \phi(\zeta))/\varepsilon$. Dann erfüllt die neue Abbildung die Bedingungen (5.22). Mit dieser Wahl von U und ϕ ist

$$f(\phi^{-1}(t)) \neq 0 \qquad \forall t \in \mathbb{D} \cap \mathbb{H}.$$

Da $\mathbb{D} \cap \mathbb{H}$ einfach zusammenhängend ist, existiert nach Satz 4.17 eine holomorphe Funktion $g : \mathbb{D} \cap \mathbb{H} \to \mathbb{C}$, so dass

$$e^g = f \circ \phi^{-1}|_{\mathbb{D} \cap \mathbb{H}}.$$

Nach Satz 5.24 gilt

$$\lim_{\substack{t \to x \\ t \in \mathbb{D} \cap \mathbb{H}}} \left| f(\phi^{-1}(t)) \right| = 1 \qquad \forall x \in \mathbb{D} \cap \mathbb{R}.$$

Da $\left| f(\phi^{-1}(t)) \right| = e^{\mathrm{Re}\, g(t)}$ ist, folgt daraus

$$\lim_{\substack{t \to x \\ t \in \mathbb{D} \cap \mathbb{H}}} \mathrm{Re}\, g(t) = 0 \qquad \forall x \in \mathbb{D} \cap \mathbb{R}.$$

Nach Satz 5.25 existiert also eine holomorphe Funktion $\widetilde{g} : \mathbb{D} \to \mathbb{C}$, deren Einschränkung auf $\mathbb{D} \cap \mathbb{H}$ gleich g ist. Wir definieren nun $U_\zeta := U$ und $f_\zeta : \Omega \cup U_\zeta \to \mathbb{C}$ durch

$$f_\zeta(z) := \begin{cases} e^{\widetilde{g}(\phi(z))}, & \text{für } z \in U_\zeta, \\ f(z), & \text{für } z \in \Omega. \end{cases} \tag{5.23}$$

Diese Funktion ist wohldefiniert, da die beiden Ausdrücke auf $\Omega \cap U_\zeta$ übereinstimmen, und sie ist offensichtlich holomorph. Wir definieren nun einen Diffeomorphismus

$$\tau_\zeta : U_\zeta \to U_\zeta, \qquad \tau_\zeta(z) := \phi^{-1}\left(\overline{\phi(z)} \right).$$

Dies entspricht der komplexen Konjugation auf $\phi(U) = \mathbb{D}$. Insbesondere ist τ_ζ eine Involution, das heisst, $\tau_\zeta \circ \tau_\zeta = \mathrm{id}$, und es folgt aus (5.19), dass für alle $z \in U_\zeta$ gilt:

$$\begin{aligned} z \in U_\zeta \cap \Omega \quad &\Longleftrightarrow \quad \phi(z) \in \mathbb{H} \quad \Longleftrightarrow \quad \tau_\zeta(z) \in U_\zeta \setminus \overline{\Omega}, \\ z \in U_\zeta \cap \partial\Omega \quad &\Longleftrightarrow \quad \phi(z) \in \mathbb{R} \quad \Longleftrightarrow \quad \tau_\zeta(z) = z. \end{aligned} \tag{5.24}$$

Da $\widetilde{g}$ die Symmetriebedingung

$$\widetilde{g}(\bar{t}) = -\overline{\widetilde{g}(t)} \qquad \forall t \in \mathbb{D}$$

erfüllt, erhalten wir

$$f_\zeta(\tau_\zeta(z)) = \frac{1}{\overline{f_\zeta(z)}} \qquad \forall z \in U_\zeta. \tag{5.25}$$

Es folgt sofort aus (5.23), (5.24) und (5.25), dass f_ζ die Bedingung (5.20) erfüllt. Es folgt wiederum aus (5.20) und (5.25), dass f_ζ injektiv ist (Übung). Damit haben wir Schritt 1 bewiesen.

Schritt 2. *Sei C wie in Schritt 1. Dann existiert eine offene Menge $W \subset \mathbb{C}$ und eine holomorphe Funktion $\widetilde{F} : W \to \mathbb{C}$, so dass*

$$\mathbb{D} \subset W, \qquad W \cap S^1 = C, \qquad \widetilde{F}|_{\mathbb{D}} = f^{-1}, \tag{5.26}$$

und, für alle $w \in W$,

$$\begin{aligned} |w| < 1 \quad &\Longleftrightarrow \quad \widetilde{F}(w) \in \Omega, \\ |w| = 1 \quad &\Longleftrightarrow \quad \widetilde{F}(w) \in \partial\Omega, \\ |w| > 1 \quad &\Longleftrightarrow \quad \widetilde{F}(w) \notin \overline{\Omega}. \end{aligned} \tag{5.27}$$

Für jedes $\zeta \in \Gamma$ können wir die Umgebung U_ζ in Schritt 1 so wählen, dass

$$V_\zeta := f_\zeta(U_\zeta) = B_{\varepsilon_\zeta}(f_\zeta(\zeta))$$

ist für eine geeignete Konstante $\varepsilon_\zeta > 0$. Dann stimmt die Abbildung

$$f_\zeta^{-1} : \mathbb{D} \cup V_\zeta \to \Omega \cup U_\zeta$$

auf $V_\zeta \cap \mathbb{D}$ mit f^{-1} überein. Ausserdem ist die Menge $V_\zeta \cap V_{\zeta'} \cap \mathbb{D}$ für $\zeta, \zeta' \in \Gamma$ der Durchschnitt dreier Kreisscheiben, zwei davon mit Mittelpunkt auf dem Rand der dritten. (Siehe Abbildung 5.3.) Dieser Durchschnitt ist einerseits zusammenhängend, und andererseits ist er genau dann nichtleer, wenn $V_\zeta \cap V_{\zeta'} \neq \emptyset$ ist. (Wenn $V_\zeta \cap V_{\zeta'} \neq \emptyset$ ist, enthält die Gerade durch $f_\zeta(\zeta)$ und $f_{\zeta'}(\zeta')$ ein Element von $V_\zeta \cap V_{\zeta'} \cap \mathbb{D}$.) Daraus folgt, nach Korollar 3.57, dass

$$f_\zeta^{-1}(w) = f_{\zeta'}^{-1}(w) \qquad \forall w \in V_\zeta \cap V_{\zeta'} \ \forall \zeta, \zeta' \in \Gamma.$$

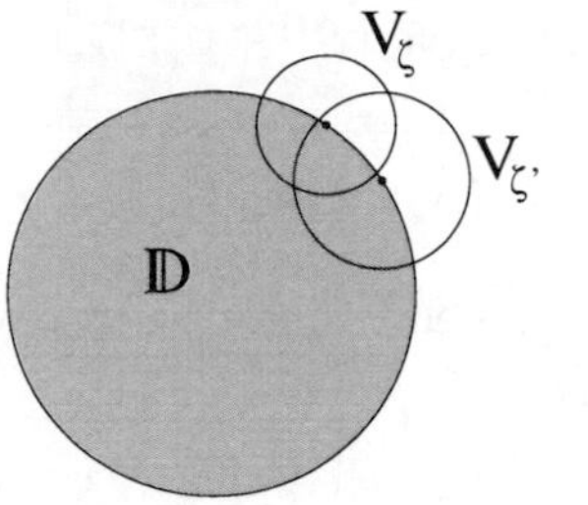

Abbildung 5.3: Drei Kreisscheiben

Sei $\widetilde{F} : W \to \mathbb{C}$ definiert durch

$$W := \mathbb{D} \cup \bigcup_{\zeta \in \Gamma} V_\zeta, \qquad \widetilde{F}(w) := \begin{cases} f^{-1}(w), & \text{für } w \in \mathbb{D}, \\ f_\zeta^{-1}(w), & \text{für } w \in V_\zeta. \end{cases}$$

Dies ist eine wohldefinierte holomorphe Funktion auf einer offenen Menge $W \subset \mathbb{C}$ mit $\mathbb{D} \cup C \subset W$, die auf $\mathbb{D}$ mit f^{-1} übereinstimmt. Dass diese Funktion die Bedingung (5.27) erfüllt, folgt sofort aus (5.20). Wir bemerken noch, dass

$$W \cap S^1 = \bigcup_{\zeta \in \Gamma} V_\zeta \cap S^1 = C$$

ist, denn für jedes $\zeta \in \Gamma$ gilt

$$V_\zeta \cap S^1 = f_\zeta(U_\zeta \cap \partial\Omega) = f_\zeta(U_\zeta \cap \Gamma) \subset C,$$

und für jedes $w \in C$ existiert ein $\zeta \in \Gamma$ mit $w = f_\zeta(\zeta) \in V_\zeta \cap S^1$. Damit gilt auch (5.26), und wir haben Schritt 2 bewiesen.

Schritt 3. *Die Einschränkung von $\widetilde{F}$ auf $\mathbb{D} \cup C$ ist injektiv.*

Seien $w, w' \in \mathbb{D} \cup C$ mit $\widetilde{F}(w) = \widetilde{F}(w')$. Ist $w \in \mathbb{D}$, so folgt aus (5.27), dass $w' \in \mathbb{D}$ ist, und daher gilt

$$w = f(\widetilde{F}(w)) = f(\widetilde{F}(w')) = w'.$$

Ist $w \in C$, so folgt aus (5.26) und (5.27), dass $w' \in W \cap S^1 = C$ ist. Daher gibt es Punkte $\zeta, \zeta' \in \Gamma$ mit

$$w = f_\zeta(\zeta), \qquad w' = f_{\zeta'}(\zeta').$$

Nach Definition von $\widetilde{F}$ gilt

$$\zeta = f_\zeta^{-1}(w) = \widetilde{F}(w) = \widetilde{F}(w') = f_{\zeta'}^{-1}(w') = \zeta'$$

und daraus folgt $w = w'$. Damit haben wir Schritt 3 bewiesen.

Schritt 4. *Es gibt eine offene Teilmenge $\widetilde{W} \subset W$, so dass $\mathbb{D} \cup C \subset \widetilde{W}$ und $\widetilde{F}|_{\widetilde{W}}$ injektiv ist.*

Da C eine relativ offene Teilmenge von S^1 ist, ist $\mathbb{D}\cup C$ eine relativ offene Teilmenge von $\overline{\mathbb{D}}$. Daraus folgt, dass die Menge

$$K_n := \left\{z \in \mathbb{D} \cup C \,|\, B_{1/n}(z) \cap \overline{\mathbb{D}} \subset \mathbb{D} \cup C\right\}$$

kompakt ist (Übung). Damit haben wir eine wachsende Folge kompakter Mengen $K_n \subset \mathbb{D} \cup C$, deren Vereinigung $\mathbb{D} \cup C$ ist.

Behauptung: *Es gibt eine Folge offener Teilmengen $W_n \subset \mathbb{C}$, die für jedes $n \in \mathbb{N}$ die folgenden Bedingungen erfüllen*

$$\overline{W}_{n-1} \cup K_n \subset W_n, \qquad \overline{W}_n \subset W, \qquad \widetilde{F}|_{\overline{W}_n} \text{ ist injektiv.} \tag{5.28}$$

Für $n = 0$ setzen wir $W_0 := \emptyset$. Wir nehmen an, dass $W_n \subset \mathbb{C}$ so konstruiert wurde, dass (5.28) gilt. Dann gilt:

$$\widetilde{F} \quad \text{ist injektiv auf} \quad \overline{W}_n \cup K_{n+1}. \tag{5.29}$$

Seien $w, w' \in \overline{W}_n \cup K_{n+1}$ mit $\widetilde{F}(w) = \widetilde{F}(w')$. Ist $w \in \overline{\mathbb{D}}$, so gilt nach (5.27), dass $\widetilde{F}(w') = \widetilde{F}(w) \in \Omega \cup \partial\Omega$ ist, und daher gilt auch $w' \in \overline{\mathbb{D}}$. Also sind w, w' beide in $\overline{\mathbb{D}} \cap W = \mathbb{D} \cup C$, und daraus folgt nach Schritt 3, dass $w = w'$ ist. Im Fall $w \notin \overline{\mathbb{D}}$ folgt aus (5.27), dass w' auch nicht in $\overline{\mathbb{D}}$ liegt. Also sind dann w, w' beide in W_n, und es folgt aus (5.28), dass $w = w'$ ist. Damit haben wir gezeigt, dass $\widetilde{F}$ auf $\overline{W}_n \cup K_{n+1}$ injektiv ist, wie behauptet.

Wir zeigen nun, dass eine offene Menge $W_{n+1} \subset \mathbb{C}$ existiert, die die Bedingung (5.28) mit $n+1$ statt n erfüllt. Die entscheidende Bedingung ist dabei, dass $\widetilde{F}$ auf $\overline{W}_{n+1}$ injektiv ist; die anderen beiden Bedingungen sind nach Lemma 3.42 für jede hinreichend kleine ε-Umgebung von $\overline{W}_n \cup K_{n+1}$ erfüllt. Wenn es also eine solche offene Menge W_{n+1} nicht gibt, existieren Folgen $z_\nu, w_\nu \in W$, so dass

$$\widetilde{F}(z_\nu) = \widetilde{F}(w_\nu), \qquad z_\nu \neq w_\nu,$$

$$B_{1/\nu}(z_\nu) \cap \left(\overline{W}_n \cup K_{n+1}\right) \neq \emptyset, \qquad B_{1/\nu}(w_\nu) \cap \left(\overline{W}_n \cup K_{n+1}\right) \neq \emptyset.$$

Durch Übergang zu Teilfolgen können wir ohne Beschränkung der Allgemeinheit annehmen, dass z_ν gegen z^* und w_ν gegen w^* konvergiert. Damit erhalten wir zwei Elemente

$$z^*, w^* \in \overline{W}_n \cup K_{n+1}, \qquad \widetilde{F}(z^*) = \widetilde{F}(w^*).$$

Nach (5.29) folgt daraus $w^* = z^*$. Nun ist aber die Einschränkung von $\widetilde{F}$ auf eine hinreichend kleine Umgebung von z^* nach Konstruktion injektiv. Daraus folgt $z_\nu = w_\nu$ für hinreichend grosse ν, im Widerspruch zu der Wahl unserer Folgen. Damit haben wir die Existenz der Folge offener Mengen W_n, die die Bedingung (5.28) erfüllen, bewiesen. Nun definieren wir einfach

$$\widetilde{W} := \bigcup_{n \in \mathbb{N}} W_n.$$

Nach (5.28) ist dies eine offene Teilmenge von W, so dass

$$\mathbb{D} \cup C = \bigcup_{n \in \mathbb{N}} K_n \subset \widetilde{W},$$

und die Einschränkung von $\widetilde{F}$ auf $\widetilde{W}$ ist injektiv. Damit haben wir Schritt 4 bewiesen. Ist $\widetilde{W}$ wie in Schritt 4, so erfüllen

$$\widetilde{\Omega} := \widetilde{F}(\widetilde{W}), \qquad \widetilde{f} := \widetilde{F}^{-1}$$

die Behauptungen des Satzes. □

Übung 5.34. Sei $\Omega \subsetneq \mathbb{C}$ eine nichtleere zusammenhängende einfach zusammenhängende offene Menge und $f : \Omega \to \mathbb{D}$ eine biholomorphe Abbildung.

(a) Erfüllt Ω die Symmetriebedingung

$$z \in \Omega \qquad \Longleftrightarrow \qquad \bar{z} \in \Omega$$

und ist $z_0 := f^{-1}(0) \in \mathbb{R}$ und $f'(z_0) > 0$, so gilt

$$f(\bar{z}) = \overline{f(z)}.$$

(b) Sei Ω symmetrisch bezüglich $z_0 = f^{-1}(0)$:

$$z_0 + \zeta \in \Omega \qquad \Longleftrightarrow \qquad z_0 - \zeta \in \Omega$$

Was kann man über f sagen?

(c) Sei G eine Gruppe, die auf Ω durch biholomorphe Abbildungen wirkt. Formulieren Sie genau, was das heisst, und beweisen Sie, dass es eine biholomorphe Wirkung von G auf $\mathbb{D}$ gibt, so dass f eine G-equivariante Abbildung ist. Formulieren Sie eine ähnliche Aussage für eine Gruppenwirkung durch holomorphe und anti-holomorphe Diffeomorphismen.

5.5 Die Schwarz–Christoffel-Transformation

In diesem Abschnitt betrachten wir offene Mengen, deren Ränder durch Polygone beschrieben werden können:

(P) $\Omega \subset \mathbb{C}$ sei eine zusammenhängende einfach zusammenhängende offene Menge, deren Rand durch ein Polygon mit $n \geq 3$ paarweise verschiedenen entgegen dem Uhrzeigersinn aufeinanderfolgenden Ecken $z_1, \ldots, z_n \in \mathbb{C}$ gegeben ist. Die Innenwinkel bezeichnen wir mit

$$\pi\alpha_1, \ldots, \pi\alpha_n, \qquad 0 < \alpha_k < 2,$$

und die Aussenwinkel sind $\pi\beta_1, \ldots, \pi\beta_n$ mit $-1 < \beta_k := 1 - \alpha_k < 1$.

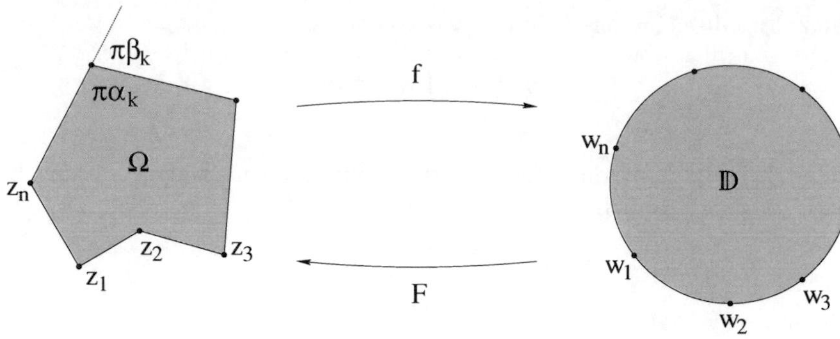

Abbildung 5.4: Eine Schwarz–Christoffel-Transformation

Die Innenwinkel $\pi\alpha_k$ sind durch die z_k bestimmt mittels der Formel

$$\pi\alpha_k = \arg\left(\frac{z_{k-1} - z_k}{z_{k+1} - z_k}\right),$$

wobei wir die Konvention $z_0 := z_n$ und $z_{n+1} := z_1$ verwenden (siehe Abbildung 5.4). Die Bedingung $0 < \alpha_k < 2$ sagt, dass die beiden Vektoren $z_{k-1} - z_k$ und $z_{k+1} - z_k$ nicht positive Vielfache voneinander sind; wenn sie also linear abhängig sind, ist der Faktor negativ; in diesem Fall ist $\alpha_k = 1$. Die Bedingung (P) sagt insbesondere, dass sich der Zyklus

$$\gamma := \sum_{k=1}^{n} \gamma_k, \qquad \gamma_k(t) := z_{k-1} + t\,(z_k - z_{k-1})$$

nicht selbst schneidet und Ω entgegen dem Uhrzeigersinn umläuft. Mit anderen Worten, bezeichnet Γ die Bildmenge von γ, so ist

$$\Omega = \{z \in \mathbb{C} \setminus \Gamma \mid \mathrm{w}(\gamma, z) = 1\}.$$

Man kann versuchen, kombinatorisch zu beschreiben, wann genau eine endliche Folge komplexer Zahlen $z_1, \ldots, z_n$ die Bedingung (P) erfüllt, dies ist aber gar nicht so einfach. Eine notwendige Bedingung ist

$$\sum_{k=1}^{n} \alpha_k = n - 2, \qquad \sum_{k=1}^{n} \beta_k = 2. \tag{5.30}$$

Hier folgt die erste Gleichung per Induktion aus der Tatsache, dass die Winkelsumme im Dreieck gleich π ist, und die zweite Gleichung folgt aus der ersten und der Tatsache, dass $\alpha_k + \beta_k = 1$ ist.

Übung 5.35. Ω ist genau dann konvex, wenn $\beta_k \geq 0$ ist für alle k.

Satz 5.36 (Schwarz–Christoffel). *Seien* $\Omega, z_k, \alpha_k, \beta_k$ *wie in* (P). *Sei* $f : \Omega \to \mathbb{D}$ *eine biholomorphe Abbildung,* $F := f^{-1} : \mathbb{D} \to \Omega$ *die Umkehrabbildung und* $z_0 := F(0)$. *Dann haben* f *und* F *folgenden Eigenschaften.*

(i) *Für* $k = 1, 2, \ldots, n$ *existiert der Grenzwert*

$$w_k := \lim_{z \to z_k} f(z) \in S^1. \tag{5.31}$$

(ii) f *lässt sich zu einem Homöomorphismus* $f : \overline{\Omega} \to \overline{\mathbb{D}}$ *fortsetzen.*

(iii) *Die Ableitung der Umkehrabbildung erfüllt die Bedingung*

$$F'(w) \prod_{k=1}^{n} (w - w_k)^{\beta_k} = c \qquad \forall\, w \in \mathbb{D}, \tag{5.32}$$

für eine geeignete, von Null verschiedene, Konstante $c \in \mathbb{C}$.

(iv) *Ist* c *wie in* (iii), *so gilt*

$$F(w) = z_0 + c \int_0^1 \prod_{k=1}^{n} (tw - w_k)^{-\beta_k}\, w\, dt \qquad \forall\, w \in \mathbb{D}. \tag{5.33}$$

Bemerkung 5.37.

(a) Die Grenzwerte w_k in (5.31) lassen sich nicht durch eine explizite Formel bestimmen.

(b) Die Definition der Funktion

$$w \mapsto (w - w_k)^{\beta_k} := e^{\beta_k \log(w - w_k)}$$

auf der Einheitskreisscheibe $\mathbb{D}$ hängt von der Wahl der Logarithmusfunktion ab und ist nicht eindeutig. Das gleiche gilt für die Konstante c in (5.32). Die Logarithmusfunktion ist für jedes k zu wählen. Ändern wir diese Wahl, so zieht das eine entsprechende Änderung der Konstanten c nach sich. Die Gültigkeit der Gleichungen (5.32) und (5.33) wird dadurch nicht beeinträchtigt.

Beweis von Satz 5.36. Die Aussage (ii) folgt aus (i) und Satz 5.33. Die Aussage (iv) folgt aus (iii) durch integrieren.

Wir beweisen (i). Dazu wählen wir für jedes $k \in \{1, \ldots, n\}$ ein Argument

$$\theta_k = \arg(z_{k+1} - z_k) \in \mathbb{R},$$

so dass $e^{\mathrm{i}\theta_k} = z_{k+1} - z_k$ (wobei $z_{n+1} := z_1$). Weiter wählen wir $\varepsilon > 0$ so klein, dass $2\varepsilon < |z_i - z_j|$ ist für alle $i, j \in \{1, \ldots, n\}$ mit $i \neq j$. Dann ist

$$S_k = B_\varepsilon(z_k) \cap \Omega = \left\{ z_k + re^{\mathrm{i}\theta} \,\middle|\, \theta_k < \theta < \theta_k + \pi\alpha_k,\ 0 < r < \varepsilon \right\}$$

ein offener Kreissektor, und wir definieren eine Funktion $\psi_k : S_k \to \mathbb{C}$ durch

$$\psi_k(z) := (z - z_k)^{1/\alpha_k} = r^{1/\alpha_k} e^{\mathrm{i}\theta/\alpha_k}, \qquad z = z_k + re^{\mathrm{i}\theta} \in S_k. \tag{5.34}$$

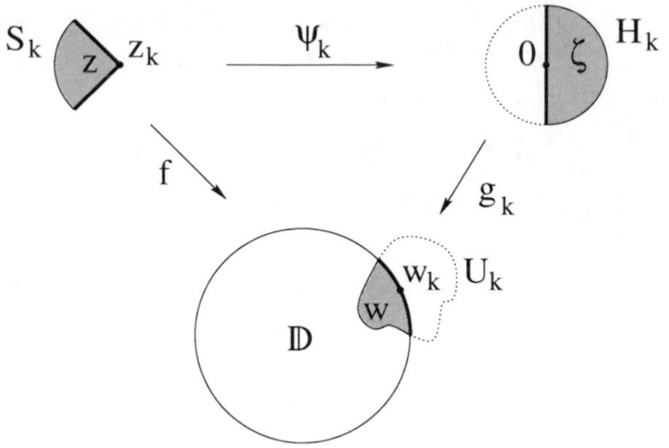

Abbildung 5.5: Eine Schwarz–Christoffel-Transformation

Hier ist es von Bedeutung, dass das Argument θ im offenen Intervall $I_k := (\theta_k, \theta_k + \pi\alpha_k)$ gewählt wird. Ändern wir θ_k durch Addition von $2\pi\ell$, so ändert sich ψ_k um den Faktor $e^{2\pi \mathbf{i}\ell/\alpha_k}$. Das Bild von ψ_k ist der Halbkreis

$$H_k = \left\{ \zeta = \rho e^{\mathbf{i}\phi} \,\middle|\, 0 < \rho < \varepsilon^{1/\alpha_k},\ \frac{\theta_k}{\alpha_k} < \phi < \frac{\theta_k}{\alpha_k} + \pi \right\}$$

mit Mittelpunkt Null (siehe Abbildung 5.5). Da $0 < \alpha_k < 2$ ist, lässt sich ψ_k stetig zu einem Homöomorphismus $\psi_k : \overline{S}_k \to \overline{H}_k$ fortsetzen. Das Bild von $\partial\Omega \cap \overline{S}_k$ unter ψ_k ist der *Durchmesser von* H_k und wird mit

$$\partial_0 H_k := \psi_k(\partial\Omega \cap \overline{S}_k) = \left\{ s e^{\mathbf{i}\theta_k/\alpha_k} \,\middle|\, -\varepsilon^{1/\alpha_k} \le s \le \varepsilon^{1/\alpha_k} \right\}$$

bezeichnet.

Die Umkehrabbildung $\psi_k^{-1} : H_k \to S_k$ hat die Form

$$\psi_k^{-1}(\zeta) = z_k + \zeta^{\alpha_k} = z_k + \rho^{\alpha_k} e^{\mathbf{i}\phi\alpha_k}, \qquad \zeta = \rho e^{\mathbf{i}\phi},$$

wobei das Argument von ζ in dem Intervall $\alpha_k^{-1} I_k = (\theta_k/\alpha_k, \theta_k/\alpha_k + \pi)$ gewählt ist. Wann immer wir die Ausdrücke $(z - z_k)^{1/\alpha_k}$ für $z \in S^k$ und ζ^{α_k} für $\zeta \in H_k$ verwenden, ist auf diese Konvention zu achten.

Wir betrachten nun die Abbildung $g_k := f \circ \psi_k^{-1} : H_k \to \mathbb{D}$. Wir können sie in der Form

$$g_k(\zeta) = f(z_k + \zeta^{\alpha_k})$$

schreiben. Nach Satz 5.24 konvergiert $|f(z)|$ gegen 1 für $z \to \partial\Omega$. Daraus folgt, dass $|g_k(\zeta)|$ gegen 1 konvergiert für $\zeta \to \partial_0 H_k$. Nun zeigt man wie in Schritt 1 im Beweis von Satz 5.33 (mit Hilfe des Schwarzschen Spiegelungsprinzips in Satz 5.25), dass sich g_k zu einer holomorphen Funktion auf der Kreisscheibe

$$D_k := \left\{ \zeta \in \mathbb{C} \,\middle|\, |\zeta| < \varepsilon^{1/\alpha_k} \right\}$$

fortsetzen lässt, die aus H_k durch Spiegelung am Durchmesser entsteht. Daraus folgt, dass der Grenzwert

$$w_k := \lim_{\substack{\zeta \to 0 \\ \zeta \in H_k}} g_k(\zeta)$$

existiert, und es gilt

$$w_k = \lim_{\substack{z \to z_k \\ z \in \Omega}} f(z).$$

Damit haben wir (i) bewiesen.

Wir beweisen (iii). Dazu treffen wir zunächst folgende Konventionen.

(a) Für $z \in S_k$ wählen wir $\arg(z - z_k) \in I_k = (\theta_k, \theta_k + \pi\alpha_k)$.

(b) Für $\zeta \in H_k$ wählen wir $\arg(\zeta) \in \alpha_k^{-1} I_k = (\theta_k/\alpha_k, \theta_k/\alpha_k + \pi)$.

(c) Für $w \in \mathbb{C} \setminus \{rw_k \,|\, r \geq 1\}$ wählen wir $\arg(w - w_k) \in J_k$ für ein geeignetes offenes Intervall $J_k \subset \mathbb{R}$ der Länge 2π.

Mit diesen Konventionen sind $\log(z - z_k)$ für $z \in S_k$, $\log(\zeta)$ für $\zeta \in H_k$ und $\log(w - w_k)$ für $w \in \mathbb{D}$ wohldefiniert, und damit auch alle Ausdrücke der Form $(w - w_k)^\mu := e^{\mu \log(w - w_k)}$ etc., wobei μ ein beliebiger komplexer Exponent ist. Wir zeigen nun, dass sich die Funktion $H : \mathbb{D} \to \mathbb{C}$, die durch

$$H(w) := F'(w) \prod_{k-1}^{n} (w - w_k)^{\beta_k} \tag{5.35}$$

definiert ist, zu einer holomorphen Funktion auf einer Umgebung von $\overline{\mathbb{D}}$ fortsetzen lässt und dort überall ungleich Null ist.

Zum Beweis beginnen wir mit der Beobachtung, dass die Funktion

$$g_k : D_k \to \mathbb{C}$$

auf dem Halbkreis H_k injektiv ist und das Komplement $D_k \setminus H_k$ auf $\mathbb{C} \setminus \mathbb{D}$ abbildet. Daraus folgt, dass jeder Punkt $w \in \mathbb{D}$, der hinreichend nahe an $w_k = g_k(0)$ liegt, unter g_k nur ein Urbild hat. Nach Satz 3.61 über die lokale Abbildung ist also

$$g_k'(0) \neq 0.$$

Damit können wir Satz 2.26 anwenden und erhalten, wenn nötig nach Verkleinern der Kreisscheibe D_k, dass

$$g_k : D_k \to U_k := g_k(D_k)$$

eine biholomorphe Abbildung ist. Da $g_k^{-1}(w_k) = 0$ ist, gibt es nach Satz 3.43 eine holomorphe Funktion $\phi_k : U_k \to \mathbb{C}$, so dass für alle $w \in U_k$ gilt:

$$g_k^{-1}(w) = (w - w_k)\phi_k(w), \qquad \phi_k(w) \neq 0.$$

Mit der Notation

$$w = f(z) = g_k(\zeta), \qquad \zeta = (z - z_k)^{1/\alpha_k} \in H_k, \qquad z \in S_k,$$

erhalten wir für $F = f^{-1}$ die Formel

$$F(w) = z = z_k + \zeta^{\alpha_k}, \qquad \zeta = g_k^{-1}(w) = (w - w_k)\phi_k(w) \in H_k, \tag{5.36}$$

für $w \in U_k \cap \mathbb{D}$.

Ist $w \in U_k \cap \mathbb{D}$, so ist $\zeta = g_k^{-1}(w) \in H_k$, und nach den Konventionen (b) und (c) sind die Argumente von ζ und $w - w_k$ daher wohldefiniert. Da

$$\phi_k(w) = \frac{g_k^{-1}(w)}{w - w_k}$$

ist, können wir also das Argument von $\phi_k(w)$ durch

$$\arg(\phi_k(w)) := \arg(g_k^{-1}(w)) - \arg(w - w_k), \qquad w \in U_k \cap \mathbb{D} \tag{5.37}$$

definieren. Da U_k einfach zusammenhängend ist und ϕ_k auf U_k nirgends verschwindet, lässt sich nach Satz 4.17 die Funktion $w \mapsto \log(\phi_k(w))$ auf ganz U_k definieren. Das gleiche gilt dann natürlich auch für die reellwertige Funktion $w \mapsto \operatorname{Im}\log(\phi_k(w))$. Durch Addition eines geeigneten ganzzahligen Vielfachen von 2π können wir erreichen, dass diese Funktion auf $U_k \cap \mathbb{D}$ mit (5.37) übereinstimmt.

Damit ist insbesondere die holomorphe Funktion

$$G_k : U_k \to \mathbb{C}, \qquad G_k(w) := \phi_k(w)^{\alpha_k}$$

wohldefiniert, und sie erfüllt die Bedingung

$$(w - w_k)^{\alpha_k} G_k(w) = \left(g_k^{-1}(w)\right)^{\alpha_k} = F(w) - z_k.$$

Hier haben wir die Formel (5.36) verwendet. Differenzieren wir diese Gleichung, so erhalten wir

$$F'(w) = \alpha_k (w - w_k)^{\alpha_k - 1} G_k(w) + (w - w_k)^{\alpha_k} G_k'(w)$$

für $w \in U_k \cap \mathbb{D}$. Da $\alpha_k + \beta_k = 1$ ist, erhalten wir daraus die Gleichung

$$(w - w_k)^{\beta_k} F'(w) = \alpha_k G_k(w) + (w - w_k)\, G_k'(w)$$

für $w \in U_k \cap \mathbb{D}$. Die rechte Seite dieser Gleichung ist aber eine holomorphe Funktion auf ganz U_k, und sie ist ungleich Null an der Stelle w_k. Durch weitere Verkleinerung von U_k, wenn nötig, können wir erreichen, dass diese Funktion auf ganz U_k ungleich Null ist. Daraus folgt, dass die Funktion H sich auf $\mathbb{D} \cup \bigcup_{k=1}^n U_k$ zu einer holomorphen Funktion fortsetzen lässt, die nirgends verschwindet. Mit Satz 5.33

erhalten wir nun eine nirgends verschwindende holomorphe Fortsetzung von H auf einer Umgebung von $\overline{\mathbb{D}}$.

Wir beweisen, dass H konstant ist. Dazu betrachten wir die Punkte

$$w = e^{\mathbf{i}\theta} \in S^1 \setminus \{w_1 \dots\dots, w_n\}.$$

Wir wählen reelle Zahlen $t_0 < t_1 < \cdots < t_n = t_0 + 2\pi$ so, dass $e^{\mathbf{i}t_k} = w_k$ ist für $k = 1, \dots, n$. Für $t_k < \theta < t_{k+1}$ liegt der Punkt $F(e^{\mathbf{i}\theta})$ auf der Geraden durch z_k und z_{k+1}. Daher ist das Argument der Ableitung dieser Funktion konstant. Mit der Formel

$$\frac{d}{d\theta} F(e^{\mathbf{i}\theta}) = F'(e^{\mathbf{i}\theta})\mathbf{i}e^{\mathbf{i}\theta}$$

folgt daraus, dass die Funktion

$$(t_k, t_{k+1}) \to \mathbb{R} : \theta \mapsto \arg\bigl(F'(e^{\mathbf{i}\theta})\bigr) + \theta$$

konstant ist. Ausserdem gilt

$$e^{\mathbf{i}\theta} - e^{\mathbf{i}t_k} = e^{\mathbf{i}(\theta+t_k)/2} 2\mathbf{i} \sin\left(\frac{\theta - t_k}{2}\right)$$

und daher ist die Funktion

$$(t_k, t_{k+1}) \to \mathbb{R} : \theta \mapsto \arg\bigl(e^{\mathbf{i}\theta} - e^{\mathbf{i}t_k}\bigr) - \frac{\theta}{2}$$

ebenfalls konstant.

Wir fassen zusammen:

$$\arg\bigl(F'(e^{\mathbf{i}\theta})\bigr) + \theta = \text{konst}, \quad \arg\bigl(e^{\mathbf{i}\theta} - e^{\mathbf{i}t_k}\bigr) = \frac{\theta}{2} + \text{konst}, \quad \sum_{k=1}^{n} \beta_k = 2.$$

Es folgt damit aus (5.35), dass

$$\begin{aligned}
\arg\bigl(H(e^{\mathbf{i}\theta})\bigr) &= \arg(F'(e^{\mathbf{i}\theta})) + \sum_{k=1}^{n} \beta_k \arg\bigl(e^{\mathbf{i}\theta} - e^{\mathbf{i}t_k}\bigr) \\
&= \arg\bigl(F'(e^{\mathbf{i}\theta})\bigr) + \sum_{k=1}^{n} \beta_k \frac{\theta}{2} + \text{konst} \\
&= \arg\bigl(F'(e^{\mathbf{i}\theta})\bigr) + \theta + \text{konst} \\
&= \text{konst}.
\end{aligned}$$

Wir wählen nun eine Kreisscheibe $W \subset \mathbb{C}$, die $\overline{\mathbb{D}}$ enthält und auf die sich H zu einer nirgends verschwindenden holomorphen Funktion fortsetzen lässt. Da

W einfach zusammenhängend ist, folgt aus Satz 4.17, dass es eine holomorphe Funktion $g : W \to \mathbb{C}$ gibt, so dass $e^g = H$ ist. Das heisst, dass die Funktion $w \mapsto \log(H(w))$ auf W definiert werden kann. Nun haben wir gerade gezeigt, dass $\operatorname{Im}\log(H(w)) = \arg(H(w))$ auf $\partial\mathbb{D} \setminus \{w_1, \ldots, w_n\}$ lokal konstant ist. Damit ist $\operatorname{Im}\log H$ auf dem ganzen Rand $\partial\mathbb{D}$ konstant. Nach dem Maximumprinzip für harmonische Funktionen (Satz A.5) folgt daraus, dass die harmonische Funktion $\operatorname{Im}\log H$ auf der ganzen Kreisscheibe $\mathbb{D}$ konstant ist. Daraus wiederum folgt, dass $\log H$ auf $\mathbb{D}$ konstant ist, und das heisst, dass H konstant ist. Damit ist der Satz bewiesen. □

Übung 5.38. Sei $\Delta \subset \mathbb{C}$ das regelmässige Polygon, dessen Ecken die n-ten Einheitswurzeln $z_k = e^{2\pi \mathbf{i} k/n}$, $k = 1, \ldots, n$, sind. Beweisen Sie, dass die biholomorphe Abbildung $f : \Delta \to \mathbb{D}$ so gewählt werden kann, dass

$$\lim_{z \to z_k} f(z) = z_k, \qquad k = 1, \ldots, n.$$

Zeigen Sie, dass die Formel (5.33) sich in diesem Fall auf

$$F(w) = c \int_0^1 \left(1 - (tw)^n\right)^{-2/n} w\, dt$$

reduziert. Welchen Wert hat c?

Übung 5.39. Zeigen Sie, dass in Satz 5.36 auch der Fall $\beta_k = -1$ zugelassen werden kann. Was ist die geometrische Interpretation dieses Falles?

Übung 5.40. Wie muss die Formel (5.33) im Fall $z_k = \infty$ modifiziert werden? Was bedeutet in dieser Situation die Bedingung $\beta_k = 1$ geometrisch?

Übung 5.41. Seien $\Omega, z_k, \alpha_k, \beta_k, w_k$ wie in Satz 5.36. Sei $F_\mathbb{D} : \mathbb{D} \to \Omega$ die Schwarz–Christoffel-Transformation (5.33) und $\phi : \mathbb{H} \to \mathbb{D}$ die Möbiustransformation $\phi(\zeta) := (\zeta - \mathbf{i})/(\zeta + \mathbf{i})$. Wir nehmen an, dass $w_n = 1$ ist und wählen $\xi_k \in \mathbb{R}$ für $k = 1, \ldots, n-1$ so, dass $\phi(\xi_k) = w_k$ ist. Zeigen Sie, dass die Komposition $F := F_\mathbb{D} \circ \phi : \mathbb{H} \to \Omega$ die Form

$$F(\zeta) = C \int_0^1 \prod_{k=1}^{n-1} \left(t\zeta - \xi_k\right)^{-\beta_k} \zeta\, dt + C', \qquad \zeta \in \mathbb{H}, \tag{5.38}$$

mit $C, C' \in \mathbb{C}$ hat. Zeigen Sie, dass für jedes solche F der Grenzwert $\lim_{\zeta\to\infty} F(\zeta)$ existiert. **Hinweis:** Berechnen Sie zunächst die Ableitung F'.

Übung 5.42. Finden Sie eine biholomorphe Abbildung der oberen Halbebene $\mathbb{H}$ auf das Gebiet $\Omega := \{z = x + \mathbf{i}y \in \mathbb{C} \,|\, x > 0,\, y > 0,\, \min\{x, y\} < 1\}$.

5.6 Elliptische Integrale

Ist Ω ein Rechteck, so ist in (5.38) $n = 4$ und $\beta_k = 1/2$. Ausserdem können wir durch Komposition mit einer Möbiustransformation von $\mathbb{H}$ erreichen, dass $\xi_1 = 0$, $\xi_2 = 1$ und $\xi_3 = \rho > 1$ ist. Damit ergibt sich für F (mit $C = 1$ und $C' = 0$) die Formel

$$F(\zeta) = \int_0^1 \frac{\zeta\, dt}{\sqrt{t\zeta(t\zeta - 1)(t\zeta - \rho)}}. \tag{5.39}$$

Dieser Ausdruck heisst **elliptisches Integral**. Die Wurzelfunktionen $\sqrt{\zeta}$, $\sqrt{\zeta - 1}$, $\sqrt{\zeta - \rho}$ können für $\zeta \in \mathbb{H}$ so gewählt werden, dass sie einen positiven Real- und Imaginärteil haben. Für $\zeta \in \mathbb{R}$ liegen diese Wurzeln dann auf dem Rand des ersten Quadranten (also entweder auf der positiven reellen Halbachse oder auf der positiven imaginären Halbachse).

Übung 5.43. Zeigen Sie direkt, dass $F(\mathbb{H})$ ein Rechteck ist.

Übung 5.44. Sei $R \subset \mathbb{C}$ das Rechteck mit den Ecken $\pm a/2$ und $\pm a/2 + \mathbf{i}b$. Zeigen Sie, dass R für geeignete Konstanten $\lambda > 0$ und $0 < k < 1$ die Bildmenge der folgenden Funktion $F : \mathbb{H} \to \mathbb{C}$ ist:

$$F(\zeta) = \lambda \int_0^1 \frac{\zeta\, dt}{\sqrt{(1 - t^2\zeta^2)(1 - k^2t^2\zeta^2)}}. \tag{5.40}$$

Zeigen Sie, dass $F(\infty) = \mathbf{i}b$ der Mittelpunkt der oberen Kante ist. Leiten Sie das folgende Kriterium dafür her, dass das Rechteck R ein Quadrat ist:

$$a = b \qquad \Longleftrightarrow \qquad k = (\sqrt{2} - 1)^2.$$

Übung 5.45. Zeigen Sie, dass die Abbildung (5.40) für geeignete Konstanten λ und k aus (5.39) durch Komposition mit einer Möbiustransformation von $\mathbb{H}$ und einer Translation der Bildmenge gewonnen werden kann. Zeigen Sie, dass die Umkehrfunktion $f := F^{-1} : R \to \mathbb{H}$ sich zu einer meromorphen Funktion $f : \mathbb{C} \to \overline{\mathbb{C}}$ auf der ganzen komplexen Ebene so fortsetzen lässt, dass $f(z) = \overline{f(\bar{z})}$ und $f(z) = \overline{f(a - \bar{z})}$ für alle $z \in \mathbb{C}$ gilt. Was bedeutet das geometrisch? Zeigen Sie, dass die Fortsetzung die Bedingungen

$$f(z + 2a) = f(z + 2b\mathbf{i}) = f(z) \tag{5.41}$$

sowie $f(-z) = -f(z)$ für alle $z \in \mathbb{C}$ erfüllt.

Meromorphe Funktionen auf $\mathbb{C}$, die eine doppelte Periodizitätsbedingung der Form (5.41) erfüllen, heissen **elliptische Funktionen**. Der Zusammenhang zwischen elliptischen Integralen und elliptischen Funktionen wurde von Gauss Ende des 18. Jahrhunderts entdeckt, aber nicht veröffentlicht. Er wurde von Abel und Jacobi wiederentdeckt, und ihre Theorie wurde später von Weierstrass weiterentwickelt.

Die Schwarzschen Dreiecks-Funktionen

Wir betrachten den Fall $n = 3$ in (5.38) mit $\xi_1 = 0$ und $\xi_2 = 1$. Sind $\pi\alpha_1$, $\pi\alpha_2$, $\pi\alpha_3$ die Winkel eines Dreiecks, so gilt $\alpha_1 + \alpha_2 + \alpha_3 = 1$, und wir erhalten die Funktion

$$F(\zeta) = \int_0^1 (t\zeta)^{\alpha_1 - 1} (t\zeta - 1)^{\alpha_2 - 1} \zeta \, dt. \tag{5.42}$$

Das Bild $\Delta := F(\mathbb{H})$ dieser Funktion ist nach Satz 5.36 und Übung 5.41 ein Dreieck mit den Winkeln $\pi\alpha_1$, $\pi\alpha_2$, $\pi\alpha_3$. Wie in Übung 5.45 kann man die Umkehrfunktion $f := F^{-1} : \Delta \to \mathbb{H}$ an den Kanten des Dreiecks reflektieren. Dieser Prozess ist besonders dann interessant, wenn er, wie beim Rechteck, zu einer auf ganz $\mathbb{C}$ definierten meromorphen Funktion führt. Dies ist genau dann der Fall, wenn wiederholte Reflexionen zum ursprünglichen Dreieck Δ zurückführen, das heisst, wenn die Winkel die Form $\alpha_k = \pi/n_k$ mit $n_k \in \mathbb{N}$ haben. Dazu benötigen wir drei natürliche Zahlen n_1, n_2, n_3 mit

$$\frac{1}{n_1} + \frac{1}{n_2} + \frac{1}{n_3} = 1.$$

Diese Bedingung ist nur für $(3, 3, 3)$, $(2, 4, 4)$, $(2, 3, 6)$ erfüllt. (**Übung:** Vergegenwärtigen Sie sich die geometrische Bedeutung dieser drei Fälle.) Die so entstehenden meromorphen Funktionen auf $\mathbb{C}$ sind die **Schwarzschen Dreiecks-Funktionen**.

Die Weierstrass'sche $\wp$-Funktion

Wir betrachten die Funktion $\wp : \mathbb{C} \to \overline{\mathbb{C}}$, die durch

$$\wp(z) = \frac{1}{z^2} + \sum_{\omega \neq 0} \left(\frac{1}{(z - \omega)^2} - \frac{1}{\omega^2} \right) \tag{5.43}$$

definiert ist, wobei die Summe über alle von Null verschiedenen komplexen Zahlen in dem **Gitter**

$$\Lambda := 2a\mathbb{Z} + 2b\mathbf{i}\mathbb{Z}$$

zu verstehen ist. Dies ist die **Weierstrass'sche $\wp$-Funktion**. Es lässt sich leicht zeigen, dass die Summe (5.43) auf jeder kompakten Teilmenge von $\mathbb{C}$ gleichmässig konvergiert. Die daraus resultierende Funktion $\wp : \mathbb{C} \to \overline{\mathbb{C}}$ ist dann offensichtlich meromorph, erfüllt die Periodizitätsbedingung (5.41), hat Pole an den Gitterpunkten in Λ, und ihre Ableitung ist

$$\wp'(z) = -2 \sum_{\omega \in \Lambda} \frac{1}{(z - \omega)^3}. \tag{5.44}$$

Die Funktion $\wp$ ist gerade, und ihre Ableitung ist ungerade:

$$\wp(-z) = \wp(z), \qquad \wp'(-z) = -\wp'(z) \qquad \forall\, z \in \mathbb{C}.$$

Es stellt sich heraus, dass man jede meromorphe Funktion $f : \mathbb{C} \to \overline{\mathbb{C}}$, die die Periodizitätsbedingung (5.41) erfüllt und gerade ist, als rationale Funktion von $\wp$ darstellen kann. Es stellt sich weiterhin heraus, dass die Funktion $\wp$ die Differentialgleichung

$$\wp'(z)^2 = 4\wp(z)^3 - g_2\wp(z) - g_3 \tag{5.45}$$

erfüllt, wobei g_2 und g_3 durch

$$g_2 := 60 \sum_{\omega \neq 0} \frac{1}{\omega^4}, \qquad g_3 := 140 \sum_{\omega \neq 0} \frac{1}{\omega^6}$$

definiert sind. Daraus wiederum folgt, dass $\zeta = \wp(z)$ sich als Umkehrfunktion des elliptischen Integrals

$$z = c + \int_0^1 \frac{\zeta\, dt}{\sqrt{4(t\zeta)^3 - g_2 t\zeta - g_3}}$$

schreiben lässt. Diese Theorie lässt sich auf beliebige Periodengitter übertragen. Wir werden dieses Thema hier jedoch nicht weiter vertiefen, sondern verweisen stattdessen auf Kapitel 7 in Ahlfors [1].

5.7 Kreisringe

Der Riemannsche Abbildungssatz erlaubt es uns, beliebig komplizierte offene Teilmengen von $\mathbb{C}$ biholomorph auf die Einheitskreisscheibe abzubilden, solange sie nur einfach zusammenhängend, nichtleer und nicht gleich $\mathbb{C}$ sind. Man kann sich nun fragen, ob eine ähnliche Vereinfachung auch möglich ist für offene Mengen, die nicht einfach zusammenhängend sind. Wir betrachten zunächst zusammenhängende offene Teilmengen der komplexen Ebene, deren Komplemente in $\overline{\mathbb{C}}$ genau zwei Zusammenhangskomponenten haben. Solche Mengen heissen **zweifach zusammenhängend**. (Siehe Abbildung 5.6.)

Satz 5.46. *Sei $\Omega \subset \mathbb{C}$ eine zweifach zusammenhängende offene Menge, so dass jede Komponente von $\overline{\mathbb{C}} \setminus \Omega$ mehr als einen Punkte enthält. Dann gibt es reelle Zahlen $0 < r < R < \infty$ und eine biholomorphe Abbildung*

$$f : \Omega \to U := \{w \in \mathbb{C} \,|\, r < |w| < R\}.$$

Der Quotient R/r ist durch Ω eindeutig bestimmt. Die Abbildung f ist durch Ω bis auf Komposition mit einem holomorphen Automorphismus $\phi : U \to U$ eindeutig bestimmt. Jeder solche Automorphismus hat die Form

$$\phi(w) = e^{\mathrm{i}\theta} w \qquad \textit{oder} \qquad \phi(w) = e^{\mathrm{i}\theta} \frac{rR}{w}$$

für ein $\theta \in \mathbb{R}$.

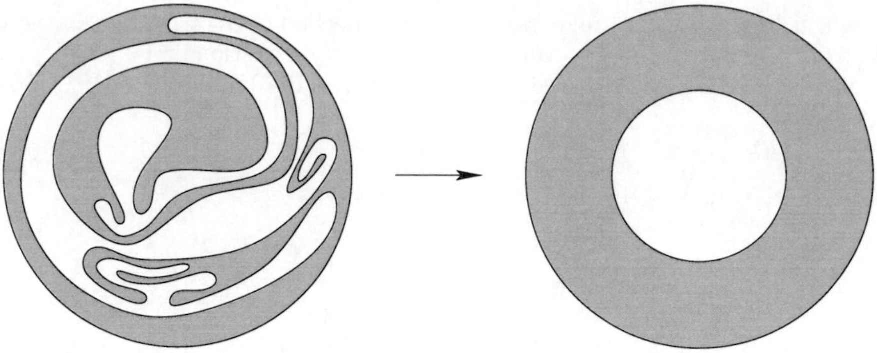

Abbildung 5.6: Eine zweifach zusammenhängende Menge

Sei $\Omega \subset \mathbb{C}$ eine zweifach zusammenhängende Menge, und seien A_0 und A_1 die Zusammenhangskomponenten von $\overline{\mathbb{C}} \setminus \Omega$. Wir nehmen an, dass A_1 den Punkt ∞ enthält, und durch Translation können wir ebenfalls annehmen, dass der Ursprung in A_0 enthalten ist:

$$0 \in A_0, \qquad \infty \in A_1.$$

Insbesondere ist A_0 eine kompakte Teilmenge von $\mathbb{C}$ (siehe Lemma 1.20). Sind beide Mengen A_0 und A_1 einpunktig, so ist $\Omega = \mathbb{C}^* = \mathbb{C} \setminus \{0\}$. Ist eine der Mengen A_0 und A_1 nicht einpunktig, so können wir annehmen, dass dies A_1 ist. (Andernfalls ersetzen wir einfach Ω durch ihr Bild unter der Transformation $z \mapsto 1/z$.) Dann ist $\Omega \cup A_0$ eine nichtleere zusammenhängende einfach zusammmenhängende offene Teilmenge von $\mathbb{C}$, die nicht gleich ganz $\mathbb{C}$ ist. Daher gibt es nach dem Riemannschen Abbildungssatz eine biholomorphe Abbildung von $\Omega \cup A_0$ nach $\mathbb{D}$, die den Nullpunkt festhält. Ist A_0 einpunktig, so folgt daraus, dass Ω zur punktierten Kreisscheibe $\mathbb{D} \setminus \{0\}$ biholomorph ist. Andernfalls ist das Bild von $\Omega \cup A_1$ unter der Inversion $z \mapsto 1/z$ wieder eine nichtleere zusammenhängende einfach zusammenhängende offene Teilmenge von $\mathbb{C}$, die nicht gleich $\mathbb{C}$ ist, und kann daher wieder biholomorph auf $\mathbb{D}$ abgebildet werden. Nach diesen beiden Transformationen ist $\Omega \subset \mathbb{D}$ eine offene Menge mit regulärem Rand

$$\partial\Omega = \Gamma_0 \cup \Gamma_1,$$

wobei $\Gamma_1 = S^1$ ist und Γ_0 das Bild einer reell analytischen Einbettung $\gamma_0 : \mathbb{R}/\mathbb{Z} \to \mathbb{D}$. Wir wählen γ_0 so, dass Ω *rechts* von Γ_0 liegt, und definieren $\gamma_1 : \mathbb{R}/\mathbb{Z} \to \mathbb{C}$ durch $\gamma_1(t) := e^{2\pi \mathrm{i} t}$. Dann ist

$$\Omega = \{z \in \mathbb{C} \setminus (\Gamma_0 \cup \Gamma_1) \,|\, \mathrm{w}(\gamma_0, z) = 0,\ \mathrm{w}(\gamma_1, z) = 1\}.$$

Die zweite Randkomponente kann immer noch eine sehr komplizierte Menge sein, und hier schafft auch der Riemannsche Abbildungssatz keine Abhilfe. Wir benötigen zu einer weiteren Vereinfachung unserer zweifach zusammenhängenden offenen Menge ein zusätzliches Resultat aus der Analysis. Dies ist der Existenzsatz für

Lösungen des Dirichletproblems (Satz A.22). Dieser Satz garantiert die Existenz einer stetiger Funktionen

$$u : \overline{\Omega} \to \mathbb{R},$$

die auf Ω harmonisch ist und die Randbedingung

$$u(z) = \begin{cases} 0, & \text{für } z \in \Gamma_0, \\ 1, & \text{für } z \in \Gamma_1, \end{cases}$$

erfüllt.

Wir wählen nun eine reelle Zahl ρ so, dass $\max_{z \in \Gamma_0} |z| < \rho < 1$ ist, und betrachten den Zyklus $\gamma_\rho : [0,1] \to \Omega$, der durch

$$\gamma_\rho(t) := \rho e^{2\pi \mathbf{i} t}$$

gegeben ist. Nach Beispiel 4.25 mit $n = 1$ ist jeder Zyklus in Ω zu einem ganzzahligen Vielfachen von γ_ρ homolog. Wir betrachten die reelle Zahl

$$\alpha := \int_{\gamma_\rho} *du = 2\pi\rho \int_0^1 \left(\frac{\partial u}{\partial x}(\gamma_\rho(t)) \cos(2\pi t) + \frac{\partial u}{\partial y}(\gamma_\rho(t)) \sin(2\pi t) \right) dt.$$

(Siehe Anhang A für die Definition von $*du$.)

Lemma 5.47. $\alpha > 0$.

Beweis. Wir zeigen zunächst, dass $\alpha \neq 0$ ist. Andernfalls folgt aus Satz A.1, dass u der Realteil einer holomorphen Funktion $f : \Omega \to \mathbb{C}$ ist. Wie im Beweis von Satz 5.33 lässt sich f zu einer holomorphen Funktion auf einer Umgebung von $\overline{\Omega}$ fortsetzen (siehe auch Lemma 5.53). Diese Fortsetzung hat den Realteil 0 auf Γ_0 und 1 auf Γ_1. Für $a \in \mathbb{C}$ mit $\operatorname{Re} a \notin \{0,1\}$ gilt daher

$$\operatorname{Re}(f(z) - a) \neq 0 \qquad \forall\, z \in \Gamma_0 \cup \Gamma_1.$$

Daraus folgt, dass die Windungszahlen $\mathrm{w}(f \circ \gamma_0, a)$ und $\mathrm{w}(f \circ \gamma_1, a)$ verschwinden. Also ist

$$\mathrm{w}(f \circ \gamma_1, a) - \mathrm{w}(f \circ \gamma_0, a) = 0,$$

und damit folgt aus dem Prinzip vom Argument (Satz 4.64 und Lemma 4.65), dass $f - a$ keine Nullstelle in Ω hat. Also hat $f(z)$ für jedes $z \in \Omega$ den Realteil 0 oder 1. Damit ist $\operatorname{Re} f$ konstant. Also ist f konstant, im Widerspruch dazu, dass $\operatorname{Re} f(z)$ gleich 0 ist für $z \in \Gamma_0$ und gleich 1 ist für $z \in \Gamma_1$. Damit haben wir gezeigt, dass $\alpha \neq 0$ ist.

Die Zahl α ist nach der Diskussion im Abschnitt A.1 unabhängig von ρ, und der Beweis von Satz A.2 zeigt, dass

$$\frac{d}{d\rho} \int_0^1 u(\gamma_\rho(t))\, dt = \frac{\alpha}{\rho}$$

ist für $1-\varepsilon<\rho<1$ und ein hinreichend kleines ε. Nach dem Maximumprinzip in Satz A.5 gilt $0\le u\le 1$. Also erreicht das Integral von $u\circ\gamma_\rho$ seinen maximalen Wert an der Stelle $\rho=1$. Daraus folgt, dass $\alpha\ge 0$ sein muss. Da $\alpha\ne 0$ ist, gilt also $\alpha>0$, was zu beweisen war. □

Lemma 5.48. *Sei $z_0\in\Omega$ gegeben. Für $z\in\Omega$ definieren wir die komplexe Zahl $f(z)\in\mathbb{C}$ durch*

$$f(z):=\exp\left(\frac{2\pi}{\alpha}\left(u(z)-u(z_0)+\mathbf{i}\int_\gamma *du\right)\right), \tag{5.46}$$

wobei $\gamma:[0,1]\to\Omega$ eine glatte Kurve ist mit

$$\gamma(0)=z_0,\qquad \gamma(1)=z. \tag{5.47}$$

Dann ist die Zahl $f(z)$ für jedes $z\in\Omega$ unabhängig von der Wahl von γ. Die resultierende Abbildung $f:\Omega\to U$, mit

$$U:=\{w\in\mathbb{C}\,|\,r<|w|<R\},\quad r:=e^{-\frac{2\pi}{\alpha}u(z_0)},\quad R:=e^{\frac{2\pi}{\alpha}(1-u(z_0))}, \tag{5.48}$$

ist ein holomorpher Diffeomorphismus.

Beweis. Wir betrachten die holomorphe Funktion

$$g:=\frac{2\pi}{\alpha}\left(\frac{\partial u}{\partial x}-\mathbf{i}\frac{\partial u}{\partial y}\right):\Omega\to\mathbb{C}.$$

(Siehe Übung 2.47.) Das Integral von g entlang einer stückweise glatten Kurve $\gamma:[0,1]\to\Omega$ mit $\gamma(0)=z_0$ und $\gamma(1)=z$ ist

$$\int_\gamma g(\zeta)\,d\zeta=\frac{2\pi}{\alpha}\left(u(z)-u(z_0)+\mathbf{i}\int_\gamma *du\right). \tag{5.49}$$

Nach Definition von α ist das Integral von g über jeder stückweise glatten geschlossenen Kurve in Ω ein ganzzahliges Vielfaches von $2\pi\mathbf{i}$. Daher sieht man wie im Beweis von Satz 3.17, dass das Integral von g über einer stückweise glatten Kurve bis auf ein ganzzahliges Vielfaches von $2\pi\mathbf{i}$ nur von den Endpunkten dieser Kurve abhängt. Daraus folgt wiederum, dass der Ausdruck $\exp(\int_\gamma g(\zeta)\,d\zeta)$ nur von den Endpunkten z_0 und z der Kurve γ abhängt. Es ist in diesem Fall gebräuchlich und hilfreich, den Ausdruck in der Form

$$f(z):=\exp\left(\int_{z_0}^z g(\zeta)\,d\zeta\right):=\exp\left(\int_\gamma g(\zeta)\,d\zeta\right)$$

zu schreiben, wobei hier $\gamma:[0,1]\to\Omega$ als stückweise glatte Kurve gewählt ist, die die Randbedingung (5.47) erfüllt. Mit anderen Worten, der Ausdruck $\int_{z_0}^z$ steht stellvertretend für das Integral über einer Kurve, die z_0 und z miteinander verbindet. Dass die Funktion $z \mapsto \exp(\int_{z_0}^{z} g(\zeta)\,d\zeta)$ holomorph ist, folgt aus dem Beweis von Satz 3.17. Damit ist gezeigt, dass $f : \Omega \to \mathbb{C}$ eine wohldefinierte holomorphe Funktion ist. Nach Satz A.5 ist $0 < u(z) < 1$ für alle $z \in \Omega$, und daher ist das Bild von f in U enthalten.

Da der Rand von Ω regulär ist und

$$\lim_{z\to\zeta} |f(z)| = \begin{cases} r, & \text{für } \zeta \in \Gamma_0, \\ R, & \text{für } \zeta \in \Gamma_1, \end{cases}$$

folgt wie im Beweis von Satz 5.33, dass f sich auf eine Umgebung von $\overline{\Omega}$ holomorph fortsetzen lässt (siehe auch Lemma 5.53). In dieser Umgebung sind γ_0 und γ_1 homolog zu γ_ρ. Ausserdem gilt

$$\frac{f'(z)}{f(z)} = g(z) = \frac{2\pi}{\alpha}\left(\frac{\partial u}{\partial x}(z) - \mathbf{i}\frac{\partial u}{\partial y}(z)\right),$$

und damit folgt aus (5.49), dass die Windungszahl von $f \circ \gamma_\rho$ um den Ursprung gleich 1 ist:

$$\mathrm{w}(f\circ\gamma_\rho, 0) = \frac{1}{2\pi\mathbf{i}}\int_{\gamma_\rho}\frac{f'(\zeta)\,d\zeta}{f(\zeta)} = \frac{1}{2\pi\mathbf{i}}\int_{\gamma_\rho} g(\zeta)\,d\zeta = \frac{1}{\alpha}\int_{\gamma_\rho} *du = 1.$$

Also erhalten wir

$$\mathrm{w}(f\circ\gamma_0, 0) = \mathrm{w}(f\circ\gamma_1, 0) = 1.$$

Da die Windungszahl von $f\circ\gamma_i$ in jeder Komponente vom Komplement des Bildes dieser Kurve konstant ist (Lemma 3.25) und $f(\Gamma_0) \subset \{|w| = r\}$ und $f(\Gamma_1) \subset \{|w| = R\}$ ist, erhalten wir die folgenden Windungszahlen:

$$\mathrm{w}(f\circ\gamma_0, w) = \begin{cases} 1, & \text{für } |w| < r, \\ 0, & \text{für } |w| > r, \end{cases} \qquad \mathrm{w}(f\circ\gamma_1, w) = \begin{cases} 1, & \text{für } |w| < R, \\ 0, & \text{für } |w| > R. \end{cases}$$

Damit gilt

$$\mathrm{w}(f\circ\gamma_1, w) - \mathrm{w}(f\circ\gamma_0, w) = 1 \qquad \forall w \in U.$$

Also folgt aus dem Prinzip vom Argument, dass die Funktion $f - w$ für jeden Punkt $w \in U$ genau eine Nullstelle hat. Damit ist $f : \Omega \to U$ biholomorph, wie behauptet. □

Lemma 5.49.

(i) *Zwei offene Kreisringe*

$$U := \{z \in \mathbb{C} \mid r < |z| < R\}, \qquad \widetilde{U} := \left\{z \in \mathbb{C} \mid \widetilde{r} < |z| < \widetilde{R}\right\}$$

mit $0 < r < R < \infty$ und $0 < \widetilde{r} < \widetilde{R} < \infty$ sind genau dann biholomorph, wenn $R/r = \widetilde{R}/\widetilde{r}$ ist.

(ii) *Sei U wie in* (i). *Dann hat jeder holomorphe Automorphismus von U die Form $\phi(z) = e^{\mathbf{i}\theta}z$ oder $\phi(z) = e^{\mathbf{i}\theta}rR/z$ für ein $\theta \in \mathbb{R}$.*

Beweis. Sei $\phi : U \to \widetilde{U}$ ein holomorpher Diffeomorphismus. Der Beweis von Satz 5.33 zeigt, dass sich ϕ zu einer holomorphen Funktion auf einer offenen Umgebung von $\overline{U}$ fortsetzen lässt. Das gleiche gilt für ϕ^{-1}. Also ist die Fortsetzung ein Homöomorphismus, der die Randkomponente $|z| = r$ entweder auf $|w| = \widetilde{r}$ oder auf $|w| = \widetilde{R}$ abbildet. Wir nehmen ohne Beschränkung der Allgemeinheit an, dass der erste Fall vorliegt. (Der zweite Fall lässt sich auf den ersten zurückführen, indem wir diesen auf die Komposition von ϕ mit dem Automorphismus $U \to U : z \mapsto rR/z$ anwenden.) Dann gilt

$$\mathrm{w}(\gamma, 0) = \mathrm{w}(\phi \circ \gamma, 0) \qquad \forall\, \gamma \in \mathscr{Z}(U). \tag{5.50}$$

Dazu bezeichnen wir mit Γ die Bildmenge von γ und wählen $a \in U$ so, dass $r < |a| < \min_{z\in\Gamma}|z|$ ist. Sei $\gamma_r : [0,1] \to \overline{U}$ die Kurve $\gamma_r(t) := re^{2\pi i t}$. Nach Beispiel 4.24 ist der Zyklus $\widetilde{\gamma} := \gamma - \mathrm{w}(\gamma, 0)\gamma_r$ null-homolog in einer Umgebung von $\overline{U}$. Daher gilt $\mathrm{w}(\phi \circ \widetilde{\gamma}, \phi(a)) = \mathrm{w}(\widetilde{\gamma}, a)$, nach dem Prinzip vom Argument. Da die Windungszahlen $\mathrm{w}(\gamma_r, a)$ und $\mathrm{w}(\phi \circ \gamma_r, \phi(a))$ gleich Null sind, folgt daraus $\mathrm{w}(\phi \circ \gamma, \phi(a)) = \mathrm{w}(\gamma, a)$. Damit folgt (5.50) aus Lemma 3.25.

Wir betrachten nun die Funktion $u : \overline{U} \to [0,1]$, die durch

$$u(z) := \frac{\log(|z|) - \log(r)}{\log(R) - \log(r)}$$

gegeben ist. Dies ist eine harmonische Funktion, die die Randkomponente $|z| = r$ auf 0 und die Randkomponente $|z| = R$ auf 1 abbildet. Also ist die Funktion $\widetilde{u} := u \circ \phi^{-1} : \widetilde{U} \to [0,1]$ ebenfalls harmonisch und lässt sich zu einer stetigen Funktion auf dem Abschluss von $\widetilde{U}$ fortsetzen, die auf $|w| = \widetilde{r}$ verschwindet und auf $|w| = \widetilde{R}$ gleich 1 ist. Also folgt aus dem Eindeutigkeitssatz für Lösungen des Dirichletproblems (Korollar A.6), dass

$$u(\phi^{-1}(w)) = \widetilde{u}(w) = \frac{\log(|w|) - \log(\widetilde{r})}{\log(\widetilde{R}) - \log(\widetilde{r})}$$

ist für alle $w \in \widetilde{U}$. Daraus folgt durch direktes Ausrechnen die Gleichung

$$\frac{2\pi}{\log(R/r)}\mathrm{w}(\gamma, 0) = \int_\gamma *du = \int_{\phi\circ\gamma} *d\widetilde{u} = \frac{2\pi}{\log(\widetilde{R}/\widetilde{r})}\mathrm{w}(\phi \circ \gamma, 0)$$

für $\gamma \in \mathscr{Z}(U)$. Mit (5.50) folgt daraus, dass $\widetilde{r}/r = \widetilde{R}/R =: \lambda$ ist. Wenden wir nun das Maximumprinzip auf die Funktion $U \to \mathbb{C} : z \mapsto \phi(z)/z$ an, so erhalten wir $|\phi(z)/z| \leq \lambda$. Das gleiche Argument für $z \mapsto z/\phi(z)$ zeigt, dass $|\phi(z)/z| = \lambda$ ist für alle $z \in U$ und, nach Satz 3.67, die Funktion $z \mapsto \phi(z)/z$ daher konstant ist. Damit ist das Lemma bewiesen. □

Beweis von Satz 5.46. Die Existenzaussage folgt aus Lemma 5.48 und die Eindeutigkeit aus Lemma 5.49. □

5.8 Mehrfach zusammenhängende Mengen

Wir betrachten zusammenhängende offene Mengen $\Omega \subset \mathbb{C}$, deren Komplemente in $\overline{\mathbb{C}}$ endlich viele, aber mindestens drei, Zusammenhangskomponenten haben. Ist $(n+1)$ die Anzahl der Zusammenhangskomponenten, so sprechen wir von einer $(n+1)$**-fach zusammenhängenden** Menge. (Siehe Abbildung 5.7.)

Abbildung 5.7: Eine sechsfach zusammenhängende Menge

Satz 5.50 (Ahlfors). *Sei $n \geq 2$ eine natürliche Zahl und $\Omega \subset \mathbb{C}$ eine zusammenhängende offene Menge, deren Komplement in $\overline{\mathbb{C}}$ genau $n+1$ Zusammenhangskomponenten $A_0, A_1, \ldots, A_n$ hat. Wir nehmen an, dass jede der Mengen A_i mehr als einen Punkt enthält. Dann existieren*

(a) *reelle Zahlen $r_1, \ldots, r_n$ mit $1 < r_j < r_n$ für $j = 1, \ldots, n-1$,*
(b) *zusammenhängende abgeschlossene Teilmengen $B_j \subsetneq \{w \in \mathbb{C} \,|\, |w| = r_j\}$ für $j = 1, \ldots, n-1$, so dass $\#B_j > 1$ ist und $B_j \cap B_k = \emptyset$ für $j \neq k$, und*
(c) *eine biholomorphe Abbildung*

$$f : \Omega \to U := \mathbb{C} \setminus \bigcup_{j=0}^{n} B_j,$$

so dass $f(z)$ gegen B_j konvergiert, wenn $z \in \Omega$ gegen A_j konvergiert, wobei $B_0 := \{w \in \mathbb{C} \,|\, |w| \leq 1\}$ und $B_n := \{w \in \mathbb{C} \,|\, |w| \geq r_n\}$ ist.

Die Menge U und der holomorphe Diffeomorphismus f sind durch Ω und die Wahl der Mengen A_0 und A_n bis auf Rotation eindeutig bestimmt.

Bemerkung 5.51. Satz 5.50 sagt nichts darüber aus, was für einen Effekt eine Permutation der Mengen $A_0, \ldots, A_n$ auf U hat. Es kann in der Tat sein, dass die daraus resultierenden Mengen U alle verschieden sind; in dem Fall hat U keine nichttrivialen Automorphismen, beziehungsweise Symmetrien. Falls einige der Mengen übereinstimmen, hat U nichttriviale Symmetrien. Nach Satz 5.50 ist die Gruppe der Automorphismen von U endlich.

In Vorbereitung des Beweises von Satz 5.50 fassen wir zunächst einige grundlegende topologische Beobachtungen über induzierte Abbildungen auf der Homologie und die Konvergenz gegen den Rand zusammen.

Lemma 5.52. *Seien $\Omega, \widetilde{\Omega} \subset \mathbb{C}$ zwei zusammenhängende offene Mengen und $f : \Omega \to \widetilde{\Omega}$ eine holomorphe Funktion.*

(i) *Der Gruppenhomomorphismus $\mathscr{Z}(\Omega) \to \mathscr{Z}(\Omega) : \gamma \mapsto f \circ \gamma$ bildet null-homologe Zyklen auf null-homologe Zyklen ab und induziert daher einen Homomorphismus $f_* : \mathscr{H}(\Omega) \to \mathscr{H}(\widetilde{\Omega})$ der Homologiegruppen.*

(ii) *Ist f biholomorph, so ist $f_* : \mathscr{H}(\Omega) \to \mathscr{H}(\widetilde{\Omega})$ ein Isomorphismus.*

(iii) *Ist f biholomorph und hat $\overline{\mathbb{C}} \setminus \Omega$ genau $n+1$ Zusammenhangskomponenten $A_0, \ldots, A_n$, so hat $\overline{\mathbb{C}} \setminus \widetilde{\Omega}$ ebenfalls $n+1$ Zusammenhangskomponenten; diese lassen sich in der Form $\widetilde{A}_0, \ldots, \widetilde{A}_n$ so ordnen, dass für alle i gilt:*

$$\Omega \ni z \longrightarrow A_i \quad \Longrightarrow \quad f(z) \longrightarrow \widetilde{A}_i. \tag{5.51}$$

Beweis. Die erste Aussage folgt aus dem Prinzip vom Argument in Satz 4.64, denn für einen null-homologen Zyklus $\gamma \in \mathscr{B}(\Omega)$ mit Bildmenge Γ und jede komplexe Zahl $w \in \mathbb{C} \setminus f(\Gamma)$ ist die Windungszahl $\mathrm{w}(f \circ \gamma, w)$ die Summe der Zahlen $w(\gamma, z_i)m_i$ über alle Lösungen $z_i \in \Omega$ der Gleichung $f(z_i) = w$, wobei m_i die Multiplizität der Lösung z_i ist. Für $w \in \mathbb{C} \setminus \widetilde{\Omega}$ hat diese Gleichung aber keine Lösungen. Also ist $f \circ \gamma$ ebenfalls null-homolog. Damit ist (i) bewiesen. Behauptung (ii) folgt sofort aus (i) und aus der Funktorialität, die besagt dass die induzierten Abbildungen $(f^{-1})_* \circ f_*$ und $f_* \circ (f^{-1})_*$ auf der Homologe beide die Identitätsabbildungen sind.

Wir beweisen (iii). Wir nehmen also an, dass das Komplement $\overline{\mathbb{C}} \setminus \Omega$ genau $n+1$ Zusammenhangskomponenten $A_0, A_1, \ldots, A_n$ hat. Nach Beispiel 4.25 ist dann $\mathscr{H}(\Omega)$ isomorph zu $\mathbb{Z}^n$. Also folgt aus (ii), dass $\mathscr{H}(\widetilde{\Omega})$ ebenfalls isomorph zu $\mathbb{Z}^n$ ist, und daher hat $\overline{\mathbb{C}} \setminus \widetilde{\Omega}$ ebenfalls $n+1$ Zusammenhangskomponenten. Es bleibt zu zeigen, dass wir diese so ordnen können, dass (5.51) gilt. Dazu nehmen wir an, dass $\infty \in A_n$ ist und konstruieren $n+1$ glatte Einbettungen $\gamma_i : \mathbb{R}/\mathbb{Z} \to \Omega$, $i = 0, \ldots, n$, die die Bedingungen

$$\mathrm{w}(\gamma_i, a) = \begin{cases} -1, & \text{für } a \in A_i, \\ 0, & \text{für } a \in A_j,\ j \neq i, \end{cases} \qquad i = 0, \ldots, n-1 \tag{5.52}$$

und

$$\mathrm{w}(\gamma_n, a) = \begin{cases} 0, & \text{für } a \in A_n, \\ 1, & \text{für } a \in A_j,\ j \neq n \end{cases} \tag{5.53}$$

erfüllen, und deren Bildmengen $\Gamma_i := \gamma_i(\mathbb{R})$ paarweise disjunkt sind.

Wir wählen zunächst paarweise disjunkte offene Umgebungen $V_i \subset \overline{\mathbb{C}}$ der Mengen A_i. Für γ_n wählen wir, nach dem Riemannschen Abbildungssatz, einen holomorphen Diffeomorphismus

$$f_n : \Omega_n := \Omega \cup \bigcup_{j=0}^{n-1} A_j \to \mathbb{D}.$$

Sei $r < 1$, so dass $f(V_j) \subset B_r$ für $j = 0, \ldots, n-1$ und $\partial B_r \subset f(V_n \cap \Omega_n)$. Sei $\gamma_n : \mathbb{R}/\mathbb{Z} \to V_n \subset \Omega$ die glatte Einbettung

$$\gamma_n(t) := f_n^{-1}(re^{2\pi \mathrm{i} t}).$$

Sei $j \in \{0, \ldots, n-1\}$ und $a \in A_j$. Dann ist $f_n(a) \in B_r$ und daher

$$1 = \mathrm{w}(f_n \circ \gamma_n, f_n(a)) = \mathrm{w}(\gamma_n, a).$$

Hier folgt die zweite Gleichung aus dem Prinzip vom Argument (Satz 4.64) für die holomorphe Funktion $\Omega_n \to \mathbb{C} : z \mapsto f_n(z) - f_n(a)$, denn diese hat genau eine Nullstelle an der Stelle a, und γ_n ist null-homolog in Ω_n. Andererseits gilt $\mathrm{w}(\gamma_n, a) = 0$ für alle $a \in A_n \cap \mathbb{C}$, da A_n zusammenhängend ist und den Punkt ∞ enthält. Also erfüllt γ_n die Bedingung (5.53).

Für $i = 0, \ldots, n-1$ wählen wir einen Punkt $a_i \in A_i$ und bezeichnen

$$\widehat{\Omega} := \left\{ \frac{1}{z - a_i} \,\middle|\, z \in \Omega \right\}, \qquad \widehat{A}_j := \left\{ \frac{1}{a - a_i} \,\middle|\, a \in A_j \right\} \quad j = 0, \ldots, n.$$

Die Menge $\widehat{\Omega}$ ist eine offene Teilmenge von $\mathbb{C} \setminus \{0\}$, und die Mengen $\widehat{A}_j$ sind die Zusammenhangskomponenten ihres Komplements in $\overline{\mathbb{C}}$. Man beachte, dass $0 \in \widehat{A}_n$ und $\infty \in \widehat{A}_i$ ist. Also gibt es nach der obigen Konstruktion eine glatte Einbettung $\widehat{\gamma}_i : \mathbb{R}/\mathbb{Z} \to \widehat{\Omega}$, welche die Bedingung

$$\mathrm{w}(\widehat{\gamma}_i, \widehat{a}) = \begin{cases} 0, & \text{für } \widehat{a} \in \widehat{A}_i, \\ 1, & \text{für } \widehat{a} \in \widehat{A}_j,\ j \neq i \end{cases}$$

erfüllt. Nun betrachten wir die glatte Einbettung

$$\gamma_i : \mathbb{R}/\mathbb{Z} \to \Omega, \qquad \gamma_i(t) := a_i + \frac{1}{\widehat{\gamma}_i(t)}.$$

Da die Mengen $\widehat{A}_j$, $j \neq i$, alle in derselben Zusammenhangskomponente von $\overline{\mathbb{C}} \setminus \widehat{\gamma}_i(\mathbb{R})$ enthalten sind, sind auch die Mengen A_j, $j \neq i$, in derselben Zusammenhangskomponente von $\overline{\mathbb{C}} \setminus \gamma_i(\mathbb{R})$ enthalten. Da $\infty \in A_n$ und $n \neq i$ ist, folgt daraus $\mathrm{w}(\gamma_i, a) = 0$ für $a \in A_j \cap \mathbb{C}$, $j \neq i$. Ausserdem folgt aus der Definition von γ_i, dass $\mathrm{w}(\gamma_i, a_i) = -\mathrm{w}(\widehat{\gamma}_i, 0) = -1$ ist. Also erfüllt γ_i die Bedingung (5.52). Und γ_i kann so gewählt werden, dass $\Gamma_i = \gamma_i(\mathbb{R}) \subset V_i$ ist.

Wir betrachten nun die Mengen

$$U_i := \{z \in \mathbb{C} \setminus \Gamma_i \,|\, \mathrm{w}(\gamma_i, z) = -1\}, \quad U_n := \{z \in \mathbb{C} \setminus \Gamma_n \,|\, \mathrm{w}(\gamma_n, z) = 0\}.$$

Dann ist $A_i \subset U_i$, und jede Folge $z_\nu \in \Omega$, die gegen A_i konvergiert, liegt für hinreichend grosse ν in U_i. Ausserdem ist jede der Mengen $\Omega \cap U_i$ zusammenhängend. (Dies ist eine Übung mit Hinweis: Man verbinde zwei Punkte in $\Omega \cap U_i$ zunächst durch eine Kurve $\alpha : [0,1] \to \Omega$; verlässt diese Kurve das Gebiet U_i, so muss sie die Einbettung γ_i schneiden, deren Bildmenge der Rand von U_i ist; dann kann man die Kurve α so modifizieren, dass sie in U_i verbleibt.) Daher gibt es eine Zahl ε_i, so dass

$$\mathrm{w}(f \circ \gamma_i, w) = \varepsilon_i \qquad \forall w \in f(\Omega \cap U_i).$$

Da $f \circ \gamma_i$ eine Einbettung ist, kann ε_i nur die Werte 0, 1, oder -1 annehmen. Ausserdem ist der Zyklus $\gamma_0 + \cdots + \gamma_n$ in Ω null-homolog. Also gilt, nach dem Prinzip vom Argument, für jeden Punkt $z \in \Omega \setminus \bigcup_{i=0}^n \Gamma_i$ die Gleichung:

$$\sum_{i=0}^n \mathrm{w}(f \circ \gamma_i, f(z)) = \sum_{i=0}^n \mathrm{w}(\gamma_i, z) = \begin{cases} 0, & \text{für } z \in \Omega \cap \bigcup_{i=0}^n U_i, \\ 1, & \text{für } z \in \Omega \setminus \bigcup_{i=0}^n \overline{U}_i. \end{cases} \tag{5.54}$$

Für jedes i ist die Funktion $\Omega \setminus \Gamma_i \to \mathbb{Z} : z \mapsto \mathrm{w}(f \circ \gamma_i, f(z))$ lokal konstant (Lemma 3.25), nimmt nur die Werte 0, 1, -1 an (Übung 3.29) und hat den Wert ε_i auf $\Omega \cap U_i$. Da sich nur der Summand $\mathrm{w}(f \circ \gamma_i, f(z))$ ändern kann, wenn z die Kurve Γ_i überquert und von $\Omega \setminus \bigcup_{i=0}^n \overline{U}_i$ nach $\Omega \cap U_i$ überwechselt, folgt aus Lemma 3.28 und (5.54), dass $\mathrm{w}(f \circ \gamma_i, f(z)) = \varepsilon_i + 1$ ist für $z \in \Omega \setminus \overline{U}_i$. Damit haben wir gezeigt, dass $\sum_{i=0}^n (1 + \varepsilon_i) = 1$ ist. Also gibt es genau einen Index i_0 mit $\varepsilon_{i_0} = 0$, und für $i \neq i_0$ gilt $\varepsilon_i = -1$ (siehe Abbildung 5.8).

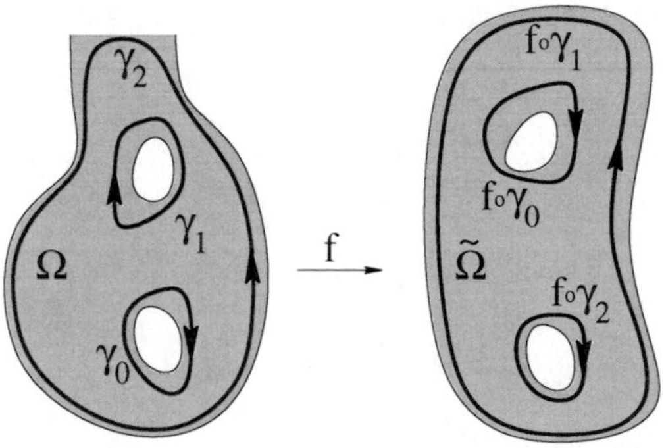

Abbildung 5.8: Der Fall $\varepsilon_1 = 0$ und $\varepsilon_0 = \varepsilon_2 = -1$

Wir definieren die offenen Mengen $\widetilde{U}_i \subset \overline{\mathbb{C}}$ durch

$$\widetilde{U}_i := \{w \in \mathbb{C} \setminus f(\Gamma_i) \,|\, \mathrm{w}(f \circ \gamma_i, w) = \varepsilon_i\}, \qquad i \neq i_0,$$
$$\widetilde{U}_{i_0} := \{w \in \mathbb{C} \setminus f(\Gamma_{i_0}) \,|\, \mathrm{w}(f \circ \gamma_{i_0}, w) = \varepsilon_{i_0}\} \cup \{\infty\}.$$

Die Menge $\widetilde{U}_i$ enthält $f(\Omega \cap U_i)$ für jedes i und hat den Rand $\partial \widetilde{U}_i = f(\Gamma_i)$. Ausserdem gilt für $w \in \mathbb{C} \setminus (\widetilde{U}_i \cup f(\Gamma_i))$, dass $\mathrm{w}(f \circ \gamma_i, w) = \varepsilon_i + 1$ ist. Also ist $\sum_{i=0}^n \mathrm{w}(f \circ \gamma_i, w) = 1$ für alle $w \in \mathbb{C} \setminus \bigcup_{i=0}^n (\widetilde{U}_i \cup f(\Gamma_i))$. Da $\sum_{i=0}^n \gamma_i$ in Ω null-homolog ist, folgt daraus nach dem Prinzip vom Argument (Satz 4.64), dass $\overline{\mathbb{C}} \setminus \bigcup_{i=0}^n \widetilde{U}_i \subset f(\Omega) = \widetilde{\Omega}$

ist. Wählt man eine Folge z_ν in $\Omega \cap U_i$, die gegen A_i konvergiert, so konvergiert die Folge $f(z_\nu) \in \widetilde{U}_i$ nach Satz 5.24 gegen den Rand von $\widetilde{\Omega}$. Nach Übergang zu einer Teilfolge können wir annehmen, dass die Folge $f(z_\nu)$ in $\overline{\mathbb{C}}$ konvergiert. Der Grenzwert liegt dann in $\widetilde{U}_i$, da er nicht in $\widetilde{\Omega}$ liegt, der Rand von $\widetilde{U}_i$ aber in $\widetilde{\Omega}$ enthalten ist. Also enthält jede Menge $\widetilde{U}_i$ mindestens ein Element aus $\overline{\mathbb{C}} \setminus \widetilde{\Omega}$. Die Mengen $\widetilde{A}_i := \widetilde{U}_i \setminus \widetilde{\Omega}$ sind also abgeschlossen und nichtleer, erfüllen (5.51), und ihre Vereinigung ist $\overline{\mathbb{C}} \setminus \widetilde{\Omega}$. Da dieses Komplement genau $n+1$ Zusammenhangskomponenten hat, sind die $\widetilde{A}_i$ auch zusammenhängend. Damit ist das Lemma bewiesen. □

Wir nehmen nun an, dass $\Omega \subset \mathbb{C}$ die Voraussetzungen von Satz 5.50 erfüllt. Wie in Abschnitt 5.7 finden wir durch mehrmalige Anwendung des Riemannschen Abbildungssatzes eine zu Ω biholomorphe zusammenhängende offene Menge, die $(n+1)$-fach zusammenhängend ist und einen regulären Rand hat. Wir dürfen daher annehmen, dass jeder Randpunkt von Ω regulär ist. Dann sind die Mengen

$$\Gamma_i := \overline{\Omega} \cap A_i, \qquad i = 0, 1, \ldots, n,$$

die Bilder reell analytischer Einbettungen $\gamma_i : \mathbb{R}/\mathbb{Z} \to \mathbb{C}$. Wir wählen diese Einbettungen so, dass Ω *links* von γ_i und A_i *rechts* von γ_i liegt. Weiterhin dürfen wir ohne Beschränkung der Allgemeinheit (durch die Anwendung einer Inversion, falls notwendig) annehmen, dass $\infty \in A_n$ ist und daher die Mengen $A_0, \ldots, A_{n-1}$ kompakt sind (siehe Lemma 1.20). Dann gilt

$$\mathrm{w}(\gamma_i, z) = \begin{cases} -1, & \text{für } z \in A_i \setminus \Gamma_i, \\ 0, & \text{für } z \in \mathbb{C} \setminus A_i, \end{cases} \qquad i = 0, \ldots, n-1,$$

$$\mathrm{w}(\gamma_n, z) = \begin{cases} 0, & \text{für } z \in A_n \setminus (\Gamma_n \cup \{\infty\}), \\ 1, & \text{für } z \in \mathbb{C} \setminus A_n. \end{cases}$$

Hieraus folgt insbesondere, dass der Zyklus $\gamma := \gamma_0 + \gamma_1 + \cdots + \gamma_n$ in jeder offenen Umgebung von $\overline{\Omega}$ null-homolog ist, denn für jedes $z \in \mathbb{C} \setminus \overline{\Omega}$ gilt $\mathrm{w}(\gamma, z) = 0$, und für jedes $z \in \Omega$ gilt $\mathrm{w}(\gamma, z) = 1$. (Siehe Abbildung 5.9.)

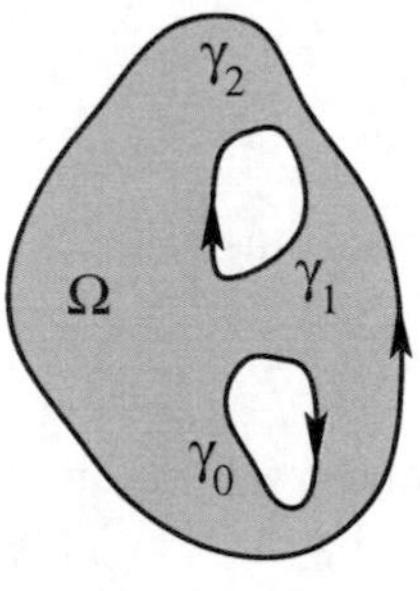

Abbildung 5.9: Eine offene Menge mit regulärem Rand

Da $\partial\Omega$ regulär ist, gibt es nach Satz A.22 stetige Funktionen $u_i : \overline{\Omega} \to \mathbb{R}$, die in Ω harmonisch sind und die folgenden Randbedingungen erfüllen

$$u_i(z) = \begin{cases} 1, & \text{für } z \in \Gamma_i, \\ 0, & \text{für } z \in \Gamma_j,\ j \neq i. \end{cases} \tag{5.55}$$

Lemma 5.53. *Es gibt eine Zahl $\varepsilon > 0$, so dass sich jedes u_i zu einer harmonischen Funktion auf der offenen Menge $\Omega_\varepsilon := \{z \in \mathbb{C} \,|\, B_\varepsilon(z) \cap \Omega \neq \emptyset\}$ fortsetzen lässt. Diese Fortsetzung wird immer noch mit u_i bezeichnet.*

Beweis. Sei $\zeta \in \partial\Omega$. Da der Rand von Ω regulär ist, gibt es eine offene Umgebung $U_\zeta \subset \mathbb{C}$ von ζ und eine biholomorphe Funktion $\phi : U_\zeta \to \mathbb{D}$ mit

$$\phi(U_\zeta \cap \Omega) = \mathbb{D} \cap \mathbb{H}, \qquad \phi(U_\zeta \cap \partial\Omega) = \mathbb{D} \cap \mathbb{R}.$$

Dann ist $u_i \circ \phi^{-1} : \mathbb{D} \cap \mathbb{H} \to \mathbb{R}$ eine harmonische Funktion, die auf $\mathbb{D} \cap \mathbb{R}$ konstant gleich c ist (mit $c = 0$ oder $c = 1$). Daher folgt aus dem Schwarzschen Spiegelungsprinzip (Satz 5.25), dass die durch

$$u_i(z) := c - u_i\big(\phi^{-1}\big(\overline{\phi(z)}\big)\big)$$

für $z \in U_\zeta \setminus \Omega$ definierte Funktion die gewünschte Fortsetzung von u_i auf $\Omega \cup U_\zeta$ ist. Für die Existenz einer globalen Fortsetzung wählen wir, für jedes $\zeta \in \partial\Omega$, eine Zahl $\delta_\zeta > 0$ mit

$$B_{2\delta_\zeta}(\zeta) \subset U_\zeta.$$

Wir überdecken $\partial\Omega$ durch endlich viele Bälle $V_\nu := B_{\delta_{\zeta_\nu}}(\zeta_\nu)$ und definieren

$$W_\nu := B_{2\delta_{\zeta_\nu}}(\zeta_\nu).$$

Dann existiert eine harmonische Fortsetzung von u_i auf $\Omega \cup W_\nu$ für jedes ν. Diese Fortsetzung wird mit $u_{i,\nu} : \Omega \cup W_\nu \to \mathbb{R}$ bezeichnet.

Wir behaupten, dass zwei solche Fortsetzungen $u_{i,\nu}$ und $u_{i,\nu'}$ stets auf $\Omega \cup (V_\nu \cap V_{\nu'})$ übereinstimmen. Wir nehmen dazu an, dass $V_\nu \cap V_{\nu'} \neq \emptyset$ und, ohne Beschränkung der Allgemeinheit, dass $\delta_{\zeta_{\nu'}} \leq \delta_{\zeta_\nu}$ ist. (Andernfalls können wir ν und ν' vertauschen.) Dann gilt

$$|\zeta_{\nu'} - \zeta_\nu| < 2\delta_{\zeta_\nu}.$$

Also ist $\zeta_{\nu'} \in W_\nu \cap V_{\nu'} \cap \partial\Omega$, und daraus folgt

$$W_\nu \cap V_{\nu'} \cap \Omega \neq \emptyset.$$

Sei $z_0 \in W_\nu \cap V_{\nu'} \cap \Omega$. Wir wählen zwei holomorphe Funktionen $F_\nu : W_\nu \to \mathbb{C}$ und $F_{\nu'} : V_{\nu'} \to \mathbb{C}$ mit Realteilen $\operatorname{Re} F_\nu = u_{i,\nu}|_{W_\nu}$ und $\operatorname{Re} F_{\nu'} = u_{i,\nu'}|_{V_{\nu'}}$, die an der Stelle z_0 den gleichen Wert haben (siehe Übung 2.46). Diese stimmen in einer Umgebung von z_0 überein und müssen daher auf der offenen zusammenhängenden

Menge $W_\nu \cap V_{\nu'}$ übereinstimmen (siehe Korollar 3.57). Wir haben also gezeigt, dass die harmonischen Fortsetzungen von u_i auf $\Omega \cup V_\nu$ und $\Omega \cup V_{\nu'}$ auf dem Durchschnitt dieser Mengen stets übereinstimmen. Damit existiert eine harmonische Fortsetzung von u_i auf $\Omega \cup \bigcup_\nu V_\nu$. Diese Menge enthält Ω_ε für jedes hinreichend kleine $\varepsilon > 0$ (siehe Lemma 3.42), und damit ist das Lemma bewiesen. □

Nach Lemma 5.53 sind die Integrale

$$\alpha_{ij} := \int_{\gamma_j} *du_i \tag{5.56}$$

wohldefiniert für $i, j = 0, \ldots, n$.

Lemma 5.54.

(i) *Für $i, j = 0, 1, \ldots, n$ gilt $\alpha_{ij} = \alpha_{ji}$.*

(ii) *Für $i = 0, \ldots, n$ gilt $\alpha_{i0} + \alpha_{i1} + \cdots + \alpha_{in} = 0$.*

(iii) *Die Matrix $(\alpha_{ij})_{i,j=1}^n$ ist nichtsingulär.*

Beweis. Für alle $i, j \in \{0, 1, \ldots, n\}$ gilt

$$\alpha_{ij} = \int_{\gamma_j} *du_i = \int_\gamma u_j *du_i = \int_\gamma u_i *du_j = \int_{\gamma_i} *du_j = \alpha_{ji}.$$

Hier bezeichnet γ den null-homologen Zyklus $\gamma := \gamma_0 + \gamma_1 + \cdots + \gamma_n$. Also folgt die mittlere Gleichung aus Übung A.9. Die zweite Gleichung folgt aus der Tatsache, dass u_j auf Γ_j identisch gleich Eins ist und auf Γ_k verschwindet für $k \neq j$. Die vorletzte Gleichung folgt aus der zweiten unter Vertauschung der Indizes i und j. Damit ist (i) bewiesen.

Behauptung (ii) folgt aus der Tatsache, dass das Integral von $*du_i$ über jedem null-homologen Zyklus verschwindet (siehe (A.5)). Da γ in Ω_ε null-homolog ist, ergibt sich

$$\alpha_{i0} + \alpha_{i1} + \cdots + \alpha_{in} = \int_\gamma *du_i = 0$$

für jedes i.

Wir beweisen (iii). Sei $\lambda = (\lambda_1, \lambda_1, \ldots, \lambda_n)$ ein Vektor in $\mathbb{R}^n$, so dass

$$\alpha_{1j}\lambda_1 + \alpha_{2j}\lambda_2 + \cdots + \alpha_{nj}\lambda_n = 0, \qquad j = 1, \ldots, n,$$

und definiere $u : \Omega_\varepsilon \to \mathbb{R}$ durch

$$u := \lambda_1 u_1 + \lambda_2 u_2 + \cdots + \lambda_n u_n.$$

Dann ist u harmonisch, und es gilt

$$\int_{\gamma_j} *du = 0, \qquad j = 1, \ldots, n.$$

Nach Beispiel 4.25 ist jeder Zyklus in Ω_ε zu einer Summe der Zyklen γ_j homolog. Also folgt aus Gleichung (A.5), dass das Integral von $*du$ über jedem Zyklus in Ω_ε verschwindet. Damit existiert nach Satz A.1 eine zu u konjugierte harmonische Funktion $v : \Omega_\varepsilon \to \mathbb{R}$. Also ist

$$f := u + \mathbf{i}v$$

eine holomorphe Funktion auf Ω_ε, deren Realteil auf Γ_j gleich λ_j ist für $j = 1, \dots, n$ und auf Γ_0 verschwindet. Ist $a \in \mathbb{C}$ mit

$$\operatorname{Re} a \notin \{0, \lambda_1, \lambda_2, \dots, \lambda_n\},$$

so ist $\operatorname{Re}(f - a)$ auf dem Rand von Ω überall ungleich Null, und daraus folgt, dass $\mathrm{w}(f \circ \gamma, a) = 0$ ist. Nach dem Prinzip vom Argument kann f daher auf Ω nirgends den Wert a annehmen. Also ist das Bild von f nicht offen und, nach dem Offenheitssatz 3.62, ist f auf Ω konstant. Da der Realteil von f auf Γ_0 verschwindet, folgt daraus $\operatorname{Re} f \equiv 0$. Also ist

$$\lambda_j = \operatorname{Re} f|_{\Gamma_j} = 0$$

für alle j, was zu beweisen war. □

Nach Lemma 5.54 existiert genau eine Lösung $(\lambda_1, \dots, \lambda_n) \in \mathbb{R}^n$ des linearen Gleichungssystems

$$\alpha_{1j}\lambda_1 + \alpha_{2j}\lambda_2 + \cdots + \alpha_{nj}\lambda_n = \begin{cases} -2\pi, & \text{für } j = 0, \\ 0, & \text{für } j = 1, \dots, n-1, \\ 2\pi, & \text{für } j = n. \end{cases} \tag{5.57}$$

Für diese Lösung betrachten wir die harmonische Funktion

$$u := \lambda_1 u_1 + \lambda_2 u_2 + \cdots + \lambda_n u_n : \Omega_\varepsilon \to \mathbb{R}.$$

Sie erfüllt die Gleichungen

$$\int_{\gamma_0} *du = -2\pi, \qquad \int_{\gamma_j} *du = 0 \quad j = 1, \dots, n-1, \qquad \int_{\gamma_n} *du = 2\pi.$$

Damit ist das Integral von $*du$ über jedem Zyklus in Ω ein ganzzahliges Vielfaches von 2π. Damit erhalten wir wie in Abschnitt 5.7 eine wohldefinierte holomorphe Funktion $f : \Omega \to \mathbb{C}$ durch die Formel

$$f(z) := \exp\left(u(z) + \mathbf{i}\int_{z_0}^{z} *du\right),$$

wobei $z_0 \in \Omega$ ein fest gewählter Punkt ist, und der Ausdruck $\int_{z_0}^{z} *du$ zu verstehen ist als Integral über einer glatten Kurve $\gamma : [0,1] \to \Omega$ mit $\gamma(0) = z_0$ und $\gamma(1) = z$. Da dieses Integral bis auf Addition eines ganzzahligen Vielfachen von 2π von γ unabhängig ist, ist f wohldefiniert. Dass f holomorph ist, zeigt man wie im Beweis von Satz 3.17 (unter Verwendung der Formel (A.4) in Anhang A). Wir zeigen, dass f die Behauptungen von Satz 5.50 erfüllt.

Lemma 5.55.

(i) *Für* $j = 1, \dots, n-1$ *gilt* $0 < \lambda_j < \lambda_n$.

(ii) *Die Funktion* $f : \Omega \to \mathbb{C}$ *bildet* f *biholomorph ab auf das Gebiet*

$$U := \mathbb{C} \setminus \bigcup_{j=0}^{n} B_j.$$

Hier ist $B_0 := \overline{\mathbb{D}}$, $B_n := \{|w| \geq e^{\lambda_n}\}$, *und* B_j *eine abgeschlossene zusammenhängende echte Teilmenge von* $\{|w| = e^{\lambda_j}\}$ *für* $j = 1, \dots, n-1$.

(iii) *Die Mengen* B_j *in* (ii) *sind paarweise disjunkt, die Funktion* f *lässt sich für jedes hinreichend kleine* $\varepsilon > 0$ *auf* Ω_ε *holomorph fortsetzen, und die Fortsetzung erfüllt die Bedingungen*

$$f(\Gamma_0) = \partial B_0, \qquad f(\Gamma_j) = B_j \quad j = 1, \dots, n-1, \qquad f(\Gamma_n) = \partial B_n.$$

Beweis. Dass f sich auf Ω_ε holomorph fortsetzen lässt, folgt unmittelbar aus der Konstruktion, da u eine harmonische Funktion auf Ω_ε ist. (Der Leser sei jedoch gewarnt, dass, im Gegensatz zum Riemannschen Abbildungssatz, diese Fortsetzung im Fall $n > 1$ nicht injektiv ist.) Setzen wir $\lambda_0 := 0$, so gilt

$$|f(z)| = e^{u(z)} = e^{\lambda_j}, \qquad z \in \Gamma_j, \qquad j = 0, \dots, n.$$

Nach dem Prinzip vom Argument, Satz 4.64, ist für $|w| \notin \{e^{\lambda_j} \mid j = 0, \dots, n\}$ die Anzahl der Lösungen $z \in \Omega$ der Gleichung $f(z) - w$, mit Multiplizität, gleich der Windungszahl

$$\mathrm{w}(f \circ \gamma, w) = \sum_{j=0}^{n} \frac{1}{2\pi\mathbf{i}} \int_{\gamma_j} \frac{f'(\zeta)\, d\zeta}{f(\zeta) - w}. \tag{5.58}$$

Da f nach Konstruktion keine Nullstellen hat, wissen wir, dass $\mathrm{w}(f \circ \gamma, 0) = 0$ ist. In der Tat ergibt sich aus der Definition von f und (A.4), dass

$$\frac{f'(z)\, dz}{f(z)} = du + \mathbf{i}{*du}$$

ist, und wir erhalten

$$\mathrm{w}(f \circ \gamma_j, 0) = \frac{1}{2\pi} \int_{\gamma_j} {*du} = \begin{cases} -1, & \text{für } j = 0, \\ 0, & \text{für } j = 1, \dots, n-1, \\ 1, & \text{für } j = n. \end{cases}$$

Da die Abbildung $f \circ \gamma_j : \mathbb{R}/\mathbb{Z} \to \mathbb{C}$ ihre Werte auf dem Kreis $|w| = e^{\lambda_j}$ annimmt und die Windungszahl in jeder Komponente des Komplements von $f(\Gamma_j)$ konstant ist und in der unbeschränkten Komponente gleich Null ist, ergibt sich $\mathrm{w}(f \circ \gamma_j, w) = 0$ für $|w| \neq e^{\lambda_j}$ und $j = 1, \dots, n-1$ sowie

$$\mathrm{w}(f \circ \gamma_0, w) = \begin{cases} -1, & \text{für } |w| < 1, \\ 0, & \text{für } |w| > 1, \end{cases} \quad \mathrm{w}(f \circ \gamma_n, w) = \begin{cases} 1, & \text{für } |w| < e^{\lambda_n}, \\ 0, & \text{für } |w| > e^{\lambda_n}. \end{cases}$$

Ausserdem ist f nicht konstant. Daher ist die Menge $f(\Omega)$ offen und nichtleer. Also ist auch $f(\Omega) \setminus f(\partial\Omega)$ offen und nichtleer und, für jeden Punkt $w \in f(\Omega) \setminus f(\partial\Omega)$, muss die Zahl (5.58) positiv sein. Das ist nur möglich, wenn $\lambda_n > 0$ ist. Wir erhalten also $\mathrm{w}(f \circ \gamma, w) = 1$ für $1 < |w| < e^{\lambda_n}$ und $|w| \neq e^{\lambda_j}$. Daraus folgt

$$\left\{w \in \mathbb{C} \,|\, 1 < |w| < e^{\lambda_n},\, |w| \neq e^{\lambda_j}\right\} \subset f(\Omega) \subset \left\{w \in \mathbb{C} \,|\, 1 < |w| < e^{\lambda_n}\right\}.$$

Also gilt $\overline{f(\Omega)} = \left\{w \in \mathbb{C} \,|\, 1 \leq |w| \leq e^{\lambda_n}\right\}$ und, da $f(\Gamma_j) \subset \overline{f(\Omega)}$ ist, ergibt sich $1 \leq \lambda_j \leq \lambda_n$ für alle j.

Sei $\Gamma := \bigcup_{j=0}^n \Gamma_j = \partial\Omega$. Wir zeigen, dass

$$f(\Gamma) \cap f(\Omega) = \emptyset$$

ist. Gibt es nämlich Punkte $\zeta \in \Gamma$ und $z \in \Omega$ mit $f(\zeta) = f(z)$, und wählen wir $z' \in \Omega$ hinreichend dicht bei ζ, so dass $w' := f(z') \notin f(\Gamma)$ ist, so hat der Punkt w' nach dem Offenheitssatz (Korollar 3.62) ein weiteres Urbild unter f in der Nähe von z. Da $\mathrm{w}(f \circ \gamma, w') = 1$ ist, widerspricht dies dem Prinzip vom Argument (Satz 4.64). Dieser Widerspruch zeigt, dass $f(\Gamma) \cap f(\Omega) = \emptyset$ ist, wie behauptet. Daraus folgt

$$\mathrm{w}(f \circ \gamma, w) = 1 \qquad \forall\, w \in f(\Omega),$$

und damit ist f injektiv. Hieraus wiederum folgt nach Lemma 5.52, dass das Komplement $\overline{\mathbb{C}} \setminus f(\Omega)$ genau $n+1$ Zusammenhangskomponenten hat. Das ist nur möglich, wenn $0 < \lambda_j < \lambda_n$ ist für $j = 1, \dots, n-1$, wenn keine der abgeschlossenen zusammenhängenden Mengen $B_j := f(\Gamma_j)$, $j = 1, \dots, n-1$, gleich dem ganzen Kreis $\{w \in \mathbb{C} \,|\, |w| = e^{\lambda_j}\}$ ist und wenn diese Mengen paarweise disjunkt sind. Damit ist das Lemma bewiesen. □

Lemma 5.56. *Seien*

$$U = \mathbb{C} \setminus \bigcup_{j=0}^{n} B_j, \qquad \widetilde{U} = \mathbb{C} \setminus \bigcup_{j=0}^{n} \widetilde{B}_j$$

zwei offene Mengen wie in Lemma 5.55 (ii). *Sei* $\psi : U \to \widetilde{U}$ *eine biholomorphe Abbildung, die die Randbedingungen*

$$\lim_{|w| \to 1} |\psi(w)| = 1, \qquad \lim_{|w| \to e^{\lambda_n}} |\psi(w)| = e^{\widetilde{\lambda}_n}$$

erfüllt. Dann ist $\lambda_n = \widetilde{\lambda}_n$, *und es gibt eine Zahl* $\theta \in \mathbb{R}$, *so dass* ψ *durch Multiplikation mit* $e^{\mathrm{i}\theta}$ *gegeben ist.*

Beweis. Wir ordnen zunächst die Teilmengen $\widetilde{B}_1, \dots, \widetilde{B}_{n-1}$, so dass $\psi(w)$ gegen $\widetilde{B}_j$ konvergiert, wenn $w \in U$ gegen B_j konvergiert für $j = 0, \dots, n$. Nach der Lemma 5.53 vorangehenden Diskussion gibt es eine biholomorphe Abbildung

$f : \Omega \to U$ auf einer offenen Menge $\Omega \subset \mathbb{C}$ mit regulärem Rand. Das Komplement $\overline{\mathbb{C}} \setminus \Omega$ hat nach Lemma 5.52 genau $n+1$ Zusammenhangskomponenten $A_0, A_1, \ldots, A_n$, die so angeordnet werden können, dass $f(z)$ gegen B_j konvergiert, wenn $z \in \Omega$ gegen A_j konvergiert. Wir bezeichnen $\Gamma_j := \overline{\Omega} \cap A_j$, so dass $\partial\Omega = \Gamma_0 \cup \Gamma_1 \cup \cdots \cup \Gamma_n$ ist. Ausserdem können wir ohne Beschränkung der Allgemeinheit annehmen, dass $\infty \in A_n$ ist. Seien γ_i und u_i wie in der Diskussion vor Lemma 5.53 und α_{ij} durch (5.56) gegeben.

Wir können nun den Beweis von Lemma 5.55 wie folgt umkehren. Sei

$$u := \log|f| : \Omega \to \mathbb{R}.$$

Dann ist u harmonisch, und es folgt aus dem Randverhalten von f, dass sich u zu einer stetigen Funktion auf $\overline{\Omega}$ fortsetzen lässt, die immer noch mit u bezeichnet wird, und die den Randbedingungen

$$u|_{\Gamma_i} = \lambda_i$$

(mit $\lambda_0 := 0$) genügt. Also folgt aus dem Eindeutigkeitssatz für Lösungen des Dirichlet-Problems (Korollar A.6), dass

$$u = \sum_{i=1}^{n} \lambda_i u_i \tag{5.59}$$

ist. Ausserdem sieht man wie im Beweis von Lemma 5.55, dass

$$\frac{1}{2\pi}\int_{\gamma_j} *du = \mathrm{w}(f \circ \gamma_j, 0) = \begin{cases} -1, & \text{für } j = 0, \\ 0, & \text{für } j = 1, \ldots, n-1, \\ 1, & \text{für } j = n, \end{cases} \tag{5.60}$$

ist. Hier folgt die zweite Gleichung aus der Tatsache, dass $\mathrm{w}(f \circ \gamma_j, w) = 0$ ist für $j = 1, \ldots, n-1$ und alle $w \in \mathbb{C} \setminus B_j$, dass $\mathrm{w}(f \circ \gamma_0, w) = 0$ ist für $|w| > 1$, dass $\mathrm{w}(f \circ \gamma_n, w) = 0$ ist für $|w| > e^{\lambda_n}$, dass $\sum_{j=0}^{n} \mathrm{w}(f \circ \gamma_j, w) = 1$ ist für $w \in U$ und dass $\sum_{j=0}^{n} \mathrm{w}(f \circ \gamma_j, w) = 0$ ist für $w \in \mathbb{C} \setminus \overline{U}$. Durch Einsetzen von (5.59) in (5.60) ergibt sich die Gleichung

$$\sum_{i=1}^{n} \lambda_i \alpha_{ij} = \begin{cases} -2\pi, & \text{für } j = 0, \\ 0, & \text{für } j = 1, \ldots, n-1, \\ 2\pi, & \text{für } j = n. \end{cases} \tag{5.61}$$

Wenden wir nun das gleiche Argument auf die Funktion $\widetilde{f} := \psi \circ f : \Omega \to \widetilde{U}$ an, so erhalten wir, dass die Zahlen $\widetilde{\lambda}_1, \ldots, \widetilde{\lambda}_n$ ebenfalls eine Lösung des Gleichungssystems (5.61) sind. Daraus folgt nach Lemma 5.54, dass $\widetilde{\lambda}_i = \lambda_i$ ist für $i = 1, \ldots, n$. Daraus folgt wiederum $|f| \equiv |\widetilde{f}|$. Also ist ψ durch Multiplikation mit einer komplexen Zahl vom Betrag 1 gegeben, was zu beweisen war. □

Beweis von Satz 5.50. Die Existenzaussage folgt aus Lemma 5.55 und die Eindeutigkeit aus Lemma 5.56. □

Bei der Charakterisierung mehrfach zusammenhängender offener Teilmengen der komplexen Ebene gibt es einige grundlegende Unterschiede zum Riemannschen Abbildungssatz. Erstens gibt es nicht nur ein Modellgebiet, sondern eine ganze Familie solcher Gebiete und zweitens ist die biholomorphe Abbildung $f : \Omega \to U$ nicht notwendigerweise eindeutig bestimmt. Es ist an dieser Stelle interessant, die Biholomorphieklassen aller $(n+1)$-fach zusammenhängenden offenen Teilmengen der komplexen Ebene zu einer einzigen Menge zusammenzufassen. Mit der Bezeichnung $\pi_0(X)$ für die Menge der Zusammenhangskomponenten eines topologischen Raumes X erhalten wir den Quotientenraum

$$\mathscr{M}_n := \left\{ \Omega \subset \mathbb{C} \;\middle|\; \begin{array}{l} \Omega \text{ ist nichtleer, offen, zusammenhängend,} \\ \#A > 1 \text{ für alle } A \in \pi_0(\overline{\mathbb{C}} \setminus \Omega), \\ \#\pi_0(\overline{\mathbb{C}} \setminus \Omega) = n+1 \end{array} \right\} \Big/ \sim$$

mit der Äquivalenzrelation

$$\Omega \sim \Omega' \qquad \Longleftrightarrow \qquad \Omega \text{ ist biholomorph zu } \Omega'.$$

Nach dem Riemannschen Abbildungssatz besteht $\mathscr{M}_0$ aus genau einem Element, der Biholomorphieklasse von $\mathbb{D}$. Nach Satz 5.46 kann $\mathscr{M}_1$ mit dem offenen Intervall $(1, \infty)$ identifiziert werden, wobei $R > 1$ für die Biholomorphieklasse des Kreisrings $U_R := \{z \in \mathbb{C} \,|\, 1 < |z| < R\}$ steht. Ist $n \geq 2$, so ist nach Satz 5.50 jede $(n+1)$-fach zusammenhängende Menge $\Omega \subset \mathbb{C}$ biholomorph zu dem Komplement von $n-1$ konzentrischen disjunkten abgeschlossenen Kreisbögen in einem Kreisring. Für den Kreisring benötigen wir einen Parameter, während jeder Kreisbogen durch drei Parameter beschrieben wird: dem Abstand zum Ursprung, dem Mittelpunkt und der Länge. Damit haben wir insgesamt $3n-2$ Parameter. Da jede Rotation eine solche Menge U in eine isomorphe Menge überführt, erhalten wir

$$\dim \mathscr{M}_n = 3n - 3.$$

Dies ist zunächst rein formal zu verstehen als die Anzahl der reellen Parameter, die benötigt werden, um eine Äquivalenzklasse in $\mathscr{M}_n$ zu bestimmen. Es ist damit noch nichts über die genaue Struktur des Raumes $\mathscr{M}_n$ gesagt. Da die Mengen Ω nichttriviale Automorphismen haben können, stellt sich heraus, dass man $\mathscr{M}_n$ in natürlicher Weise mit der Struktur einer *"Orbifaltigkeit"* (eine Verallgemeinerung des Begriffes einer *"Mannigfaltigkeit"*) versehen kann. Ausserdem ist der Raum $\mathscr{M}_n$ nicht kompakt, kann aber in einer geometrisch natürlichen Weise kompaktifiziert werden. Dies sind spannenden Themen, die aber über den Rahmen dieses Manuskriptes hinausgehen und hier nicht weiter vertieft werden.

Anhang A

Harmonische Funktionen

Die Theorie der harmonischen Funktionen wird nur im Kapitel 5 benötigt, und zwar zum einen das Maximumprinzip und die Poisson-Formel für den Beweis des Schwarzschen Spiegelungsprinzips (im Abschnitt 5.4), und zum anderen die Lösung des Dirichlet-Problems für die Charakterisierung mehrfach zusammenhängender Gebiete (in den Abschnitten 5.7 und 5.8). Andererseits können die grundlegenden Sätze über harmonische Funktionen in der Dimension 2 auf die Theorie der holomorphen Funktionen zurückgeführt werden. Das entscheidende Hilfsmittel ist Cauchy's Integralformel. In der logischen Reihenfolge wäre dieser Anhang daher zwischen den Kapiteln 4 und 5 anzusiedeln.

A.1 Die Mittelwerteigenschaft

Sei $\Omega \subset \mathbb{C} \cong \mathbb{R}^2$ eine offene Menge. Eine C^2-Funktion $u : \Omega \to \mathbb{R}$ heisst **harmonisch**, wenn sie die Laplace-Gleichung

$$\Delta u := \frac{\partial^2 u}{\partial x^2} + \frac{\partial^2 u}{\partial y^2} = 0 \tag{A.1}$$

erfüllt. Sind $u, v : \Omega \to \mathbb{R}$ zwei harmonische Funktion, so nennen wir v **zu** u **konjugiert**, wenn u und v die Cauchy–Riemann-Gleichungen

$$\frac{\partial u}{\partial x} = \frac{\partial v}{\partial y}, \qquad \frac{\partial u}{\partial y} = -\frac{\partial v}{\partial x} \tag{A.2}$$

erfüllen. Wie wir im Abschnitt 2.4 gesehen haben, ist jede harmonische Funktion lokal der Realteil einer holomorphen Funktion. Insbesondere ist jede harmonische Funktion C^∞, und die Komposition einer harmonischen mit einer holomorphen Funktion ist wieder harmonisch.

Wir werden die Existenz einer konjugierten Funktion in grösserer Allgemeinheit beweisen. Dazu beginnen wir mit der Beobachtung, dass für jede harmonische

D.A. Salamon, *Funktionentheorie*, Grundstudium Mathematik, DOI 10.1007/978-3-0348-0169-0,

Funktion $u : \Omega \to \mathbb{R}$ die Funktion

$$f := \frac{\partial u}{\partial x} - \mathbf{i}\frac{\partial u}{\partial y} : \Omega \to \mathbb{C} \tag{A.3}$$

holomorph ist. Das komplexe Differential $f(z)\,dz$ ist

$$f(z)\,dz = \left(\frac{\partial u}{\partial x}dx + \frac{\partial u}{\partial y}dy\right) + \mathbf{i}\left(\frac{\partial u}{\partial x}dy - \frac{\partial u}{\partial y}dx\right) = du + \mathbf{i} *du, \tag{A.4}$$

wobei

$$du := \frac{\partial u}{\partial x}dx + \frac{\partial u}{\partial y}dy, \qquad *du := \frac{\partial u}{\partial x}dy - \frac{\partial u}{\partial y}dx.$$

Diese 1-Formen können wir über einer glatten Kurven $\gamma : [0,1] \to \Omega$ integrieren. Mit der Notation

$$x(t) := \operatorname{Re}\gamma(t), \qquad y(t) := \operatorname{Im}\gamma(t)$$

erhalten wir

$$\int_\gamma du := \int_0^1 \left(\frac{\partial u}{\partial x}(\gamma(t))\dot{x}(t) + \frac{\partial u}{\partial y}(\gamma(t))\dot{y}(t)\right) dt = u(\gamma(1)) - u(\gamma(0))$$

und

$$\int_\gamma *du := \int_0^1 \left(\frac{\partial u}{\partial x}(\gamma(t))\dot{y}(t) - \frac{\partial u}{\partial y}(\gamma(t))\dot{x}(t)\right) dt.$$

Insbesondere ist $\int_\gamma du = 0$ für jeden Zyklus $\gamma \in \mathscr{Z}(\Omega)$. (Dies gilt für beliebige glatte Funktionen $u : \Omega \to \mathbb{R}$.) Ausserdem folgt aus Satz 4.12, dass

$$\int_\gamma *du = \operatorname{Im}\int_\gamma f(z)\,dz = 0 \tag{A.5}$$

ist für jeden null-homologen Zyklus $\gamma \in \mathscr{B}(\Omega)$. (Dies gilt nur für harmonische Funktionen $u : \Omega \to \mathbb{R}$.)

Satz A.1 (Konjugierte Funktionen). *Sei $\Omega \subset \mathbb{C}$ eine zusammenhängende offene Menge und $u : \Omega \to \mathbb{R}$ eine harmonische Funktion. Es gibt genau dann eine zu u konjugierte harmonische Funktion $v : \Omega \to \mathbb{R}$, wenn*

$$\int_\gamma *du = 0 \qquad \forall\, \gamma \in \mathscr{Z}(\Omega). \tag{A.6}$$

Insbesondere ist diese Bedingung immer dann erfüllt, wenn Ω einfach zusammenhängend ist.

Beweis. Sei $f : \Omega \to \mathbb{C}$ die durch (A.3) definierte holomorphe Funktion. Wenn u die Bedingung (A.6) erfüllt, verschwindet das Integral von f über jedem Zyklus γ in Ω. Nach Satz 3.17 und Bemerkung 4.5 existiert daher eine holomorphe Funktion

$F = U + \mathbf{i}V : \Omega \to \mathbb{C}$, so dass $F' = f$ ist. Da U und V die Cauchy–Riemann-Gleichungen erfüllen, ist V zu U konjugiert. Da

$$f = F' = \frac{\partial U}{\partial x} + \mathbf{i}\frac{\partial V}{\partial x} = \frac{\partial U}{\partial x} - \mathbf{i}\frac{\partial U}{\partial y}$$

ist, gilt $dU = du$, und damit ist V auch zu u konjugiert. Ist andererseits $v : \Omega \to \mathbb{R}$ eine zu u konjugierte harmonische Funktion, so ist $dv = *du$ und

$$\int_\gamma *du = \int_\gamma dv = 0$$

für jeden Zyklus $\gamma \in \mathscr{Z}(\Omega)$, was zu beweisen war. □

Satz A.2 (Hebbare Singularitäten). *Seien $z_0 \in \mathbb{C}$ und $R > 0$ gegeben, und sei $u : \overline{B}_R(z_0) \to \mathbb{R}$ eine stetige Funktion, deren Einschränkung auf $B_R(z_0)\setminus\{z_0\}$ harmonisch ist. Dann ist u auf $B_R(z_0)$ harmonisch und erfüllt die Gleichung*

$$u(z_0) = \int_0^1 u(z_0 + re^{2\pi \mathbf{i}t})\,dt, \qquad 0 \le r \le R. \tag{A.7}$$

Beweis. Wir nehmen ohne Beschränkung der Allgemeinheit an, dass $z_0 = 0$ ist und verwenden die Bezeichnung $B_R := B_R(0) = \{z \in \mathbb{C} \mid |z| < R\}$. Für $0 < r < R$ sei $\gamma_r : [0,1] \to B_R \setminus \{0\}$ der Zyklus $\gamma_r(t) := re^{2\pi \mathbf{i}t}$, $0 \le t \le 1$. Eine kurze Rechnung ergibt

$$\frac{d}{dr}\int_0^1 u(\gamma_r(t))\,dt = \frac{\alpha}{r}, \qquad \alpha := \int_{\gamma_r} *du.$$

Die Zahl α ist unabhängig von r, da γ_r und $\gamma_{r'}$ homolog sind in $B_R \setminus \{0\}$. Daraus folgt, dass es eine Zahl $\beta \in \mathbb{R}$ gibt, so dass

$$\int_0^1 u(\gamma_r(t))\,dt = \alpha \log(r) + \beta$$

ist für $0 < r < R$. Da der Ausdruck auf der linken Seite gegen $u(0)$ konvergiert für $r \to 0$, folgt daraus, dass $\alpha = 0$ und $\beta = u(0)$ ist. Da $\int_{\gamma_r} *du = 0$ ist, folgt aus Beispiel 4.24 und Satz A.1, dass es eine zu u konjugierte Funktion $v : B_R\setminus\{0\} \to \mathbb{R}$ gibt. Also ist $f := u+\mathbf{i}v$ eine holomorphe Funktion auf $B_R\setminus\{0\}$, und der Grenzwert $\lim_{z\to 0} \operatorname{Re} f(z)$ existiert in $\mathbb{R}$. Daraus folgt, dass 0 eine hebbare Singularität von f ist (siehe Übung 3.86). Daher ist u auf ganz B_R harmonisch. □

Bemerkung A.3. Interessiert man sich in Satz A.2 nur für die Formel (A.7) und nicht für die hebbare Singularität, so kann man annehmen, dass u auf $B_R(z_0)$ harmonisch ist. In dem Fall folgt bereits aus Übung 2.46, dass es eine zu u konjugierte harmonische Funktion $v : B_R(z_0) \to \mathbb{R}$ gibt. Für $0 < r < R$ betrachten wir nun die glatte geschlossene Kurve $\gamma_r(\theta) := z_0 + re^{\mathbf{i}\theta}$ auf dem Intervall $0 \le \theta \le 2\pi$. Nach Satz 3.31 erfüllt jede holomorphe Funktion $F : B_R(z_0) \to \mathbb{C}$ die Integralformel

$$F(z_0) = \frac{1}{2\pi\mathbf{i}} \int_{\gamma_r} \frac{F(z)\,dz}{z - z_0} = \frac{1}{2\pi} \int_0^{2\pi} F(z_0 + re^{\mathbf{i}\theta})\,d\theta.$$

Mit $F := u + \mathbf{i}v$ folgt daraus die Gleichung (A.7).

Definition A.4. *Eine stetige Funktion $u : \Omega \to \mathbb{R}$ hat die* **Mittelwerteigenschaft**, *wenn sie die Bedingung*

$$u(z) = \frac{1}{2\pi} \int_0^1 u(z + re^{\mathbf{i}\theta})\,d\theta \tag{A.8}$$

für alle $z \in \Omega$ und alle $r > 0$ mit $\overline{B}_r(z) \subset \Omega$ erfüllt. Sie heisst **subharmonisch**, *wenn sie die Bedingung*

$$u(z) \le \frac{1}{2\pi} \int_0^1 u(z + re^{\mathbf{i}\theta})\,d\theta \tag{A.9}$$

für alle $z \in \Omega$ und alle $r > 0$ mit $\overline{B}_r(z) \subset \Omega$ erfüllt.

Nach Satz A.2 hat jede harmonische Funktion die Mittelwerteigenschaft und ist damit insbesondere auch subharmonisch. Wir werden sehen, dass die Mittelwerteigenschaft sogar die harmonischen Funktionen charakterisiert. Dazu bedarf es jedoch noch einiger Vorbereitung.

Satz A.5 (Maximumprinzip). *Sei $\Omega \subset \mathbb{C}$ offen und $u : \Omega \to \mathbb{R}$ subharmonisch. Ist Ω zusammenhängend und $u(z_0) = \sup_\Omega u$ für ein $z_0 \in \Omega$, so ist u konstant. Lässt sich u stetig auf $\overline{\Omega}$ fortsetzen, so nimmt diese Fortsetzung ihr Maximum auf dem Rand an.*

Beweis. Ist $z_0 \in \Omega$ mit $u(z_0) = \max_{\overline{\Omega}} u$ und $r > 0$ mit $\overline{B}_r(z_0) \subset \Omega$, so gilt $u(z) = u(z_0)$ für alle $z \in \partial B_r(z_0)$, da sonst das Integral in (A.9) strikt kleiner als $u(z_0)$ wäre. Im zusammenhängenden Fall heisst dies, dass die Menge der Punkte, an denen u ihr Maximum annimmt, offen, abgeschlossen und nichtleer und daher gleich Ω ist. Im zweiten Fall wählen wir r maximal mit $B_r(z_0) \subset \Omega$. Dann ist u konstant auf $B_r(z_0)$ und, da $\partial B_r(z_0) \cap \partial\Omega \neq \emptyset$ ist, nimmt u dann ihr Maximum auf dem Rand von Ω an. □

Sei $f : \partial\Omega \to \mathbb{R}$ eine stetige Funktion. Das **Dirichlet-Problem** besteht darin, eine stetige Funktion $u : \overline{\Omega} \to \mathbb{R}$ zu finden, die auf Ω harmonisch ist und auf dem Rand mit f übereinstimmt:

$$\begin{aligned} \Delta u &= 0 \qquad \text{in } \Omega, \\ u &= f \qquad \text{in } \partial\Omega. \end{aligned} \tag{A.10}$$

Korollar A.6. *Es gibt höchstens eine Lösung des Dirichlet-Problem.*

Beweis. Sind $u, v : \overline{\Omega} \to \mathbb{R}$ zwei Lösungen des Dirichlet-Problems, so ist $u - v$ harmonisch auf Ω und verschwindet auf dem Rand. Also folgt aus Satz A.5, dass $u - v$ auf ganz Ω verschwindet. □

Beispiel A.7. Sei $\Omega := \mathbb{D}\setminus\{0\}$ die punktierte Kreisscheibe und definiere $f : \partial\Omega \to \mathbb{R}$ durch $f(e^{\mathbf{i}\theta}) := 0$ für $\theta \in \mathbb{R}$ und $f(0) := 1$. Für diese Randbedingungen hat das Dirichlet-Problem (A.10) keine Lösung. Eine Lösung wäre eine stetige Funktion auf $\mathbb{D}$, die auf $\mathbb{D} \setminus \{0\}$ harmonisch ist. Nach Satz A.2 wäre sie auf ganz $\mathbb{D}$ harmonisch. Und aufgrund der Randbedingung wäre sie dann nach Satz A.5 überall gleich Null.

Übung A.8. Sei $\gamma : \mathbb{R}/\mathbb{Z} \to \mathbb{C}$ eine Einbettung, die ein Gebiet $\Omega \subset \mathbb{C}$ so berandet, dass Ω *links* von γ liegt, das heisst, $\mathrm{w}(\gamma, z) = 1$ für alle $z \in \Omega$ (und $\mathrm{w}(\gamma, z) = 0$ für alle $z \in \mathbb{C} \setminus \overline{\Omega}$, und $\Gamma := \partial\Omega$ ist die Bildmenge von γ). Zeigen Sie, dass das Integral von $*du$ über γ in der klassischen Formulierung dem Integral der Ableitung von u in Richtung des nach aussen gerichteten Einheitsnormalenvektorfeldes entspricht:

$$\int_\gamma *du = \int_{\partial\Omega} \frac{\partial u}{\partial \nu}\, dS.$$

Übung A.9. Sei $\Omega \subset \mathbb{C}$ eine zusammenhängende offene Menge und u, v zwei harmonische Funktionen auf Ω. Beweisen Sie die Gleichung

$$\int_\gamma \big(u *dv - v *du\big) = 0 \tag{A.11}$$

für jeden null-homologen Zyklus $\gamma \in \mathscr{B}(\Omega)$. (**Hinweis:** Betrachten Sie zunächst den Fall, dass γ der Rand eines Rechtecks R ist. Führen Sie den allgemeinen Fall darauf zurück mit der Methode im Beweis von Satz 4.12.) Falls u der Realteil einer holomorphen Funktion F ist, vergleichen Sie (A.11) mit dem Integral von Fg mit $g := \partial v/\partial x - \mathbf{i}\partial v/\partial y$. In der Situation von Übung A.8, schreiben Sie die Formel (A.11) in ihrer klassischen Form als Integral über dem Rand von Ω.

A.2 Die Poisson-Formel

Die Mittelwerteigenschaft liefert eine Formel, die den Wert einer harmonischen Funktion im Mittelpunkt eines Kreises durch ein Integral über dem Rand ausdrückt. Eine Formel für alle anderen Punkte im Inneren des Kreises kann man aus den Möbiustransformationen von $\mathbb{D}$ gewinnen.

Satz A.10 (Poisson-Formel). *Ist $u : \overline{B}_R \to \mathbb{R}$ eine stetige Funktion, die auf B_R harmonisch ist, so gilt für alle $z \in B_R$:*

$$u(z) = \frac{1}{2\pi} \int_0^{2\pi} \frac{R^2 - |z|^2}{\left|Re^{\mathbf{i}\theta} - z\right|^2} u(Re^{\mathbf{i}\theta})\, d\theta. \tag{A.12}$$

Beweis. Wir beschränken uns auf den Fall $R = 1$. Der allgemeine Fall lässt sich auf den Fall $R = 1$ zurückführen, indem man diesen auf die Funktion $z \mapsto u(z/R)$ anwendet. Sei also $u : \overline{\mathbb{D}} \to \mathbb{C}$ eine stetige Funktion, die auf $\mathbb{D}$ harmonisch ist. Für $z \in \mathbb{D}$ sei ϕ die Möbiustransformation aus Beispiel 2.23:

$$\phi(\zeta) := \frac{\zeta + z}{1 + \bar{z}\zeta}.$$

Die Komposition $u \circ \phi$ ist stetig in $\overline{\mathbb{D}}$ und harmonisch in $\mathbb{D}$ (nach Satz A.1). Nach Satz A.2 hat sie also die Mittelwerteigenschaft in jeder Kreisscheibe $\overline{B}_r$ mit $r < 1$ und daher auch in $\overline{\mathbb{D}}$. Daraus folgt

$$u(z) = u(\phi(0)) = \frac{1}{2\pi} \int_0^{2\pi} u(\phi(e^{\mathbf{i}t}))\, dt.$$

Die Variablentransformation

$$e^{\mathbf{i}t} = \phi^{-1}(e^{\mathbf{i}\theta}) = \frac{e^{\mathbf{i}\theta} - z}{1 - \bar{z}e^{\mathbf{i}\theta}}$$

ergibt

$$\mathbf{i}\, e^{\mathbf{i}t}\, dt = (\phi^{-1})'(e^{\mathbf{i}\theta})\mathbf{i}\, e^{\mathbf{i}\theta}\, d\theta = \frac{1 - |z|^2}{(1 - \bar{z}e^{\mathbf{i}\theta})^2}\mathbf{i}\, e^{\mathbf{i}\theta}\, d\theta$$

und damit

$$dt = \frac{1 - \bar{z}e^{\mathbf{i}\theta}}{e^{\mathbf{i}\theta} - z}\frac{1 - |z|^2}{(1 - \bar{z}e^{\mathbf{i}\theta})^2} e^{\mathbf{i}\theta}\, d\theta = \frac{1 - |z|^2}{|e^{\mathbf{i}\theta} - z|^2}\, d\theta.$$

Daraus folgt (A.12) für $R = 1$. □

Man kann Satz A.10 umkehren und die Formel (A.12) verwenden, um eine Lösung des Dirichlet-Problems auf einer Kreisscheibe zu finden.

Satz A.11 (Schwarz). *Sei $R > 0$ und $f : \partial B_R \to \mathbb{R}$ eine stetige Funktion. Definiere $P_f : B_R \to \mathbb{R}$ durch*

$$P_f(z) := \frac{1}{2\pi} \int_0^{2\pi} \frac{R^2 - |z|^2}{\left|\mathrm{Re}^{\,\mathbf{i}\theta} - z\right|^2} f(\mathrm{Re}^{\,\mathbf{i}\theta})\, d\theta \qquad \text{(A.13)}$$

für $z \in B_R$. Dann ist P_f eine Lösung des Dirichlet-Problems (A.10) *in B_R.*

Beweis. Wir betrachten den Fall $R = 1$. Die Poisson-Formel kann in der Form

$$P_f(z) = \frac{1}{2\pi} \int_0^{2\pi} \mathrm{Re}\left(\frac{e^{\mathbf{i}\theta} + z}{e^{\mathbf{i}\theta} - z}\right) f(\mathrm{Re}^{\,\mathbf{i}\theta})\, d\theta \qquad \text{(A.14)}$$

geschrieben werden. Nach Lemma 3.33 ist P_f auf $\mathbb{D}$ der Realteil einer holomorphen Funktion und ist daher harmonisch. Es bleibt zu zeigen, dass

$$\lim_{z \to \zeta} P_f(z) = f(\zeta) \qquad \forall\, \zeta \in \partial\mathbb{D}. \qquad \text{(A.15)}$$

Dazu wenden wir zunächst Satz A.10 auf die konstante Funktion $u \equiv 1$ an und erhalten die Gleichung

$$\frac{1}{2\pi}\int_0^{2\pi} \frac{1-|z|^2}{\left|e^{\mathbf{i}\theta}-z\right|^2}\,d\theta = 1 \tag{A.16}$$

für alle $z \in \mathbb{D}$ und $\theta \in \mathbb{R}$.

Nun sei $\zeta \in \partial\mathbb{D}$ und $\varepsilon > 0$. Wähle $\rho > 0$ so, dass für alle $\theta \in \mathbb{R}$ gilt

$$\left|e^{\mathbf{i}\theta}-\zeta\right| < \rho \qquad \Longrightarrow \qquad \left|f(e^{\mathbf{i}\theta})-f(\zeta)\right| < \frac{\varepsilon}{2}, \tag{A.17}$$

und wähle $\delta > 0$ so klein, dass

$$\frac{\delta}{\rho} < \min\left\{\frac{1}{2}, \frac{\varepsilon}{16\,\|f\|}\right\}, \qquad \|f\| := \max_{\partial\mathbb{D}} |f|\,.$$

Dann gilt für alle $z \in \mathbb{D}$ und $\theta \in \mathbb{R}$ mit $|z-\zeta| < \delta$ und $\left|e^{\mathbf{i}\theta}-\zeta\right| \geq \rho$, dass

$$1-|z|^2 \leq 2(1-|z|) = 2(|\zeta|-|z|) \leq 2|\zeta - z| < 2\delta$$

und

$$|e^{\mathbf{i}\theta}-z| \geq |e^{\mathbf{i}\theta}-\zeta| - |\zeta - z| > \rho - \delta > \frac{\rho}{2}.$$

Wir haben also gezeigt, dass

$$|z-\zeta| < \delta \qquad \Longrightarrow \qquad \max_{|e^{\mathbf{i}\theta}-\zeta|\geq\rho} \frac{1-|z|^2}{\left|e^{\mathbf{i}\theta}-z\right|^2} < \frac{4\delta}{\rho} < \frac{\varepsilon}{4\,\|f\|}. \tag{A.18}$$

Für $z \in \mathbb{D}$ mit $|z-\zeta| < \delta$ ergibt sich damit die Abschätzung

$$\begin{aligned}
|P_f(z) - f(\zeta)| &= \frac{1}{2\pi}\left|\int_0^{2\pi} \frac{1-|z|^2}{\left|e^{\mathbf{i}\theta}-z\right|^2}\left(f(e^{\mathbf{i}\theta})-f(\zeta)\right)d\theta\right| \\
&\leq \frac{1}{2\pi}\int_0^{2\pi} \frac{1-|z|^2}{\left|e^{\mathbf{i}\theta}-z\right|^2}\left|f(e^{\mathbf{i}\theta})-f(\zeta)\right| d\theta \\
&\leq \frac{1}{2\pi}\int_{|e^{\mathbf{i}\theta}-\zeta|<\rho} \frac{1-|z|^2}{\left|e^{\mathbf{i}\theta}-z\right|^2}\,\frac{\varepsilon}{2}\,d\theta \\
&\quad + \frac{1}{2\pi}\int_{|e^{\mathbf{i}\theta}-\zeta|\geq\rho} \frac{1-|z|^2}{\left|e^{\mathbf{i}\theta}-z\right|^2}\left|f(e^{\mathbf{i}\theta})-f(\zeta)\right| d\theta \\
&\leq \frac{\varepsilon}{2} + 2\,\|f\| \max_{|e^{\mathbf{i}\theta}-\zeta|\geq\rho} \frac{1-|z|^2}{\left|e^{\mathbf{i}\theta}-z\right|^2} \\
&< \varepsilon.
\end{aligned}$$

Hier folgt der erste Schritt aus (A.16), der zweite folgt aus (3.3), der dritte aus (A.17), der vierte aus (A.16) und der Dreiecksungleichung, und der letzte Schritt folgt aus (A.18). Damit haben wir (A.15) bewiesen. □

Mit der Poisson-Formel können wir nun zeigen, dass die Mittelwerteigenschaft die harmonischen Funktionen charakterisiert.

Satz A.12 (Mittelwerteigenschaft). *Eine stetige Funktion $u : \Omega \to \mathbb{R}$ auf einer offenen Menge $\Omega \subset \mathbb{C}$ ist genau dann harmonisch, wenn sie die Mittelwerteigenschaft hat.*

Beweis. Sei $z \in \Omega$ und $r > 0$, so dass $\overline{B}_r(z) \subset \Omega$. Nach Satz A.11 existiert eine Lösung $\widetilde{u} : \overline{B}_r(z) \to \mathbb{R}$ des Dirichlet-Problems auf $B_r(z)$ mit der Randbedingung $\widetilde{u}(\zeta) = u(\zeta)$ für alle $\zeta \in \partial B_r(z)$. Damit ist $\widetilde{u} - u$ eine stetige Funktion auf $\overline{B}_r(z)$, die, nach Satz A.2, die Mittelwerteigenschaft hat. Also folgt aus Satz A.5, dass $\widetilde{u} - u : \overline{B}_r(z) \to \mathbb{R}$ ihr Maximum auf dem Rand annimmt, wo sie verschwindet. Daraus folgt, dass u auf $B_r(z)$ mit $\widetilde{u}$ übereinstimmt und dort also harmonisch ist. Da z beliebig gewählt war, ist u in ganz Ω harmonisch. □

A.3 Die Harnack-Ungleichung

Lemma A.13 (Harnack-Ungleichung). *Ist $u : \overline{B}_R \to \mathbb{R}$ eine positive stetige Funktion, die auf B_R harmonisch ist, so gilt für alle $z \in B_R$*

$$\frac{R-|z|}{R+|z|}u(0) \le u(z) \le \frac{R+|z|}{R-|z|}u(0). \tag{A.19}$$

Beweis. Mit $r := |z|$ gilt offensichtlich

$$\frac{1}{(R+r)^2} \le \frac{1}{\left|R\mathrm{e}^{\mathrm{i}\theta} - z\right|^2} \le \frac{1}{(R-r)^2}$$

und daher

$$\frac{R-r}{R+r} \le \frac{R^2-r^2}{\left|R\mathrm{e}^{\mathrm{i}\theta} - z\right|^2} \le \frac{R+r}{R-r}.$$

Multipliziert man nun diese Ungleichung mit der positiven Funktion $u(R\mathrm{e}^{\mathrm{i}\theta})$ und integriert über $0 \le \theta \le 2\pi$, so folgt die gewünschte Ungleichung aus der Poisson-Formel (A.12). □

Satz A.14 (Monotone Konvergenz). *Sei $u_n : \Omega_n \to \mathbb{R}$ eine Folge harmonischer Funktionen auf einer Folge offener Mengen $\Omega_n \subset \mathbb{C}$. Sei $\Omega \subset \mathbb{C}$ eine zusammenhängende offene Menge mit der folgenden Eigenschaft. Für jeden Punkt $z_0 \in \Omega$ gibt es eine offene Umgebung $U \subset \Omega$ von z_0 und eine Zahl $n_0 \in \mathbb{N}$, so dass $U \subset \Omega_n$ ist für $n \ge n_0$ und*

$$u_{n+1}(z) \ge u_n(z) \qquad \forall\, n \ge n_0 \;\; \forall\, z \in U.$$

Dann gilt entweder, dass die Folge u_n auf jeder kompakten Teilmenge von Ω gleichmässig gegen ∞ divergiert, oder dass sie auf jeder kompakten Teilmenge von Ω gleichmässig gegen eine harmonisch Funktion $u : \Omega \to \mathbb{R}$ konvergiert.

Beweis. Wir nehmen zunächst an, dass es einen Punkt $z_0 \in \Omega$ gibt, so dass

$$\lim_{n\to\infty} u_n(z_0) = \infty$$

ist. Nach Voraussetzung existieren Zahlen $r > 0$ und $n_0 \in \mathbb{N}$, so dass die Einschränkungen $u_n|_{B_R(z_0)}$ für $n \geq n_0$ eine monoton wachsende Folge bilden. Nach Lemma A.13 gilt

$$|u_n(z)| \geq \frac{R - |z - z_0|}{R + |z - z_0|} u_n(z_0)$$

für alle $z \in B_R(z_0)$. Also konvergiert u_n gleichmässig gegen ∞ auf $B_{R/2}(z_0)$.

Nehmen wir andererseits an, dass es einen Punkt $z_0 \in \Omega$ gibt, so dass der Grenzwert

$$c_0 := \lim_{n\to\infty} u_n(z_0) \in \mathbb{R}$$

existiert. Mit R und n_0 wie oben folgt dann aus Lemma A.13, dass

$$|u_n(z)| \leq \frac{R + |z - z_0|}{R - |z - z_0|} u_n(z_0)$$

für alle $z \in B_R(z_0)$. Also ist die Folge u_n auf $B_{R/2}(z_0)$ gleichmässig beschränkt. Ausserdem können wir Lemma A.13 auf die Funktion $u_n - u_m$ für $n \geq m \geq n_0$ anwenden und erhalten, dass

$$u_n(z) - u_m(z) \leq \frac{R + |z - z_0|}{R - |z - z_0|} (u_n(z_0) - u_m(z_0)) \leq 3 (u_n(z_0) - u_m(z_0))$$

für $|z - z_0| \leq R/2$. Also ist die Folge

$$\left(u_n|_{B_{R/2}(z_0)}\right)_{n\in\mathbb{N}}$$

in diesem Fall eine Cauchy-Folge bezüglich der Supremumsnorm, und daher konvergiert die Folge u_n gleichmässig auf $B_{R/2}(z_0)$.

Insbesondere haben wir gezeigt, dass die Mengen

$$\Omega_0 := \left\{z_0 \in \Omega \mid \lim_{n\to\infty} f_n(z_0) < \infty\right\}$$

und

$$\Omega_1 = \left\{z_0 \in \Omega \mid \lim_{n\to\infty} f_n(z_0) = \infty\right\}$$

beide offen sind. Daher kann nur eine von ihnen nichtleer sein, und in beiden Fällen folgt aus der Überdeckungseigenschaft kompakter Mengen (Satz C.1) die gleichmässige Konvergenz auf jeder kompakten Teilmenge von Ω.

Nach Satz A.2 hat u_n für jedes n die Mittelwerteigenschaft. Da diese unter gleichmässiger Konvergenz erhalten bleibt, hat auch u die Mittelwerteigenschaft, falls der Grenzwert endlich ist. Nach Satz A.12 ist u harmonisch. Damit ist der Satz bewiesen. □

Übung A.15. Sei $\Omega \subset \mathbb{C}$ offen und $K \subset \Omega$ kompakt. Beweisen Sie, dass es eine Konstante $c > 0$ gibt, die nur von Ω und K abhängt, so dass jede positive harmonische Funktion $u : \Omega \to (0, \infty)$ die Ungleichung $u(z_0) \leq cu(z_1)$ für alle $z_0, z_1 \in K$ erfüllt.

A.4 Subharmonische Funktionen

Wir benötigen die folgende Charakterisierung subharmonischer Funktionen.

Lemma A.16. *Sei $\Omega \subset \mathbb{C}$ eine offene Menge und $v : \Omega \to \mathbb{R}$ eine stetige Funktion. Dann sind folgende Aussagen äquivalent.*

(i) *v ist subharmonisch.*

(ii) *Ist $U \subset \Omega$ eine zusammenhängende offene Teilmenge, $u : U \to \mathbb{R}$ eine harmonische Funktion und $z_0 \in U$, so dass*

$$v(z_0) - u(z_0) \geq v(z) - u(z) \qquad \forall\, z \in U,$$

dann ist $v - u$ auf U konstant.

Beweis. Wir beweisen (i) $\Longrightarrow$ (ii). Ist $u : U \to \mathbb{R}$ eine harmonische Funktion auf einer zusammenhängenden offenen Teilmenge $U \subset \Omega$, so ist $v - u : U \to \mathbb{R}$ subharmonisch, nach (i) und Satz A.2. Damit folgt (ii) aus Satz A.5.

Wir beweisen (ii) $\Longrightarrow$ (i). Sei $z_0 \in \Omega$ und $r > 0$ mit $\overline{B}_r(z_0) \subset \Omega$. Sei

$$U := B_r(z_0),$$

und definiere $u : U \to \mathbb{R}$ durch

$$u(z) := \frac{1}{2\pi} \int_0^{2\pi} \frac{r^2 - |z - z_0|^2}{|z_0 + re^{\mathrm{i}\theta} - z|^2} v(z_0 + re^{\mathrm{i}\theta})\, d\theta.$$

Nach Satz A.11 ist u harmonisch und lässt sich auf den Abschluss $\overline{B}_r(z_0)$ stetig fortsetzen durch $u(\zeta) := v(\zeta)$ für $\zeta \in \partial B_r(z_0)$. Daraus folgt

$$v(z_0) \leq u(z_0) = \frac{1}{2\pi} \int_0^{2\pi} v(z_0 + re^{\mathrm{i}\theta})\, d\theta.$$

Ist nämlich $v(z_0) > u(z_0)$, so ist $v - u$ nicht konstant, nimmt aber ihr Maximum an einer Stelle in U an, im Widerspruch zu (ii). Damit ist das Lemma bewiesen. □

Lemma A.17. *Sei $\Omega \subset \mathbb{C}$ eine offene Menge. Dann sind die Summe und das Maximum zweier subharmonischer Funktionen auf Ω wieder subharmonisch.*

Beweis. Für die Summe folgt die Behauptung sofort aus den Definitionen. Seien $v_1, v_2 : \Omega \to \mathbb{R}$ zwei subharmonische Funktionen und

$$v := \max\{v_1, v_2\}.$$

Sei $U \subset \Omega$ eine zusammenhängende offene Menge, $u : U \to \mathbb{R}$ eine harmonische Funktion und $z_0 \in U$, so dass

$$v(z_0) - u(z_0) \geq v(z) - u(z) \qquad \forall\, z \in U.$$

Ist $v(z_0) = v_1(z_0)$, so gilt

$$v_1(z_0) - u(z_0) \geq v(z) - u(z) \geq v_1(z) - u(z) \qquad \forall\, z \in U.$$

Da v_1 subharmonisch ist, folgt aus Lemma A.16, dass $v_1 - u$ konstant ist. Damit folgt aus derselben Ungleichung, dass $v-u$ ebenfalls konstant ist. Das gilt natürlich auch im Fall $v(z_0) = v_2(z_0)$. Also erfüllt v die Bedingung (ii) in Lemma A.16 und ist demnach subharmonisch. □

Lemma A.18. *Sei $v : \Omega \to \mathbb{R}$ eine subharmonische Funktion auf einer offenen Teilmenge $\Omega \subset \mathbb{C}$. Sei $z_0 \in \Omega$ und $r > 0$ mit $\overline{B}_r(z_0) \subset \Omega$. Definiere $\widetilde{v} : \Omega \to \mathbb{R}$ durch $\widetilde{v}(z) := v(z)$ für $z \in \Omega \setminus B_r(z_0)$ und*

$$\widetilde{v}(z) := \frac{1}{2\pi} \int_0^{2\pi} \frac{r^2 - |z - z_0|^2}{|z_0 + re^{\mathrm{i}\theta} - z|^2} v(z_0 + re^{\mathrm{i}\theta})\, d\theta, \qquad z \in B_r(z_0). \tag{A.20}$$

Dann ist $\widetilde{v}$ subharmonisch und es gilt $v(z) \leq \widetilde{v}(z)$ für alle $z \in \Omega$.

Beweis. Nach Satz A.11 ist $\widetilde{v}$ stetig. Ausserdem folgt aus Lemma A.16, dass

$$v(z) \leq \widetilde{v}(z)$$

ist für alle $z \in B_r(z_0)$ und daher für alle $z \in \Omega$. Sei nun $U \subset \Omega$ eine zusammenhängende offene Menge, $u : U \to \mathbb{R}$ eine harmonische Funktion, und $z^* \in U$, so dass

$$\widetilde{v}(z^*) - u(z^*) \geq \widetilde{v}(z) - u(z) \qquad \forall z \in U.$$

Ist $z^* \in U \setminus B_r(z_0)$, so gilt

$$v(z^*) - u(z^*) = \widetilde{v}(z^*) - u(z^*) \geq \widetilde{v}(z) - u(z) \geq v(z) - u(z) \qquad \forall\, z \in U.$$

Nach Lemma A.16 ist dann $v - u$ auf U konstant und daher ist auch $\widetilde{v} - u$ auf U konstant. Ist $z^* \in U \cap B_r(z_0)$, so ist $\widetilde{v} - u$ auf der Zusammenhangskomponente von $U \cap B_r(z_0)$, die z^* enthält, konstant. Diese ist entweder gleich U oder es gibt einen Punkt in $U \cap \partial B_r(z_0)$, an dem $\widetilde{v} - u$ ihr Maximum annimmt. In beiden Fällen folgt daraus, dass $\widetilde{v} - u$ auf U konstant ist. Also erfüllt $\widetilde{v}$ die Bedingung (ii) in Lemma A.16 und ist damit subharmonisch. □

Übung A.19. Eine C^2-Funktion $v : \Omega \to \mathbb{R}$ auf einer offenen Teilmenge $\Omega \subset \mathbb{C}$ ist genau dann subharmonisch, wenn $\Delta v \geq 0$ ist. **Hinweis:** Ist $\Delta v \geq 0$, so ist die Funktion $v_\varepsilon(z) := v(z) + \varepsilon\, |z - z_0|^2$ für jedes $\varepsilon > 0$ subharmonisch. Im Fall $\Delta v < 0$ betrachten Sie die Funktion $-v_\varepsilon$.

Übung A.20. Sei $f : \Omega \to \mathbb{C}$ eine holomorphe Funktion auf einer offenen Menge $\Omega \subset \mathbb{C}$. Zeigen Sie, dass die Funktionen $v(z) := |f(z)|^\mu$ für $\mu \geq 0$ und $v(z) := \log(1 + |f(z)|^2)$ subharmonisch sind.

Übung A.21. Ist $v : \Omega \to \mathbb{R}$ subharmonisch und $\phi : \Omega' \to \Omega$ holomorph, dann ist $v \circ \phi : \Omega' \to \mathbb{R}$ subharmonisch.

A.5 Das Dirichlet-Problem

In diesem Abschnitt beweisen wir den folgenden Existenzsatz.

Satz A.22. *Sei $\Omega \subset \mathbb{C}$ eine beschränkte offene Menge. Wir nehmen an, dass für jeden Randpunkt $\zeta_0 \in \partial\Omega$ ein Punkt $\zeta_1 \in \mathbb{C}$ existiert, so dass*

$$0 < t \le 1 \qquad \Longrightarrow \qquad \zeta_t := \zeta_0 + t(\zeta_1 - \zeta_0) \notin \overline{\Omega}. \tag{A.21}$$

Dann hat das Dirichlet-Problem (A.10) *für jede stetige Funktion $f : \partial\Omega \to \mathbb{R}$ eine Lösung.*

Der Beweis stammt von O. Perron. Seine Methode besticht durch ihre Einfachheit und sehr allgemeine Gültigkeit. Sei $\Omega \subset \mathbb{C}$ eine beschränkte offene Menge und

$$f : \partial\Omega \to \mathbb{R}$$

eine stetige Funktion auf dem Rand von Ω. Nach Heine–Borel ist der Rand eine kompakte Teilmenge von $\mathbb{C}$ und f daher beschränkt. Wir betrachten die Menge

$$\mathscr{V} := \left\{ v : \overline{\Omega} \to \mathbb{R} \;\middle|\; \begin{array}{l} v \text{ ist stetig,} \\ v|_\Omega \text{ ist subharmonisch,} \\ v(z) \le f(z) \text{ für alle } z \in \partial\Omega \end{array} \right\}.$$

Diese Menge ist offensichtlich nichtleer, da jede konstante Funktion $v(z) \equiv c$ mit $c < \min_{\partial\Omega} f$ ein Element von $\mathscr{V}$ ist.

Lemma A.23. *Die durch*

$$u(z) := \sup_{v \in \mathscr{V}} v(z) \tag{A.22}$$

definierte Funktion $u : \Omega \to \mathbb{R}$ ist harmonisch.

Lemma A.24. *Sei $\zeta_0 \in \Omega$ und $\omega : \overline{\Omega} \to \mathbb{R}$ eine stetige Funktion, die auf Ω harmonisch ist und die Bedingung*

$$\omega(\zeta_0) = 0, \qquad \omega(\zeta) > 0 \qquad \forall\, \zeta \in \overline{\Omega} \setminus \{\zeta_0\}$$

erfüllt. Dann erfüllt die Funktion u in Lemma A.23 *die Randbedingung*

$$\lim_{z \to \zeta_0} u(z) = f(\zeta_0). \tag{A.23}$$

Beweis von Satz A.22. Sei $\zeta_0 \in \partial\Omega$, und wähle $\zeta_1 \in \mathbb{C}$ so, dass (A.21) gilt. Betrachte die Menge

$$A := \{\zeta_t \,|\, 0 \le t \le 1\}$$

und die Möbiustransformation

$$\phi(z) := \frac{z - \zeta_0}{z - \zeta_1}.$$

Diese erfüllt die Bedingung

$$\phi(\zeta_t) = \frac{\zeta_t - \zeta_0}{\zeta_t - \zeta_1} = \frac{t}{t-1}, \qquad 0 \le t \le 1.$$

Also bildet ϕ die offene Menge $\overline{\mathbb{C}} \setminus A$ bijektiv auf $\mathbb{C} \setminus (-\infty, 0]$ ab. Sei $w \mapsto \sqrt{w}$ der Hauptzweig der Quadratwurzel, der $\mathbb{C} \setminus (-\infty, 0]$ auf die rechte Halbebene abbildet, und definiere $\omega : \overline{\Omega} \to \mathbb{R}$ durch

$$\omega(z) := \mathrm{Re}\sqrt{\frac{z-\zeta_0}{z-\zeta_1}}, \qquad z \in \overline{\Omega} \setminus \{\zeta_0\} \subset \mathbb{C} \setminus A,$$

und $\omega(\zeta_0) := 0$. Dann ist ω stetig, harmonisch in Ω und positiv in $\overline{\Omega} \setminus \{\zeta_0\}$. Also folgt aus Lemma A.24, dass die harmonische Funktion $u : \Omega \to \mathbb{R}$ aus Lemma A.23 die Randbedingung (A.23) für jeden Punkt $\zeta_0 \in \partial\Omega$ erfüllt. Damit ist der Satz bewiesen. □

Beweis von Lemma A.23. Sei $u : \Omega \to \mathbb{R}$ durch (A.22) definiert und

$$M_0 := \inf_{\zeta \in \partial\Omega} f(\zeta), \qquad M_1 := \sup_{\zeta \in \partial\Omega} f(\zeta). \tag{A.24}$$

Es folgt aus dem Maximumprinzip von Satz A.5, dass $v(z) \le M_1$ für alle $z \in \Omega$ und alle $v \in \mathscr{V}$. Ausserdem ist jede konstante Funktion $v \equiv c$ mit $c \le M_0$ ein Element von $\mathscr{V}$. Daraus folgt

$$M_0 \le u(z) \le M_1 \qquad \forall z \in \Omega.$$

Sei nun $z_0 \in \Omega$ und $r > 0$, so dass $\overline{B}_r(z_0) \subset \Omega$ ist. Dann gibt es eine Folge $V_n \in \mathscr{V}$, so dass $\lim_{n\to\infty} V_n(z_0) = u(z_0)$. Nach Lemma A.17 gehört die Funktion $v_n := \max\{V_1, \dots, V_n\}$ zu unserer Menge $\mathscr{V}$, und es gilt offensichtlich

$$v_n \le v_{n+1}, \qquad \lim_{n\to\infty} v_n(z_0) = u(z_0).$$

Sei nun $\widetilde{v}_n : \Omega \to \mathbb{R}$ die Funktion, die auf $\Omega \setminus B_r(z_0)$ mit v_n übereinstimmt und in $B_r(z_0)$ durch das Poisson-Integral (A.20) gegeben ist. Nach Lemma A.18 ist $\widetilde{v}_n \in \mathscr{V}$ und, nach Satz A.5, gilt

$$\widetilde{v}_n \le \widetilde{v}_{n+1}, \qquad \lim_{n\to\infty} \widetilde{v}_n(z_0) = u(z_0).$$

Da die Folge $\widetilde{v}_n$ beschränkt und in $B_r(z_0)$ harmonisch ist, konvergiert sie nach Satz A.14 auf jeder kompakten Teilmenge von $B_r(z_0)$ gleichmässig. Wir bezeichnen den Grenzwert mit

$$\widetilde{v}(z) := \lim_{n\to\infty} \widetilde{v}_n(z) \qquad z \in B_r(z_0).$$

Dann ist $\widetilde{v} : B_r(z_0) \to \mathbb{R}$ eine harmonische Funktion mit

$$\widetilde{v}(z) \le u(z) \quad \forall\, z \in B_r(z_0), \qquad \widetilde{v}(z_0) = u(z_0).$$

Ist $z_1 \in B_r(z_0)$, so existiert eine Folge $W_n \in \mathscr{V}$ mit $\lim_{n\to\infty} W_n(z_1) = u(z_1)$. Betrachten wir nun die Folge $w_n := \max\{W_1, W_2, \dots, W_n, \widetilde{v}_n\} \in \mathscr{V}$ und ersetzen w_n auf der Kreisscheibe $B_r(z_0)$ durch das Poisson-Integral, so erhalten wir eine Folge $\widetilde{w}_n \in \mathscr{V}$ mit den Eigenschaften

$$\widetilde{w}_{n+1} \geq \widetilde{w}_n, \qquad \widetilde{w}_n \geq \widetilde{v}_n, \qquad \lim_{n\to\infty} \widetilde{w}_n(z_1) = u(z_1).$$

Da die Folge $\widetilde{w}_n$ beschränkt und in $B_r(z_0)$ harmonisch ist, konvergiert sie nach Satz A.14 auf jeder kompakten Teilmenge von $B_r(z_0)$ gleichmässig. Wir bezeichnen den Grenzwert mit

$$\widetilde{w}(z) := \lim_{n\to\infty} \widetilde{w}_n(z) \qquad z \in B_r(z_0).$$

Dann ist $\widetilde{w} : B_r(z_0) \to \mathbb{R}$ eine harmonische Funktion, so dass

$$\widetilde{w}(z) \geq \widetilde{v}(z) \;\; \forall\, z \in B_r(z_0), \quad \widetilde{w}(z_1) = u(z_1), \quad \widetilde{v}(z_0) = u(z_0) = \widetilde{w}(z_0).$$

Hier folgt die letzte Gleichung aus der Ungleichung

$$\widetilde{v}_n(z_0) \leq \widetilde{w}_n(z_0) \leq u(z_0), \qquad n \in \mathbb{N},$$

und der Tatsache, dass $\widetilde{v}_n(z_0)$ gegen $u(z_0)$ konvergiert. Aus dem Maximumprinzip in Satz A.5 folgt nun, dass

$$\widetilde{w}(z) = \widetilde{v}(z) \qquad \forall\, z \in B_r(z_0).$$

Insbesondere gilt

$$\widetilde{v}(z_1) = \widetilde{w}(z_1) = u(z_1).$$

Da $z_1 \in B_r(z_0)$ beliebig gewählt war, folgt daraus, dass $\widetilde{v}$ auf $B_r(z_0)$ mit u übereinstimmt. Also ist u auf $B_r(z_0)$ harmonisch, was zu beweisen war. □

Beweis von Lemma A.24. Sei $\varepsilon > 0$ gegeben, und wähle $\rho > 0$ so, dass für alle $\zeta \in \partial\Omega$ folgendes gilt:

$$|\zeta - \zeta_0| < \rho \qquad \Longrightarrow \qquad |f(\zeta) - f(\zeta_0)| < \frac{\varepsilon}{2}.$$

Da $\omega : \overline{\Omega} \to \mathbb{R}$ stetig und auf $\overline{\Omega} \setminus \{\zeta_0\}$ positiv ist, gilt

$$\omega_0 := \inf_{|z-\zeta_0|\geq\rho} \omega(z) > 0.$$

Wir definieren die Funktionen $v_0, v_1 : \overline{\Omega} \to \mathbb{R}$ durch

$$\begin{aligned} v_1(z) &:= f(\zeta_0) + \frac{\varepsilon}{2} + \frac{M_1 - f(\zeta_0)}{\omega_0}\omega(z), \\ v_0(z) &:= f(\zeta_0) - \frac{\varepsilon}{2} - \frac{f(\zeta_0) - M_0}{\omega_0}\omega(z) \end{aligned} \tag{A.25}$$

für $z \in \Omega$, wobei M_0 und M_1 durch (A.24) gegeben sind. Diese Funktionen sind stetig, auf Ω harmonisch und erfüllen die Ungleichung

$$v_0(\zeta) \le f(\zeta) \le v_1(\zeta) \qquad \forall \zeta \in \partial\Omega.$$

Insbesondere ist $v_0 \in \mathscr{V}$ und damit überall kleiner oder gleich u. Ausserdem folgt aus dem Maximumprinzip, dass $v(z) \le v_1(z)$ ist für alle $v \in \mathscr{V}$ und alle $z \in \Omega$. Daraus folgt

$$v_0(z) \le u(z) \le v_1(z) \qquad \forall\, z \in \Omega. \tag{A.26}$$

Da $\omega : \overline{\Omega} \to [0, \infty)$ stetig und $\omega(\zeta_0) = 0$ ist, gibt es eine Konstante $\delta > 0$, so dass für alle $z \in \Omega$ gilt:

$$|z - \zeta_0| < \delta \qquad \Longrightarrow \qquad \omega(z) < \frac{\varepsilon\omega_0}{2(M_1 - M_0)}.$$

Mit (A.25) und (A.26) folgt daraus, dass $|u(z) - f(\zeta_0)| < \varepsilon$ ist für alle $z \in \overline{\Omega}$ mit $|z - \zeta_0| < \delta$. Damit ist das Lemma bewiesen. □

Anhang B

Zusammenhängende Räume

B.1 Topologische Begriffe

Sei (X, d) ein **metrischer Raum**, d.h., X ist eine Menge, und $d : X \times X \to \mathbb{R}$ ist eine Funktion mit folgenden Eigenschaften

(i) Für alle $x, y \in X$ gilt $d(x, y) \geq 0$ und $d(x, y) = 0 \iff x = y$.
(ii) Für alle $x, y \in X$ gilt $d(x, y) = d(y, x)$.
(iii) Für alle $x, y, z \in X$ gilt $d(x, z) \leq d(x, y) + d(y, z)$.

Die Funktion d heisst **Abstandsfunktion**, und Bedingung (iii) ist die **Dreiecksungleichung**. Eine Teilmenge $U \subset X$ heisst **offen**, wenn es für jedes $x \in U$ ein $\varepsilon > 0$ gibt, so dass

$$B_\varepsilon(x) := \{y \in X \mid d(x, y) < \varepsilon\} \subset U.$$

Offene Mengen haben folgende Eigenschaften.

(i) Die leere Menge und der ganze Raum X sind offene Teilmengen von X.
(ii) Sind $U_1, \ldots, U_n$ offene Teilmengen von X, so ist auch $\bigcap_{i=1}^n U_i$ offen.
(iii) Ist I eine Menge und $U_i \subset X$ eine offene Teilmenge für jedes $i \in I$, so ist auch $\bigcup_{i \in I} U_i$ offen.

Eine Folge $(x_n)_{n \in \mathbb{N}}$ in X **konvergiert** gegen $x \in X$, wenn es für jedes $\varepsilon > 0$ ein $n_0 \in \mathbb{N}$ gibt, so dass für jedes $n \in \mathbb{N}$ gilt: $n \geq n_0 \implies d(x_n, x) < \varepsilon$. Eine Teilmenge $A \subset X$ heisst **abgeschlossen**, wenn für jede Folge $(x_n)_{n \in \mathbb{N}}$ in X und jedes $x \in X$ folgendes gilt: Ist $x_n \in A$ für jedes $n \in \mathbb{N}$ und konvergiert x_n gegen x, so ist $x \in A$. Eine Teilmenge $A \subset X$ ist genau dann abgeschlossen, wenn ihr Komplement $U := X \setminus A$ offen ist. Abgeschlossene Mengen haben folgende Eigenschaften.

(i) Die leere Menge und der ganze Raum X sind abgeschlossene Teilmengen von X.
(ii) Sind $A_1, \ldots, A_n$ abgeschlossene Teilmengen von X, so ist auch $\bigcup_{i=1}^n A_i$ abgeschlossen.

(iii) Ist I eine Menge und $A_i \subset X$ eine abgeschlossene Teilmenge für jedes $i \in I$, so ist auch $\bigcap_{i\in I} A_i$ abgeschlossen.

Seien (X, d_X) und (Y, d_Y) metrische Räume. Eine Abbildung $f : X \to Y$ heisst **stetig**, wenn es für jedes $x_0 \in X$ und jedes $\varepsilon > 0$ ein $\delta > 0$ gibt, so dass für alle $x \in X$ gilt: $d_X(x, x_0) < \delta \implies d_Y(f(x), f(x_0)) < \varepsilon$. Für jede Abbildung $f : X \to Y$ sind folgende Aussagen äquivalent.

(i) f ist stetig.

(ii) Ist $(x_n)_{n\in\mathbb{N}}$ eine Folge in X, die gegen $x \in X$ konvergiert, so konvergiert auch $f(x_n)$ gegen $f(x) \in Y$.

(iii) Ist V eine offene Teilmenge von Y, so ist $f^{-1}(V) := \{x \in X \mid f(x) \in V\}$ eine offene Teilmenge von X.

B.2 Die Relativtopologie

Sei (X, d) ein metrischer Raum und $Y \subset X$ eine beliebige Teilmenge. Dann ist die Restriktion der Abstandsfunktion $d : X \times X \to \mathbb{R}$ auf $Y \times Y$ wieder eine Abstandsfunktion, und wir bezeichnen sie mit

$$d_Y := d|_{Y\times Y} : Y \times Y \to \mathbb{R}.$$

Die durch d_Y induzierte Topologie auf Y wird auch die **Relativtopologie** auf Y genannt. Eine Teilmenge $V \subset Y$ heisst **Y-offen**, wenn sie bezüglich der Relativtopologie offen ist. Eine Teilmenge $B \subset Y$ heisst **Y-abgeschlossen**, wenn sie bezüglich der Relativtopologie abgeschlossen ist. Das folgende Lemma charakterisiert die Y-offenen und Y-abgeschlossenen Teilmengen von Y mit Hilfe der offenen und abgeschlossenen Teilmengen von X.

Satz B.1. *Sei (X, d) ein metrischer Raum und $Y \subset X$.*

(i) *Eine Teilmenge $V \subset Y$ ist genau dann Y-offen, wenn es eine offenen Teilmenge $U \subset X$ gibt, so dass $V = U \cap Y$ ist.*

(ii) *Eine Teilmenge $B \subset Y$ ist genau dann Y-abgeschlossen, wenn es eine abgeschlossene Teilmenge $A \subset X$ gibt, so dass $B = A \cap Y$ ist.*

Beweis. Wir beweisen (i). Ist $V \subset Y$ offen bezüglich d_Y, so gibt es für jedes $y \in V$ ein $\varepsilon > 0$, so dass

$$B_\varepsilon(y; Y) := \{x \in Y \mid d(x, y) < \varepsilon\} \subset V.$$

Nach dem Auswahlaxiom gibt es also eine Abbildung

$$V \to (0, \infty) : y \mapsto \varepsilon(y)$$

mit $B_{\varepsilon(y)}(y; Y) \subset V$ für jedes $y \in V$. Damit ist die Menge

$$U := \bigcup_{y\in V} B_{\varepsilon(y)}(y; X)$$

offen in X, und es gilt

$$U \cap Y = \bigcup_{y \in V} (B_{\varepsilon(y)}(y; X) \cap Y) = \bigcup_{y \in V} B_{\varepsilon(y)}(y; Y) = V.$$

Gibt es andererseits eine offene Teilmenge $U \subset X$ mit $U \cap Y = V$ und ist $y \in V$, so ist auch $y \in U$, also existiert ein $\varepsilon > 0$ mit $B_\varepsilon(y; X) \subset U$, und daher gilt $B_\varepsilon(y; Y) = B_\varepsilon(y; X) \cap Y \subset U \cap Y = V$. Also ist V offen bezüglich d_Y. Damit haben wir (i) bewiesen.

Um (ii) zu zeigen, nehmen wir zunächst an, dass $B \subset Y$ abgeschlossen ist bezüglich d_Y. Dann ist $V := Y \setminus B$ offen bezüglich d_Y. Nach (i) gibt es also eine offene Menge $U \subset X$, so dass $U \cap Y = V$. Damit ist $A := X \setminus U$ abgeschlossen, und es gilt $A \cap Y = (X \setminus U) \cap Y = Y \setminus (U \cap Y) = Y \setminus V = B$. Ist andererseits $A \subset X$ abgeschlossen und $B := A \cap Y$, so ist $X \setminus A$ offen. Nach (i) ist daher $(X \setminus A) \cap Y = Y \setminus (A \cap Y) = Y \setminus B$ offen bezüglich d_Y, und folglich ist B abgeschlossen bezüglich d_Y. Damit ist der Satz bewiesen. □

Beispiel B.2. Sei $X = \mathbb{R}$ mit der Standardmetrik $d(x, y) := |x - y|$ für $x, y \in \mathbb{R}$.

(i) Ist $Y := [0, 1]$, so ist $[0, b)$ für $0 < b \leq 1$ eine Y-offene Teilmenge von Y. Hingegen ist eine Teilmenge $B \subset Y$ genau dann Y-abgeschlossen, wenn sie abgeschlossen ist (da Y selbst eine abgeschlossene Teilmenge von X ist).

(ii) Ist $Y := (0, 1)$, so ist $(0, b]$ für $0 < b < 1$ eine Y-abgeschlossene Teilmenge von Y. Hingegen ist eine Teilmenge $V \subset Y$ genau dann Y-offen, wenn sie offen ist (da Y selbst eine offene Teilmenge von X ist).

B.3 Der Zusammenhangsbegriff

Ein metrischer Raum (X, d) heisst **zusammenhängend**, wenn er sich nicht als disjunkte Vereinigung zweier nichtleerer offener Teilmengen darstellen lässt, d.h., wenn für je zwei offene Teilmengen $U, V \subset X$ folgendes gilt:

$$U \cup V = X, \quad U \cap V = \emptyset \quad \Longrightarrow \quad U = \emptyset \quad \text{oder} \quad V = \emptyset;$$

das heisst, dass die leere Menge und der ganze Raum die einzigen Teilmengen von X sind, die sowohl offen als auch abgeschlossen sind.

Eine Teilmenge $Y \subset X$ eines metrischen Raumes (X, d) heisst **zusammenhängend**, wenn sie bezüglich der induzierten Metrik d_Y zusammenhängend ist. Nach Satz B.1 heisst das, dass für je zwei offene Teilmengen $U, V \subset X$ folgendes gilt:

$$A \subset U \cup V, \quad A \cap U \cap V = \emptyset \quad \Longrightarrow \quad A \cap U = \emptyset \quad \text{oder} \quad A \cap V = \emptyset.$$

Satz B.3. *Sei $X = \mathbb{R}$ mit der Standardmetrik $d(x, y) := |x - y|$. Eine Teilmenge $I \subset \mathbb{R}$ ist genau dann zusammenhängend, wenn sie ein Intervall ist.*

Beweis. Ist $I \subset \mathbb{R}$ kein Intervall, so gibt es drei reelle Zahlen $a, b, c \in \mathbb{R}$ mit

$$a, b \in I, \qquad c \notin I, \qquad a < c < b.$$

Definieren wir $U := \{x \in \mathbb{R} \mid x < c\}$ und $V := \{x \in \mathbb{R} \mid x > c\}$, so sind dies offene Mengen mit $I \subset U \cup V$, $I \cap U \neq \emptyset$, $I \cap V \neq \emptyset$. Also ist I nicht zusammenhängend.

Nehmen wir andererseits an, I sei ein Intervall und $A \subset I$ sei eine Teilmenge, die sowohl offen als auch abgeschlossen ist (bezüglich der Metrik d_I) und die weder leer noch gleich dem gesamten Intervall I ist. Dann ist auch $B := I \setminus A$ nicht leer, und wir wählen $a \in A$ und $b \in B$. Wir nehmen o.B.d.A. an, dass $a < b$ ist und definieren

$$c := \sup(A \cap [a, b]).$$

Dann gilt $c \in [a, b] \subset I$, und es gibt eine Folge $a_k \in A$ mit $a_k \leq c$, die gegen c konvergiert. Da A abgeschlossen bezüglich d_I ist, folgt hieraus, dass $c \in A$ und damit $c < b$ ist. Damit ist das halboffene Intervall $(c, b]$ in B enthalten. Also gilt $c + 1/n \in B$ für jede hinreichend grosse natürliche Zahl n und damit $c = \lim_{n\to\infty}(c + 1/n) \in B$, da auch B abgeschlossen bezüglich d_I ist. Wir haben daher gezeigt, dass c sowohl ein Element von A als auch ein Element von B ist, im Widerspruch zu $A \cap B = \emptyset$. Damit ist der Satz bewiesen. □

Satz B.4. *Seien (X, d_X) und (Y, d_Y) metrische Räume und $f : X \to Y$ eine stetige Abbildung; ist $A \subset X$ zusammenhängend, so ist auch $f(A) \subset Y$ zusammenhängend.*

Beweis. Seien $U, V \subset Y$ zwei offene Mengen, so dass

$$f(A) \subset U \cup V, \qquad f(A) \cap U \cap V = \emptyset.$$

Zu zeigen ist, dass mindestens eine der Mengen $f(A) \cap U$ oder $f(A) \cap V$ leer ist.

Da f stetig ist, sind $f^{-1}(U)$ und $f^{-1}(V)$ offene Teilmengen von X. Diese Teilmengen haben folgende Eigenschaften:

$$A \subset f^{-1}(U) \cup f^{-1}(V), \qquad A \cap f^{-1}(U) \cap f^{-1}(V) = \emptyset.$$

(Ist $a \in A$, so gilt $f(a) \in U$ oder $f(a) \in V$; im ersten Fall gilt $a \in f^{-1}(U)$, und im zweiten Fall gilt $a \in f^{-1}(V)$. Dies beweist die erste Inklusion. Die zweite zeigt man am besten indirekt: Gibt es ein Element $a \in A \cap f^{-1}(U) \cap f^{-1}(V)$, so gilt $f(a) \in f(A) \cap U \cap V$, im Widerspruch zu unserer Annahme über U und V.) Da A zusammenhängend ist, folgt hieraus, dass mindestens eine der Mengen $A \cap f^{-1}(U)$ oder $A \cap f^{-1}(V)$ leer ist. Wenn aber $A \cap f^{-1}(U) = \emptyset$ ist, so heisst das, kein Element von A wird unter f auf U abgebildet, und damit ist auch $f(A) \cap U = \emptyset$; ebenso verfahren wir mit V statt U. Damit ist mindestens eine der Mengen $f(A) \cap U$ oder $f(A) \cap V$ die leere Menge, wie behauptet. Damit ist der Satz bewiesen. □

Satz B.5 (Zwischenwertsatz). *Sei (X, d) ein zusammenhängender metrischer Raum und $f : X \to \mathbb{R}$ eine stetige Funktion. Seien $x, y \in X$ und $c \in \mathbb{R}$ gegeben durch*

$$f(x) < c < f(y).$$

Dann gibt es ein Element $z \in X$ mit $f(z) = c$.

Beweis. Da X zusammenhängend ist, folgt aus Satz B.4, dass auch $f(X)$ zusammenhängend ist. Nach Satz B.3 ist also $f(X)$ ein Intervall. Da $f(x)$ und $f(y)$ Elemente des Intervalls $f(X)$ sind, folgt aus der Definition eines Intervalls, dass $c \in f(X)$ ist. Damit ist der Satz bewiesen. □

B.4 Weg-zusammenhängende Mengen

Sei (X, d) ein metrischer Raum. Eine Teilmenge $A \subset X$ heisst **weg-zusammenhängend**, wenn es für je zwei Elemente $x_0, x_1 \in A$ eine stetige Abbildung $\gamma : [0,1] \to A$ gibt, so dass $\gamma(0) = x_0$ und $\gamma(1) = x_1$ ist.

Satz B.6. *Jede weg-zusammenhängende Teilmenge eines metrischen Raumes (X, d) ist zusammenhängend. Jede offene zusammenhängende Teilmenge des $\mathbb{R}^n$ (mit der euklidischen Metrik) ist weg-zusammenhängend.*

Beweis. Sei (X, d) ein metrischer Raum und $A \subset X$ eine weg-zusammenhängende Teilmenge. Ist $A = \emptyset$, so ist nichts zu beweisen. Sei also $A \neq \emptyset$, und seien $U, V \subset X$ offene Teilmengen, so dass

$$A \subset U \cup V, \qquad A \cap U \cap V = \emptyset.$$

Dann gilt entweder $A \cap U \neq \emptyset$ oder $A \cap V \neq \emptyset$. Wir nehmen ohne Einschränkung der Allgemeinheit an, dass $A \cap U \neq \emptyset$ und wählen ein Element $x_0 \in A \cap U$. Sei $x \in A$. Da A weg-zusammenhängend ist, gibt es eine stetige Abbildung $\gamma : [0,1] \to A$, so dass $\gamma(0) = x_0$ und $\gamma(1) = x$ ist. Das (zusammenhängende) Intervall $I := [0,1]$ ist nun die disjunkte Vereinigung der beiden offenen Teilmengen

$$I_U := \gamma^{-1}(U) = \{t \in I \mid \gamma(t) \in U\}, \qquad I_V := \gamma^{-1}(V) = \{t \in I \mid \gamma(t) \in V\}.$$

Also gilt entweder $I_U = \emptyset$ oder $I_V = \emptyset$. Da $0 \in I_U$ ist, folgt hieraus $I_V = \emptyset$ und damit $I_U = I$. Also gilt $x = \gamma(1) \in U$. Da $x \in A$ beliebig gewählt war, haben wir bewiesen, dass $A \subset U$ und daher $A \cap V = \emptyset$ ist. Dies zeigt, dass A zusammenhängend ist.

Sei nun $U \subset \mathbb{R}^n$ eine weg-zusammenhängende offene Teilmenge. Für jedes $x \in U$ definieren wir $U_x \subset U$ als die Menge aller Punkte $y \in U$, die sich mit x durch einen stetigen Weg in U verbinden lassen:

$$U_x := \left\{ y \in U \mid \exists \gamma \in C^0([0,1], U), \text{ so dass } \gamma(0) = x \text{ und } \gamma(1) = y \right\}.$$

Wir zeigen, dass U_x für jedes $x \in U$ eine offene Teilmenge von $\mathbb{R}^n$ ist. Sei $y \in U_x$. Da U offen ist, gibt es ein $\varepsilon > 0$, so dass $B_\varepsilon(y) = \{z \in \mathbb{R}^n \mid \|z - y\| < \varepsilon\} \subset U$ ist. Da $y \in U_x$ ist, gibt es eine stetige Abbildung $\gamma : [0,1] \to U$, so dass

$$\gamma(0) = x, \qquad \gamma(1) = y.$$

Für $z \in B_\varepsilon(y)$ definieren wir die Abbildung $\gamma_z : [0,1] \to \mathbb{R}^n$ durch

$$\gamma_z(t) := \begin{cases} \gamma(2t), & \text{für } 0 \le t \le 1/2, \\ (2-2t)y + (2t-1)z, & \text{für } 1/2 < t \le 1. \end{cases}$$

Diese Abbildung ist stetig, da $\gamma(1) = y$ ist; sie nimmt Werte in U an, da $B_\varepsilon(y) \subset U$ gilt; und sie erfüllt $\gamma_z(0) = x$ und $\gamma_z(1) = z$. Damit ist $z \in U_x$ für jedes $z \in B_\varepsilon(y)$. Also haben wir gezeigt, dass es für jedes $y \in U_x$ ein $\varepsilon > 0$ gibt mit $B_\varepsilon(y) \subset U_x$. Also ist U_x eine offene Teilmenge von $\mathbb{R}^n$ für jedes $x \in U$. Andererseits gilt für alle $x, y \in U$:

$$U_x \cap U_y \neq \emptyset \qquad \Longrightarrow \qquad U_x = U_y.$$

(Übung!) Hieraus wiederum folgt, dass $U_x = U$ ist für jedes $x \in U$; andernfalls gäbe es ein $x \in U$, so dass $U \setminus U_x \neq \emptyset$; damit wären dann U_x und $\bigcup_{y \in U \setminus U_x} U_y$ zwei disjunkte offene Teilmengen von $\mathbb{R}^n$ deren Vereinigung U ist; dies aber widerspräche unserer Annahme, dass U zusammenhängend ist. Also haben wir gezeigt, dass $U_x = U$ ist für jedes $x \in U$. Dies heisst aber, dass U weg-zusammenhängend ist, wie behauptet. □

B.5 Zusammenhangskomponenten

Lemma B.7. *Sei (X,d) ein metrischer Raum, I eine Menge, und $A_i \subset X$ eine zusammenhängende Teilmenge für jedes $i \in I$. Ist $\bigcap_{i \in I} A_i \neq \emptyset$, so ist $A := \bigcup_{i \in I} A_i$ zusammenhängend.*

Beweis. Seien $U, V \subset X$ zwei offene Teilmengen, so dass

$$A \subset U \cup V, \qquad A \cap U \cap V = \emptyset.$$

Sei $x_0 \in \bigcap_{i \in I} A_i$. Dann gilt entweder $x_0 \in U$ oder $x_0 \in V$. Nehmen wir an, es sei $x_0 \in U$ und $i \in I$. Da $A_i \subset U \cup V$ und $A_i \cap U \cap V = \emptyset$ und A_i zusammenhängend ist, gilt entweder $A_i \cap U = \emptyset$ oder $A_i \cap V = \emptyset$. Da $x_0 \in A_i \cap U$ folgt hieraus $A_i \cap V = \emptyset$ und damit $A_i \subset U$. Also gilt $A_i \subset U$ für jedes $i \in I$ und damit $A \subset U$ und $A \cap V = \emptyset$. Daher ist A zusammenhängend. □

Sei (X,d) ein metrischer Raum. Wir definieren auf X folgende Äquivalenzrelation: Zwei Elemente $x, y \in X$ heissen **äquivalent** (Notation $x \sim y$), wenn es eine zusammenhängende Teilmenge $A \subset X$ gibt mit $x, y \in A$. Nach Lemma B.7 ist dies in der Tat eine Äquivalenzrelation. Darüber hinaus folgt aus Lemma B.7, dass die Äquivalenzklassen dieser Äquivalenzrelation zusammenhängend sind; wir nennen sie die **Zusammenhangskomponenten** von X. Ist $x_0 \in X$, so nennen wir die Teilmenge

$$A_0 := \{x \in X \,|\, x \sim x_0\}$$

die **Zusammenhangskomponente** von x_0; dies ist die grösste zusammenhängende Teilmenge von X, die x_0 enthält.

B.6 Beispiele

Beispiel B.8. Sei $X := \mathbb{R}^n$ mit der euklidischen Metrik und $K \subset \mathbb{R}^n$ eine konvexe Teilmenge. Diese Teilmenge ist weg-zusammenhängend, denn für $x_0, x_1 \in K$ definiert $\gamma(t) := (1-t)x_0 + tx_1$ eine stetige Abbildung $\gamma : [0,1] \to K$ mit $\gamma(0) = x_0$ und $\gamma(1) = x_1$. Also ist K nach Satz B.6 zusammenhängend.

Beispiel B.9. Sei $X := \mathbb{Q}$ die Menge der rationalen Zahlen mit der Standardmetrik $d(x,y) := |x-y|$. Dann besteht jede Zusammenhangskomponente nur aus einem einzigen Element. Einen solchen Raum nennt man auch **total unzusammenhängend**.

Beispiel B.10. Sei $X = \mathbb{R}^n$ mit der euklidischen Metrik

$$d(x,y) := \|x-y\|_2 = \sqrt{\sum_{i=1}^{n}(x_i - y_i)^2}.$$

Dieser Raum ist zusammenhängend. Das Komplement $Y := \mathbb{R}^n \setminus \{0\}$ des Nullvektors ist zusammenhängend für $n \geq 2$ und hat zwei Zusammenhangskomponenten für $n = 1$. (Es ist die leere Menge für $n = 0$.)

Beispiel B.11. Sei $X = \mathbb{R}^n$ mit der euklidischen Metrik wie in Beispiel 2. Die Einheitssphäre

$$S^{n-1} := \{x \in \mathbb{R}^n \mid \|x\|_2 = 1\}$$

ist zusammenhängend. Ihr Komplement

$$Y := \mathbb{R}^n \setminus S^{n-1}$$

hat zwei Zusammenhangskomponenten, falls $n > 1$, und drei für $n = 1$. (Übung mit Hinweis: Verwenden Sie den Begriff "weg-zusammenhängend".)

Beispiel B.12. Die Menge

$$A := \{(x,y) \,|\, x > 0,\, y = \sin(1/x)\} \cup \{(0,y) \mid -1 \leq y \leq 1\}$$

ist eine abgeschlossene und zusammenhängende Teilmenge von $\mathbb{R}^2$, ist aber nicht weg-zusammenhängend.

Beispiel B.13. Die Gruppe $\mathrm{GL}^+(n,\mathbb{R}) := \{A \in \mathbb{R}^{n\times n} \mid \det(A) > 0\}$ ist für jede natürliche Zahl n zusammenhängend. Dies wird hier nicht bewiesen. Hieraus folgt, dass die Menge der $n \times n$-Matrizen mit negativer Determinante ebenfalls zusammenhängend ist. Daher hat die Gruppe $\mathrm{GL}(n,\mathbb{R})$ genau zwei Zusammenhangskomponenten.

Anhang C

Kompakte metrische Räume

C.1 Der Kompaktheitsbegriff

Sei X eine Menge. Eine **Überdeckung** von X ist eine durch eine Menge I indizierte Ansammlung $\mathcal{U} = \{U_i\}_{i \in I}$ von Teilmengen $U_i \subset X$, so dass die Vereinigung dieser Teilmengen der gesamte Raum X ist:

$$\bigcup_{i \in I} U_i = X.$$

Man kann eine Überdeckung auch als eine Menge $\mathcal{U} \subset 2^X$ von Teilmengen von X beschreiben, die die Eigenschaft haben, dass deren Vereinigung ganz X ist:

$$\bigcup_{U \in \mathcal{U}} U = X.$$

Die Beziehung zwischen diesen beiden Formulierungen desselben Phänomens ist, dass eine Teilmenge $U \subset X$ genau dann ein Element von $\mathcal{U}$ ist, wenn es ein $i \in I$ gibt, so dass $U_i = U$. Wenn die Mengen U_i paarweise verschieden sind (d.h., $U_i \neq U_j$ für $i \neq j$), so ist die Abbildung $I \to \mathcal{U} : i \mapsto U_i$ bijektiv.

Eine Überdeckung $\mathcal{U}$ (bzw. $\{U_i\}_{i \in I}$) heisst **endlich**, wenn die Menge $\mathcal{U}$ (bzw. die Indexmenge I) endlich ist.

Eine **Teilüberdeckung** von $\mathcal{U}$ (bzw. $\{U_i\}_{i \in I}$) ist eine Teilmenge von $\mathcal{U}$, die immer noch eine Überdeckung ist (bzw. eine Teilmenge $J \subset I$, so dass die Ansammlung $\{U_i\}_{i \in J}$ immer noch eine Überdeckung ist).

Ist (X, d) ein metrischer Raum, so ist eine **offene Überdeckung** von X eine Überdeckung, die nur aus offenen Mengen besteht; im Fall $\{U_i\}_{i \in I}$ heisst das, dass die Menge U_i für jedes $i \in I$ offen in (X, d) ist.

Ein metrischer Raum (X, d) heisst **total beschränkt**, wenn es für jedes $\varepsilon > 0$ endlich viele Elemente $\xi_1, \ldots, \xi_m \in X$ gibt, so dass

$$\bigcup_{i=1}^{m} B_\varepsilon(\xi_i) = X.$$

Hier bezeichnen wir mit $B_\varepsilon(\xi) := \{x \in X \mid d(x,\xi) < \varepsilon\}$ den *offenen Ball in* (X,d) *vom Radius* ε *mit Mittelpunkt* ξ. (Insbesondere ist die leere Menge total beschränkt.)

Satz C.1. *Sei* (X,d) *ein metrischer Raum. Folgende Aussagen sind äquivalent:*

(i) *Jede Folge in* X *besitzt eine konvergente Teilfolge.*

(ii) *Jede offene Überdeckung von* X *besitzt eine endliche Teilüberdeckung.*

(iii) (X,d) *ist vollständig und total beschränkt.*

Beweis. Die leere Menge $X = \emptyset$ erfüllt alle drei Bedingungen. Wir nehmen daher an, X sei nichtleer. Damit keine Verwirrung entsteht, bezeichnen wir in diesem Beweis die Menge aller offenen Teilmengen von X mit $\mathcal{T}(X,d) \subset 2^X$. ($\mathcal{T}$ wie in "Topologie".)

"(i) $\Longrightarrow$ (ii)". Wir nehmen an, dass jede Folge in (X,d) eine konvergente Teilfolge besitzt. Sei $\mathcal{U} \subset \mathcal{T}(X,d)$ eine offene Überdeckung von X. Wir beweisen in zwei Schritten, dass $\mathcal{U}$ eine endliche Teilüberdeckung besitzt.

Schritt 1. *Es gibt ein* $\varepsilon > 0$, *so dass für jedes* $x \in X$ *ein* $U \in \mathcal{U}$ *existiert, so dass* $B_\varepsilon(x) \subset U$.

Als logische Formel kann man diese Aussage wie folgt schreiben:

$$(\exists \varepsilon > 0)(\forall x \in X)(\exists U \in \mathcal{U})(B_\varepsilon(x) \subset U).$$

Wir beweisen dies indirekt und nehmen an, das Gegenteil sei der Fall; das heisst,

$$(\forall \varepsilon > 0)(\exists x \in X)(\forall U \in \mathcal{U})(B_\varepsilon(x) \not\subset U).$$

Wähle $\varepsilon := 1/n$ mit $n \in \mathbb{N}$. Dann gibt es ein Element $x_n \in X$, so dass

$$B_{1/n}(x_n) \not\subset U \qquad \forall U \in \mathcal{U}.$$

Da X Folgen-kompakt ist, besitzt die Folge $(x_n)_{n\in\mathbb{N}}$ eine konvergente Teilfolge $(x_{n_i})_{i\in\mathbb{N}}$. Sei $x_0 := \lim_{i\to\infty} x_{n_i}$, und wähle $U \in \mathcal{U}$ so, dass $x_0 \in U$. Da U offen ist, gibt es ein $\varepsilon > 0$, so dass $B_\varepsilon(x_0) \subset U$. Da x_{n_i} gegen x_0 konvergiert, gibt es eine natürliche Zahl $N \in \mathbb{N}$, so dass für alle $i \in \mathbb{N}$ gilt:

$$i \geq N \qquad \Longrightarrow \qquad d(x_{n_i}, x_0) < \frac{\varepsilon}{2}.$$

Wähle $i > N$ so, dass $1/n_i < \varepsilon/2$. Dann gilt

$$B_{1/n_i}(x_{n_i}) \subset B_{\varepsilon/2}(x_{n_i}) \subset B_\varepsilon(x_0) \subset U.$$

Dies steht im Widerspruch zur Konstruktion unserer Folge (x_n). Damit haben wir Schritt 1 bewiesen.

Schritt 2. *$\mathcal{U}$ besitzt eine endliche Teilüberdeckung.*

Wir nehmen an, $\mathcal{U}$ habe keine endliche Teilüberdeckung. Sei $\varepsilon > 0$ eine Zahl, für die die Behauptung von Schritt 1 gilt. Wir werden induktiv eine Folge $(x_n)_{n\in\mathbb{N}}$ in X und eine Folge $(U_n)_{n\in\mathbb{N}}$ in $\mathcal{U}$ so konstruieren, dass

$$B_\varepsilon(x_1) \subset U_1$$

und, für jede natürlich Zahl $n \geq 2$,

$$B_\varepsilon(x_n) \subset U_n, \qquad x_n \notin U_1 \cup \cdots \cup U_{n-1}.$$

Zunächst wählen wir ein beliebiges Element $x_1 \in X$. Dann gibt es nach Schritt 1 ein Element $U_1 \in \mathcal{U}$, so dass $B_\varepsilon(x_1) \subset U_1$. Nehmen wir nun an, wir hätten $x_1, \ldots, x_k$ und $U_1, \ldots, U_k$ so konstruiert, dass unsere Bedingungen für $n = 1, \ldots, k$ erfüllt sind. Da $\mathcal{U}$ keine endliche Teilüberdeckung besitzt, muss es ein Element $x_{k+1} \in X$ geben, das in keiner der Teilmengen $U_1, \ldots, U_k$ enthalten ist. Nach Schritt 1 gibt es nun wieder ein $U_{k+1} \in \mathcal{U}$, so dass $B_\varepsilon(x_{k+1}) \subset U_{k+1}$. Damit ist das Induktionsargument beendet, und wir haben die gewünschten Folgen konstruiert.

Nach Konstruktion unserer Folge gilt für alle $m, n \in \mathbb{N}$, dass

$$n > m \qquad \Longrightarrow \qquad x_n \notin U_m.$$

Da $B_\varepsilon(x_m) \subset U_m$ ist, folgt daraus, dass $x_n \notin B_\varepsilon(x_m)$ und somit $d(x_n, x_m) \geq \varepsilon$ für $n > m$. Vertauschen wir n und m, so erhalten wir

$$d(x_n, x_m) \geq \varepsilon$$

für alle $n \neq m$. Damit hat die Folge $(x_n)_{n\in\mathbb{N}}$ keine konvergente Teilfolge, im Widerspruch zu (i). Also folgt (ii) aus (i).

“(ii) $\Longrightarrow$ (iii)”. Wir nehmen jetzt an, dass jede offene Überdeckung von X eine endliche Teilüberdeckung besitzt. Dass X total beschränkt ist, folgt nun durch die Wahl der Überdeckung $\mathcal{U} := \{B_\varepsilon(x) \,|\, x \in X\}$. Die Existenz einer endlichen Teilüberdeckung besagt, dass es Elemente $\xi_1, \ldots, \xi_N \in X$ gibt, so dass

$$X = \bigcup_{i=1}^{N} B_\varepsilon(\xi_i).$$

Damit ist X total beschränkt.

Wir zeigen, dass (X, d) vollständig ist. Sei also $(x_n)_{n\in\mathbb{N}}$ eine Cauchy-Folge in X. Nehmen wir an, diese Folge konvergiere nicht. Dann konvergiert auch keine Teilfolge von $(x_n)_{n\in\mathbb{N}}$. (Denn wenn eine Cauchy-Folge eine konvergente Teilfolge besitzt, so konvergiert sie, nach einem Satz in [6].) Damit besitzt die Folge $(x_n)_{n\in\mathbb{N}}$ nach einem weiteren Satz in [6] auch keine Häufungspunkte. Das heisst folgendes:

Für jedes $\xi \in X$ gibt es ein $\varepsilon(\xi) > 0$, so dass der Ball $B_{\varepsilon(\xi)}(\xi)$ nur endlich viele Glieder der Folge $(x_n)_{n\in\mathbb{N}}$ enthält. Damit folgt, dass die offene Überdeckung

$$\mathcal{U} := \left\{ B_{\varepsilon(\xi)}(\xi) \,|\, \xi \in X \right\}$$

von X keine endliche Teilüberdeckung enthält, im Widerspruch zu (ii). Also folgt (iii) aus (ii).

“(iii) $\Longrightarrow$ (i)”. Wir nehmen nun an, dass (X, d) vollständig und total beschränkt ist. Sei $(x_n)_{n\in\mathbb{N}}$ eine Folge in X. Wir müssen eine konvergente Teilfolge von (x_n) finden. Dazu werden wir induktiv eine Folge unendlicher Teilmengen $T_k \subset \mathbb{N}$, $k = 0, 1, 2, 3, \ldots$ so konstruieren, dass

$$\mathbb{N} \supset T_0 \supset T_1 \supset T_2 \supset \cdots$$

und

$$n, m \in T_k \qquad \Longrightarrow \qquad d(x_n, x_m) \leq 2^{-k}.$$

Da (X, d) total beschränkt ist, können wir X durch endlich viele Bälle $B_{1/2}(\xi_i)$, $i = 1, \ldots, m$, überdecken. Einer dieser Bälle muss unendlich viele Glieder unserer Folge enthalten. Sei dies der Ball $B_{1/2}(\xi_i)$, und definiere

$$T_0 := \left\{ n \in \mathbb{N} \,|\, x_n \in B_{1/2}(\xi_i) \right\}.$$

Nach Konstruktion ist dies eine unendliche Teilmenge von $\mathbb{N}$, und es gilt

$$d(x_n, x_m) \leq d(x_n, \xi_i) + d(\xi_i, x_m) < 1$$

für alle $n, m \in T_0$. Sei nun $k \geq 1$. Wir nehmen an, die Teilmengen

$$T_0 \supset T_1 \supset \cdots \supset T_{k-1}$$

seien bereits konstruiert. Da (X, d) total beschränkt ist, können wir X durch endlich viele Bälle $B_{2^{-k-1}}(\xi_i)$, $i = 1, \ldots, m$, überdecken. Einer dieser Bälle muss unendlich viele der Folgenglieder x_n mit $n \in T_{k-1}$ enthalten. Sei dies $B_{2^{-k-1}}(\xi_i)$, und definiere

$$T_k := \left\{ n \in T_{k-1} \,|\, x_n \in B_{2^{-k-1}(\xi_i)} \right\}.$$

Dann ist T_k eine unendliche Teilmenge von T_{k-1}, und es gilt

$$d(x_n, x_m) \leq d(x_n, \xi_i) + d(\xi_i, x_m) < 2^{-k}$$

für alle $n, m \in T_k$. Damit sind die Mengen T_k für alle $k \in \mathbb{N}$ konstruiert.

Da jede der Teilmengen T_k unendlich ist, können wir induktiv eine Folge $x_k \in T_k$ so wählen, dass $n_k < n_{k+1}$ für alle $k \in \mathbb{N}$. Dann gilt $x_{n_\ell} \in T_\ell \subset T_k$ für $\ell \geq k$ und damit

$$\ell \geq k \qquad \Longrightarrow \qquad d(x_k, x_\ell) \leq 2^{-k}$$

für alle $k, \ell \in \mathbb{N}$. Damit ist die Folge $(x_{n_k})_{k\in\mathbb{N}}$ eine Cauchy-Folge und, da (X, d) vollständig ist, konvergiert sie. Wir haben also gezeigt, dass jede Folge in X eine konvergente Teilfolge besitzt. Also folgt (i) aus (iii). $\square$

Bemerkung C.2. Sei (X, d) ein metrischer Raum und $A \subset X$ eine Teilmenge. Die folgenden Aussagen sind äquivalent.

(i) Jede Folge in A besitzt eine Teilfolge, die gegen ein Element von X konvergiert.

(ii) Der Abschluss $\overline{A}$ ist kompakt.

Die Implikation "(ii) $\Longrightarrow$ (i)" ist offensichtlich. Für die Umkehrung nehmen wir an, dass A Bedingung (i) erfüllt und wählen eine Folge $x_n \in \overline{A}$. Dann gibt es eine Folge $a_n \in A$, so dass $d(x_n, a_n) < 1/n$. Nach (i) existiert eine Teilfolge $(a_{n_k})_{k\in\mathbb{N}}$, die gegen ein $x^* \in X$ konvergiert. Die Folge $(x_{n_k})_{k\in\mathbb{N}}$ konvergiert dann ebenfalls gegen x^*, und es gilt offensichtlich $x^* \in \overline{A}$. Also hat jede Folge in $\overline{A}$ eine Teilfolge, die gegen ein Element von $\overline{A}$ konvergiert. Damit ist $\overline{A}$ kompakt.

C.2 Der Satz von Arzéla–Ascoli

Satz C.1 zeigt, dass die kompakten Teilmengen eines metrischen Raumes (X, d) nur durch die Topologie des Raumes (also die Gesamtheit der offenen Mengen) bestimmt werden. In allgemeinen topologischen Räumen wird Bedingung (ii) in Satz C.1 zur Definition des Kompaktheitsbegriffes benutzt.

Nach dem Satz von Heine–Borel ist eine Teilmenge des $\mathbb{R}^n$ (mit der Standardmetrik, also der Euklidischen) genau dann kompakt, wenn sie abgeschlossen und beschränkt ist. Insbesondere ist also der abgeschlossene Einheitsball im $\mathbb{R}^n$ kompakt. Dies gilt auch für jeden beliebigen endlichdimensionalen Vektorraum (oder äquivalenterweise für jede beliebige Norm auf dem $\mathbb{R}^n$). Im Gegenzug zeigt die folgende Übung, dass diese Eigenschaft die endlichdimensionalen (normierten) Vektorräume charakterisiert.

Übung C.3. Sei V ein normierter reeller Vektorraum mit kompaktem Einheitsball $B := \{x \in V \mid \|x\| \leq 1\}$. Dann ist V endlichdimensional.

Hinweise.

1. Jeder endlichdimensionale Unterraum ist abgeschlossen.
2. Ist $W \subset V$ ein abgeschlossener linearer Unterraum und $v \in V \setminus W$, so gilt $d(v, W) := \inf_{w\in W} \|v - w\| > 0$.
3. Ist $W \subsetneq V$ ein abgeschlossener linearer Unterraum, so gibt es einen Vektor $v \in V$ mit $\|v\| = 1$ und $d(v, W) \geq 1/2$. (Sei $v_0 \in V \setminus W$ und wähle $w_0 \in W$ so, dass $\|v_0 - w_0\| \leq 2d(v_0, W)$; definiere $v := \|v_0 - w_0\|^{-1}(v_0 - w_0)$.)
4. Ist V unendlichdimensional, so gibt es eine Folge $v_n \in V$ mit $\|v_n\| = 1$ und $\|v_n - v_m\| \geq 1/2$ für alle $n, m \in \mathbb{N}$ mit $n \neq m$.

Die vorangegangene Übung gibt uns ein wichtiges Kriterium für die Endlichdimensionalität eines normierten Vektorraumes. Andererseits zeigt sie auch, dass das Heine-Borel-Prinzip in unendlichdimensionalen normierten Vektorräumen nicht gilt: Es gibt dort abgeschlossene und beschränkte Teilmengen, die nicht kompakt sind. Damit stellt sich die Frage, welche Teilmengen eines solchen unendlichdimensionalen Raumes denn kompakt sind. Eine Antwort auf diese Frage ist in vielen Anwendungen von grundlegender Bedeutung. Ein besonders wichtiges Kompaktheitskriterium für Teilmengen des Raumes der stetigen Funktionen gibt uns der Satz von Arzéla-Ascoli.

Sei (X, d) ein kompakter metrischer Raum und $\mathcal{C}(X)$ der Raum der komplexwertigen stetigen Funktionen $f : X \to \mathbb{C}$. In der Analysis Vorlesung [6] wurde bewiesen, dass dieser Raum mit der Supremumsnorm

$$\|f\| := \sup_{x \in X} |f(x)|$$

ein Banachraum ist (das heisst, ein vollständiger normierter Vektorraum). In [6] wurde ebenfalls gezeigt, dass jede stetige Funktion $f : X \to \mathbb{C}$ gleichmässig stetig ist. Eine Teilmenge $\mathcal{K} \subset \mathcal{C}(X)$ heisst **gleichgradig stetig**, wenn die Zahl $\delta > 0$ in der Definition der gleichmässigen Stetigkeit unabhängig $f \in \mathcal{K}$ gewählt werden kann, das heisst, wenn für jedes $\varepsilon > 0$ ein $\delta > 0$ existiert, so dass für alle $f \in \mathcal{C}(X)$ und alle $x, y \in X$ gilt:

$$f \in \mathcal{K}, \quad d(x,y) < \delta \qquad \Longrightarrow \qquad |f(x) - f(y)| < \varepsilon.$$

Übung C.4. Jede endliche Teilmenge von $\mathcal{C}(X)$ ist gleichgradig stetig. Seien c und μ zwei positive reelle Zahlen. Dann ist die Teilmenge

$$\mathcal{K} := \left\{ f \in \mathcal{C}(X) \,\middle|\, \|f\| \leq c, \sup_{x \neq y} \frac{|f(x) - f(y)|}{d(x,y)^\mu} \leq c \right\}$$

abgeschlossen, beschränkt und gleichgradig stetig. Finden Sie eine Folge in $\mathcal{C}([0,1])$, die beschränkt, aber nicht gleichgradig stetig ist.

Satz C.5 (Arzéla-Ascoli). *Sei (X, d) ein kompakter metrischer Raum. Eine Teilmenge $\mathcal{K} \subset \mathcal{C}(X)$ des Raumes der stetigen komplexwertigen Funktionen auf X ist genau dann kompakt bezüglich der Supremumsnorm, wenn sie folgende Eigenschaften hat:*

(i) *$\mathcal{K}$ ist abgeschlossen.*

(ii) *$\mathcal{K}$ ist beschränkt.*

(iii) *$\mathcal{K}$ ist gleichgradig stetig.*

Beweis. Wir nehmen zunächst an, dass $\mathcal{K}$ eine kompakte Teilmenge von $\mathcal{C}(X)$ ist. Dann ist $\mathcal{K}$ abgeschlossen, nach einem Lemma in Analysis I (siehe [6]). Ausserdem ist $\mathcal{K}$ beschränkt, da eine Folge $f_n \in \mathcal{K}$ mit $\|f_n\| \to \infty$ keine konvergente Teilfolge hätte. Es bleibt also zu zeigen, dass die Menge $\mathcal{K}$ gleichgradig stetig ist. Sei $\varepsilon > 0$. Da die Menge $\mathcal{K} \subset \mathcal{C}(X)$ nach Satz C.1 total beschränkt ist, gibt es endlich viele Funktionen $f_1, \ldots, f_m \in \mathcal{K}$, so dass

$$\mathcal{K} \subset \bigcup_{i=1}^{m} B_{\varepsilon/3}(f_i; \mathcal{C}(X)).$$

Da (X, d) kompakt ist, ist jede der Funktionen $f_i : X \to \mathbb{C}$ gleichmässig stetig (nach einem Satz aus Analysis I; siehe [6]). Daher gibt es für jedes $i \in \{1, \ldots, m\}$ ein $\delta_i > 0$, so dass für alle $x, y \in X$ gilt:

$$d(x,y) < \delta_i \qquad \Longrightarrow \qquad |f_i(x) - f_i(y)| < \varepsilon/3.$$

Wähle

$$\delta := \min\{\delta_1, \ldots, \delta_m\} > 0.$$

Sei $f \in \mathcal{K}$. Dann gibt es ein $i \in \{1, \ldots, m\}$, so dass $\|f - f_i\| < \varepsilon/3$. Daher gilt für alle $x, y \in X$ mit $d(x,y) < \delta \leq \delta_i$:

$$|f(x) - f(y)| \leq |f(x) - f_i(x)| + |(f_i(x) - f_i(y)| + |f_i(y) - f(y)| < \varepsilon.$$

Also ist die Menge $\mathcal{K}$ gleichgradig stetig.

Umgekehrt nehmen wir nun an, die Menge $\mathcal{K} \subset \mathcal{C}(X)$ sei abgeschlossen, beschränkt und gleichgradig stetig. Wir werden in vier Schritten beweisen, dass $\mathcal{K}$ kompakt ist.

Schritt 1. *Es gibt eine Folge $(x_k)_{k\in\mathbb{N}}$ in X mit der folgenden Eigenschaft. Für jedes $\delta > 0$ gibt es ein $m = m(\delta) \in \mathbb{N}$, so dass*

$$X = \bigcup_{k=1}^{m(\delta)} B_\delta(x_k).$$

Wir konstruieren die Folge induktiv. Zunächst wissen wir, nach Satz C.1, dass der metrische Raum (X, d) total beschränkt ist. Also existieren für $\delta = 1$ endlich viele Punkte $x_1, \ldots, x_{m_1} \in X$, so dass

$$X = \bigcup_{k=1}^{m_1} B_1(x_k).$$

Ebenso gibt es für $\delta = 1/2$ endlich viele Punkte $x_{m_1+1}, \ldots, x_{m_2} \in X$, so dass

$$X = \bigcup_{k=m_1+1}^{m_2} B_{1/2}(x_k) = \bigcup_{k=1}^{m_2} B_{1/2}(x_k).$$

Wenn $x_1, \ldots, x_{m_{n-1}}$ konstruiert sind, wählen wir $x_{m_{n-1}+1}, \ldots, x_{m_n} \in X$ so, dass

$$X = \bigcup_{k=m_{n-1}+1}^{m_n} B_{1/n}(x_k) = \bigcup_{k=1}^{m_n} B_{1/n}(x_k).$$

Damit gilt die Behauptung von Schritt 1 mit $m(\delta) = m_n$, wobei n so gewählt wird, dass $1/n < \delta$.

Schritt 2. *Sei $(f_n)_{n\in\mathbb{N}}$ eine Folge in $\mathcal{K}$. Dann existiert eine Teilfolge $(f_{n_i})_{i\in\mathbb{N}}$, so dass der Limes*

$$y_k := \lim_{i\to\infty} f_{n_i}(x_k)$$

für jedes $k \in \mathbb{N}$ existiert.

Dies ist ein typisches Diagonalfolgen-Argument. Zunächst sei $k = 1$. Dann ist die Folge $(f_n(x_1))_{n\in\mathbb{N}}$ komplexer Zahlen beschränkt und hat daher, nach dem Satz von Bolzano–Weierstrass, eine konvergente Teilfolge. Mit anderen Worten, es existiert eine strikt monoton wachsende Funktion $g_1 : \mathbb{N} \to \mathbb{N}$, so dass der Limes

$$y_1 := \lim_{i\to\infty} f_{g_1(i)}(x_1)$$

existiert. Nun ist die Folge $(f_{g_1(i)}(x_2))_{n\in\mathbb{N}}$ ebenfalls beschränkt und besitzt somit auch eine konvergente Teilfolge. Also gibt es eine strikt monoton wachsende Funktion $g_2 : \mathbb{N} \to \mathbb{N}$, so dass der Limes

$$y_2 := \lim_{i\to\infty} f_{g_1\circ g_2(i)}(x_2)$$

existiert. Mit vollständiger Induktion finden wir nun eine Folge strikt monoton wachsender Funktionen $g_k : \mathbb{N} \to \mathbb{N}$, so dass der Limes

$$y_k := \lim_{i\to\infty} f_{g_1\circ\cdots\circ g_k(i)}(x_k)$$

für jedes $k \in \mathbb{N}$ existiert. Nun sei

$$n_i := g_1 \circ \cdots \circ g_i(i)$$

für $i \in \mathbb{N}$. Dann ist $(f_{n_i}(x_k))_{i\geq k}$ eine Teilfolge von $(f_{g_1\circ\cdots\circ g_k(i)}(x_k))_{i\in\mathbb{N}}$ und konvergiert somit gegen y_k. Da dies für jedes $k \in \mathbb{N}$ gilt, ist Schritt 2 bewiesen.

Schritt 3. *$(f_{n_i})_{i\in\mathbb{N}}$ ist eine Cauchy-Folge in $\mathcal{C}(X)$.*

Sei $\varepsilon > 0$. Da $\mathcal{K}$ gleichgradig stetig ist, gibt es ein $\delta > 0$, so dass für alle $f \in \mathcal{C}(X)$ und alle $x, y \in X$ folgendes gilt:

$$f \in \mathcal{K},\ \ d_X(x,y) < \delta \qquad \Longrightarrow \qquad |f(x) - f(y)| < \varepsilon/3. \tag{C.1}$$

Nach Schritt 1 gibt es eine natürliche Zahl $m = m(\delta) \in \mathbb{N}$, so dass

$$X = \bigcup_{k=1}^{m} B_\delta(x_k). \tag{C.2}$$

Nach Schritt 2 (und Cauchy's Konvergenzkriterium) gibt es eine natürliche Zahl $N \in \mathbb{N}$, so dass für alle $i, j, k \in \mathbb{N}$ folgendes gilt:

$$k \leq m,\ \ i,j \geq N \qquad \Longrightarrow \qquad \left|f_{n_i}(x_k) - f_{n_j}(x_k)\right| < \varepsilon/3. \tag{C.3}$$

Wir behaupten, dass mit dieser Wahl von N die Ungleichung $\|f_{n_i} - f_{n_j}\| \leq \varepsilon$ für alle $i, j \geq N$ gilt. Um dies zu zeigen, fixieren wir ein Element $x \in X$. Dann existiert, nach (C.2), eine natürliche Zahl $k \leq m$, so dass

$$d(x, x_k) < \delta.$$

Daher folgt aus (C.1), dass

$$|f_{n_i}(x) - f_{n_i}(x_k)| < \varepsilon/3$$

für alle $i \in \mathbb{N}$. Damit gilt für alle $i, j \geq N$:

$$\begin{aligned} \left|f_{n_i}(x) - f_{n_j}(x)\right| &\leq |f_{n_i}(x) - f_{n_i}(x_k)| + \left|f_{n_i}(x_k) - f_{n_j}(x_k)\right| + \left|f_{n_j}(x_k) - f_{n_j}(x)\right| \\ &< 2\varepsilon/3 + \left|f_{n_i}(x_k) - f_{n_j}(x_k)\right| \\ &< \varepsilon. \end{aligned}$$

Hier folgt die letzte Ungleichung aus (C.3) und benutzt $i, j \geq N$. Damit haben wir gezeigt, dass die in Schritt 2 konstruierte Teilfolge $(f_{n_i})_{i \in \mathbb{N}}$ eine Cauchy-Folge in $\mathcal{C}(X)$ ist.

Schritt 4. *Die Folge $(f_{n_i})_{i \in \mathbb{N}}$ konvergiert gegen eine Funktion $f \in \mathcal{K}$.*

Da $\mathcal{C}(X)$ nach einem Satz aus Analysis I vollständig ist (siehe [6]), folgt aus Schritt 3, dass die Folge $(f_{n_i})_{i \in \mathbb{N}}$ in $\mathcal{C}(X)$ konvergiert. Da $\mathcal{K}$ abgeschlossen ist, gehört der Grenzwert zu $\mathcal{K}$. Also haben wir gezeigt, dass jede Folge in $\mathcal{K}$ eine konvergente Teilfolge hat (mit Limes in $\mathcal{K}$). Daher ist $\mathcal{K}$ kompakt. □

Bemerkung C.6. Der Satz von Arzéla-Ascoli und sein Beweis lassen sich Wort für Wort auf den Raum $\mathcal{C}(X, V)$ der stetigen Funktionen auf X mit Werten in einem endlichdimensionalen Banachraum V übertragen. Im unendlichdimensionalen Fall bedarf es einer Zusatzbedingung, welche die Bedingung, dass $\mathcal{K}$ beschränkt ist, verschärft. Diese Bedingung besagt, dass die Menge der Bildpunkte $\{f(x) \mid f \in \mathcal{F}\}$ für jedes $x \in X$ einen kompakten Abschluss hat.

Übung C.7. Ist $\mathcal{A} \subset \mathcal{C}(X)$ gleichgradig stetig, so ist auch der Abschluss $\overline{\mathcal{A}}$ bezüglich der Supremumsnorm gleichgradig stetig.

Übung C.8. Finden Sie eine Teilmenge des Raumes $\mathcal{BC}(\mathbb{C})$ (der beschränkten stetigen Funktionen $f : \mathbb{C} \to \mathbb{C}$ mit der Supremumsnorm), welche zwar abgeschlossen, beschränkt und gleichgradig stetig, aber nicht kompakt ist.

Literaturverzeichnis

[1] L.V. Ahlfors, *Complex Analysis*, 3rd edition, McGraw-Hill, 1979.

[2] W. Fischer, I. Lieb, *Funktionentheorie*, 9. Auflage, Vieweg, 2005.

[3] J.W. Milnor, *Dynamics in one complex variable*, Vieweg, 1999.

[4] R. Remmert, G. Schumacher, *Funktionentheorie I*, Springer 2002.

[5] R. Remmert, G. Schumacher, *Funktionentheorie II*, Springer 2007.

[6] D.A. Salamon, *Analysis I*, Vorlesung, ETH Zürich, HS 2008.

[7] D.A. Salamon, *Analysis II*, Vorlesung, ETH Zürich, FS 2009.

Index